中等职业教育土木建筑大类专业"互联网+"数字化创新教材
中等职业教育"十四五"系列教材

新型建筑材料与应用

章晓兰　主　编
郑翔　陈春荣　副主编

中国建筑工业出版社

图书在版编目（CIP）数据

新型建筑材料与应用 / 章晓兰主编；郑翔，陈春荣
副主编. — 北京：中国建筑工业出版社，2023.12
中等职业教育土木建筑大类专业"互联网＋"数字化
创新教材 中等职业教育"十四五"系列教材
ISBN 978-7-112-29334-6

Ⅰ. ①新… Ⅱ. ①章… ②郑… ③陈… Ⅲ. ①建筑材
料-中等专业学校-教材 Ⅳ. ①TU5

中国国家版本馆 CIP 数据核字（2023）第 215778 号

本书是上海市教育委员会规划教材，根据建筑材料类专业相关教学标准和职业院校教学要求，以"新型建筑材料识别与选用、编制建筑材料生产工艺、新型建筑材料关键性能检测"为主线，以工作（学习）任务为引领展开学习和训练的模式编写。

本书共四大模块：新型墙体材料、新型保温隔热材料、新型防水密封材料和新型建筑装饰材料。每个模块又划分 3 个左右子模块，每个子模块划分 2～4 个工作任务，全书共 36 个工作任务。

本书可作为职业院校建筑工程材料技术、新型建筑材料生产技术、建筑工程施工、市政工程施工、建筑材料检测技术、建筑工程检测等专业教材，也可作为相关企业岗位培训用书。

为更好地支持本课程的教学，我们向使用本书的教师免费提供教学课件，有需要者请与出版社联系，索要方式为：1. 邮箱 jckj@ cabp. com. cn；2. 电话（010）58337285；3. 建工书院 http://edu. cabplink. com。

责任编辑：刘平平　李　阳
责任校对：芦欣甜
校对整理：孙　莹

中等职业教育土木建筑大类专业"互联网＋"数字化创新教材
中等职业教育"十四五"系列教材
新型建筑材料与应用
章晓兰　主　编
郑翔　陈春荣　副主编
＊
中国建筑工业出版社出版、发行(北京海淀三里河路9号)
各地新华书店、建筑书店经销
北京鸿文瀚海文化传媒有限公司制版
北京市密东印刷有限公司印刷
＊
开本：787 毫米×1092 毫米　1/16　印张：17　字数：420 千字
2024 年 2 月第一版　　2024 年 2 月第一次印刷
定价：**49.00** 元（赠教师课件）
ISBN 978-7-112-29334-6
（41875）

前 言

本书是上海市教育委员会规划教材，根据建筑材料类专业相关教学标准和职业院校教学要求，以"新型建筑材料识别与选用、编制建筑材料生产工艺、新型建筑材料关键性能检测"为主线，以工作（学习）任务为引领展开学习和训练的模式编写。

新型建筑材料与应用是建筑材料类专业的一门专业核心课程，要求学生掌握常用新型建筑材料基本知识，能根据应用场景识别、选用新型建筑材料，能编制建筑材料生产工艺，能熟练使用专用设备进行新型建筑材料关键性能检测，具备从事建筑材料选用、生产、检测的基本职业能力，为学生进一步学习相关专业课程奠定基础。

本书围绕新型建筑材料的基本知识、生产与应用工作的主要内容，分为四大模块：新型墙体材料、新型保温隔热材料、新型防水密封材料和新型建筑装饰材料。每个模块又划分 3 个左右子模块，每个子模块分 2~4 个工作任务涵盖建筑材料的识别与选用、生产工艺及材料关键性能检测内容，全书共 36 个工作任务。本书围绕新型建筑材料的认识、选用、生产及检测为主线，从学习目标、知识导航、能力训练、拓展学习、课后练习六个部分进行展开，围绕知识、技能和素养等学习目标，步骤详细、图文并茂，并配以操作演示视频资源，便于学生课前预习、课后复习，达到较好的教学效果。与此同时，教材对标四新，在检测实验按照国家最新标准、最新检测设备，生产工艺除了介绍传统生产工艺，还加入了智能化新工艺、大数据技术应用等，如应用大数据检测玻璃幕墙的老化程度等，让学生熟悉新型建筑材料智能化生产技术，培养学生高阶思维。

本书在拓展学习部分通过与工作任务相关的知识、故事等来体现思政元素。如模块一"新型墙体材料"中拓展了新型混凝土的发展趋势；模块二"新型保温隔热材料"中揭秘古代人的保温材料与当今的保温材料对比，同时还拓展了岩棉材料在农业中的应用；模块三"新型防水密封材料"中介绍多种新型防水卷材及特殊功能的防水材料；模块四中介绍了纳米技术在内外墙涂料中的技术突破。通过展示中国古代材料的发明及应用，展现中华文明的智慧结晶，激发学生的民族自豪感。通过介绍新型建筑材料发展趋势以及最新的材料发展技术来展现我国建筑材料的材料自信、技术自信，弘扬以爱国主义为核心的民族精神和以改革创新为核心的新时代精神，增强学生的专业自豪感，激发学生的民族自信心，落实立德树人根本任务。通过介绍材料领域的领军人物，打造经典励志故事来激励学生勇攀高峰的勇气和意志；模块四"新型建筑装饰材料"还拓展了污染的危害性以及保护环境的重要性，提高学生的环保意识，为实现双碳国家战略要发展绿色建筑材料。此外，本书严格按照规范和标准要求进行材料性能检测试验操作，培养学生严格执行标准、团结协作、诚实守信的职业意识和重视质量、精益求精的工匠精神等核心素养。

本课程建议每个工作任务 2 学时，有效教学总学时建议 72 学时，实际开展教学可依据情况添加适当的复习、练习及考试考核学时。

本书为立体化新形态教材，配有试验操作视频等多种数字化资源，通过手机扫描书上与教学内容对应的二维码，可随时随地获取学习资源，享受立体化阅读体验。

　　本书编写人员均具有多年建筑材料生产与检测相关的教学和工作经验。由上海市材料工程学校正高级讲师章晓兰担任主编，上海建设管理职业技术学院高级工程师郑翔、上海东方雨虹防水材料有限公司高级工程师陈春荣（总工）担任副主编，上海市材料工程学校高级讲师苏晓锋担任主审，参编人员还有上海市材料工程学校朱赛赛、庄燕、丁松，确保了教材的思想性和适用性，具体分工如下：朱赛赛编写模块一、庄燕编写模块二、章晓兰编写模块三、丁松编写模块四，郑翔、章晓兰负责修订和统稿，邀请了企业高级工程师、高校、高职院校教授对教材的思想性、科学性、适宜性进行审阅，为本书的科学性、先进性提供了保障。

　　限于编者水平及经验，书中难免有不足之处，恳请广大读者提出宝贵意见。

目　录

模块一

Chapter 01

新型墙体材料

（一）新型胶凝材料

胶凝材料你知多少?

胶凝材料作为一种古老的建筑材料，有着悠久的历史，在古代和现代的建筑中都得到了广泛的应用。

随着经济建设的发展和科技水平的不断提高，世界各国都越发重视"高性能化"及对环境保护的要求。高品质、新性能和多功能的绿色环保胶凝材料的发展受到了很多人的关注，新型胶凝材料就随之而诞生。新型胶凝材料是指在对传统无机胶凝材料通过科研开发和技术创新后，具有节能环保、新性能、新功能的新产品。

任务一　新型胶凝材料识别与选用

一、学习目标

1. 能根据各种胶凝材料的基本性能和特点归纳出胶凝材料的分类；
2. 能说出石灰、石膏的定义及特性；
3. 能识别新型胶凝材料，并根据实际情况和材料性质，合理选用新型胶凝材料；
4. 养成严谨的学习态度。

二、知识导航

（一）胶凝材料的概念

胶凝材料又称胶结料。在物理、化学作用下，能从浆体变成坚固的石状体，并能胶结其他物料，制成有一定机械强度的复合固体的物质。土木工程材料中，凡是经过一系列物理、化学变化能将散粒状或块状材料粘结成整体的材料，统称为胶凝材料。

（二）胶凝材料的分类

根据化学组成的不同，胶凝材料可分为无机与有机两大类。石灰、石膏、水泥等工地上俗称为"灰"的建筑材料属于无机胶凝材料；而沥青、天然或合成树脂等属于有机胶凝材料。无机胶凝材料按其硬化条件的不同又可分为气硬性和水硬性两类。在具体的实际应用中，无机胶凝材料的应用更为多些。

1. 气硬性胶凝材料

非水硬性胶凝材料的一种。只能在空气中硬化，也只能在空气中保持和发展其强度的称气硬性胶凝材料，如石灰、石膏和水玻璃等；气硬性胶凝材料一般只适用于干燥环境中，而不宜用于潮湿环境，更不可用于水中。

2. 水硬性胶凝材料

和水成浆后，既能在空气中硬化，又能在水中硬化、保持和继续发展其强度的胶凝材料称水硬性胶凝材料。这类材料通称为水泥，如硅酸盐水泥、铝酸盐水泥、硫铝酸盐水泥等。

（三）胶凝材料——石灰

1. 石灰的定义

石灰是一种以氧化钙为主要成分的气硬性无机胶凝材料（图1-1）。石灰是用石灰石、白云石、白垩、贝壳等碳酸钙含量高的原料，经 900～1100℃煅烧而成。石灰是人类最早应用的胶凝材料。石灰在土木工程中应用范围很广，在我国还可用于医药用途。

图1-1　胶凝材料——石灰

2. 石灰的特性

石灰粒子形成氢氧化钙胶体结构，颗粒极细（粒径约为 1μm），比表面积很大（达 10～30m²/g），其表面吸附一层较厚的水膜，可吸附大量的水，因而有较强保持水分的能力，即保水性好。将它掺入水泥砂浆中，配成混合砂浆，可显著提高砂浆的和易性。

石灰在硬化过程中，要蒸发掉大量的水分，引起体积显著收缩，易出现干缩裂缝。所以，石灰不宜单独使用，一般要掺入砂、纸筋、麻刀等材料，以减少收缩，增加抗拉强度，并能节约石灰。

石灰具有较强的碱性，在常温下，能与玻璃态的活性氧化硅或活性氧化铝反应，胶结生成有水硬性的产物。因此，石灰是建筑材料工业中重要的原材料。

3. 石灰的用途

（1）用石灰制成的石灰乳、消石灰粉、石灰膏配制成的石灰砂浆或水泥石灰混合砂浆，用于砌筑或抹灰工程。

（2）将石灰粉掺入各种粉碎或原来松散的土中，经拌合、压实及养护后得到的混合料，称为石灰稳定土。它包括石灰土、石灰稳定砂砾土、石灰碎石土等。石灰稳定土，具有一定的强度和耐水性。广泛用作建筑物的基础、地面的垫层及道路的路面基层。

（3）将石灰掺入至以硅酸盐制品为主要原料中，经过配料、拌合、成型和养护后可制成砖、砌块等各种墙体材料制品。

（4）将磨细生石灰、纤维状填料（如：玻璃纤维）或轻质骨料加水搅拌成型为坯体，然后再通入二氧化碳进行人工碳化（约12～24小时）而成的一种轻质板材称为碳化石灰板。此类板材适合在建筑中作非承重的内隔墙板、顶棚等。

4. 石灰的储存

（1）磨细的生石灰粉应储存于干燥仓库内，采取严格防水措施。

（2）需要长时间储存生石灰时，最好将其消解成生石灰浆，并使其表面隔绝空气，以防碳化。

（四）胶凝材料——石膏

1. 石膏的定义

石膏是一种以硫酸钙（$CaSO_4$）为主要成分的气硬性无机胶凝材料。其品种主要有建筑石膏、高强石膏、粉刷石膏、无水石膏水泥、高温煅烧石膏等。其中，以半水石膏（$CaSO_4 \cdot \frac{1}{2}H_2O$）为主要成分的建筑石膏和高强石膏在建筑工程中应用较多，最常用的是建筑石膏（图1-2）。

图1-2　建筑石膏

2. 石膏的特性

建筑石膏是以 β 型半水石膏（$\beta\text{-}CaSO_4 \cdot \frac{1}{2}H_2O$）为主要成分，不添加任何外加剂的粉状胶结料，主要用于制作石膏建筑制品。建筑石膏色白，杂质含量很少，粒度很细，亦称模型石膏，也是制作装饰制品的主要原料。由于建筑石膏颗粒较细，比表面积较大，故拌合时需水量较大，因而强度较低。

3. 石膏的用途

（1）室内抹灰和粉刷建筑石膏加水、砂及缓凝剂拌合成石膏砂浆，用于室内抹灰。抹灰后的表面光滑、细腻、洁白美观。石膏砂浆也可以作为油漆等的打底层，并可直接涂刷油漆或粘贴墙布或墙纸等。建筑石膏加水及缓凝剂拌合成石膏浆体，可作为室内粉刷涂料。

（2）掺入适量的纤维材料、缓凝剂等作为芯材，以纸板作为增强保护材料，经搅拌、成型（辊压）、切割、烘干等工序制得纸面石膏板。纸面石膏板主要用于隔墙、内墙等，其自重仅为砖墙的1/5。耐水纸面石膏板主要用于厨房、卫生间等潮湿环境；耐火纸面石膏板主要用于耐火要求高的室内隔墙、吊顶等。

（3）以纤维材料（多使用玻璃纤维）为增强材料，与建筑石膏、缓凝剂、水等经特殊工艺制成的石膏板。强度高于纸面石膏板，规格与其基本相同。除用于隔墙、内墙外，还可用来代替木材制作家具。

（4）适量纤维材料和水等经搅拌、浇注、修边、干燥等工艺制成装饰石膏板。装饰石膏板造型美观，装饰性强，且具有良好的吸声、防火等功能，主要用于公共建筑的内墙、吊顶等。

（5）加入适量的轻质多孔材料、纤维材料和水等经搅拌、浇注、振捣成型、抽芯、脱模、干燥而成空心石膏板。主要用于隔墙、内墙等，使用时不需龙骨。

（6）建筑石膏为主要原材料，经加水搅拌、浇注成型和干燥制成轻质建筑石膏制品。生产中允许加入纤维增强材料或轻集料，也可加入发泡剂。石膏砌块具有隔声防火、施工便捷等多项优点，是一种低碳环保、健康、符合时代发展要求的新型墙体材料。

4. 石膏的存储

石膏应放置于干燥、阴凉，不容易受潮的环境中。有条件的情况下，最好使用塑料袋等进行隔开放置。石膏的存储时间一般不要超过三个月。

三、能力训练

任务情景

你作为某建筑工程的材料员，现工地上进了一批气硬性胶凝材料。请你根据各材料的特点对其进行分类，并将其各自的特点、用途列表汇总。

（一）任务准备

1. 资料：《建筑石灰试验方法 第1部分：物理试验方法》JC/T478.1—2013；

　　　　《建筑石膏 粉料物理性能的测定》GB/T17669.5—1999。

2. 工具：钢直尺、直角尺等。

安全提示

1. 进入实训场所需遵守实训守则，禁止大声喧哗、打闹嬉戏。

2. 实训时应穿戴好必要的劳防用品，谨防受伤。

3. 实训完成后，应将现场清理干净后，将工具放回原位。

（二）任务实施

1. 辨识与分类

通过对不同品种材料的颜色、状态、形状、特点等进行观察、测量、查阅资料等，对各品种材料进行分类。

2. 汇总记录

对已分类的材料根据其特点、用途制表分类汇总。

3. 填写气硬性胶凝材料分类汇总表（表1-1）

气硬性胶凝材料分类汇总表　　　　　表 1-1

序号	材料名称	特点	用途
1	石灰	颗粒细、比表面积大、保水性好、易出现干缩裂缝	砌筑或抹灰工程、用作建筑物的基础、地面的垫层及道路的路面基层、各种墙体材料制品
2	石膏	色白、粒度细、比表面积较大、拌合时需水量较大、强度较低	室内粉刷、室内隔墙、吊顶、轻质建筑石膏制品

审核：×××　　　　　　　　　　　　　　　　　　填表：×××

日期：20××-××-××

（三）任务评价（表 1-2）

任务评价表　　　　　表 1-2

序号	评价内容	评价标准	分值	得分
1	知识与技能	能正确说出胶凝材料的概念	10	
		能识别出有机与无机胶凝材料	10	
		能识别出气硬性与水硬性胶凝材料	10	
		能对胶凝材料进行分类	10	
		能举例说明气硬性与水硬性胶凝材料的区别	10	

续表

序号	评价内容	评价标准	分值	得分
1	知识与技能	能说出石灰、石膏的特性	10	
		能列举出石灰与石膏的用途	10	
2	职业素养	能遵守实训场所的相关规定、守则	7.5	
		实训前能穿戴好劳防用品	7.5	
		实训中能团队协作、互相配合	7.5	
		实训后能做到工完、料清、场地净	7.5	
3	合计		100	

四、拓展学习

胶凝材料的未来发展

水泥（图 1-3）工业是我国建材工业的重要组成部分。水泥工业作为矿产消耗性原材料产业，其迅速发展是以大量消耗矿产资源和能源资源来实现的。随着我国矿产和能源资源的日益紧张，水泥工业的生存和发展将受到严重制约。传统水泥在其生产过程中不仅消耗了大量的资源和能源，还给生态环境造成了污染，带来了很大的负面影响，因而长期以来水泥工业都被扣上了"高消耗、重污染"的大帽子。

在当前人们越来越重视生态环境保护的今天，水泥产业进行结构性调整势在必行。我国水泥工业应走优质、低耗、高效、利废与环境相容的可持续发展道路，使水泥这种主要的胶凝材料成为绿色胶凝材料。

近些年来，不少学者提出了生态水泥（亦称绿色水泥）的概念。

1. 生态水泥概念。所谓生态水泥（Eco-Cement），是指利用各种固体废物以及焚烧物作为主要原料，经过一定的生产工艺制成的无害水泥。生态水泥（图 1-4）有狭义和广义之分。狭义上讲就是以城市垃圾、废弃物作为生产原料。广义上讲就是对原料采集、生产过程、施工过程、使用过程和废弃物处置五大环节的分项评价和综合评价，是对水泥"健康、环保、安全"属性的评价。

图 1-3　水泥

图 1-4　生态水泥

2. 生态水泥特征。

（1）使用垃圾、废渣等废弃物，使用的自然资源少。

（2）生产及其使用过程利于环境保护，减少并治理污染。

（3）产品功能多样化除满足各种建筑工程需要外，还兼有防火、调温、调湿、防射线等功能。

3. 生态水泥的发展现状。实际生产中已利用粉煤灰、电石渣、碱渣、钢渣、尾矿渣等各种工业废料作为原料应用于生态水泥基材料中。例如有工厂已利用粉煤灰和砂岩取代黏土生产低碱水泥，取得了良好的经济、环境效益，具有广阔前景。

胶凝材料是随着建筑行业的发展，为满足建设需要而诞生的。同时新型胶凝材料的出现又推动了新的结构形式和施工方法的出现，极大地促进了建筑行业的发展。胶凝材料已经走过了一段辉煌的发展历程，随着时间的推移，会有更多高性能、环保的胶凝材料诞生。

五、课后练习

（一）填空题

1. 根据化学组成的不同，胶凝材料可分为_____与_____两类。

2. 无机胶凝材料按其硬化条件的不同又可分为_____和_____两类。

（二）选择题

1. 下列选项中属于气硬性胶凝材料的有（　　）。

A. 水泥　　　　　　B. 沥青　　　　　　C. 砂浆　　　　　　D. 石膏

2. 下列选项中属于石膏特性的有（　　）。

A. 需水量少　　　　B. 色白　　　　　　C. 强度高　　　　　D. 颗粒粗

（三）思考题

请归纳出气硬性胶凝材料与水硬性胶凝材料各自的特性和用途。

任务二　编制水泥的生产工艺

2.
水泥生产
工艺流程

一、学习目标

1. 能说出水泥的特性、功能；

2. 能概述水泥的种类及适用范围；

3. 会编制水泥生产工艺；

4. 增强学生安全意识。

二、知识导航

（一）水泥的基础知识

1. 水泥的概述

水泥是一种粉状水硬性无机胶凝材料，加水搅拌后成浆体，能在空气中硬化或者在水中硬化，并能把砂、石等材料牢固地胶结在一起。用它胶结制成的混凝土，硬化后不但强度较高，而且还能抵抗淡水或含盐水的侵蚀。长期以来，水泥作为一种重要的胶凝材料，广泛应用于土木建筑、水利、国防等工程之中。

2. 水泥的种类及适用范围

水泥的品种很多，按照主要的水硬性矿物组成可分为有以下五个品种。

（1）硅酸盐水泥，代号"P.Ⅰ、P.Ⅱ"（图1-5）。该品种水泥适用于地上、地下和水中重要结构的高强度混凝土工程；要求早期强度高和冬期施工的混凝土工程；空气中二氧化碳浓度较高的环境，如铸造车间等。

（2）普通硅酸盐水泥，代号"P.O"。该品种水泥适用于地上、地下、水中的不受侵蚀性水作用的混凝土工程；配置高强度等级混凝土及早强工程。

（3）矿渣酸盐水泥，代号"P.S"。该品种水泥适用于受溶出性侵蚀，以及硫酸盐、镁盐腐蚀的混凝土工程；大体积混凝土工程；受热的混凝土工程中。

（4）复合硅酸盐水泥，代号"P.C"。该品种水泥广泛应用于各种工业工程、民用建筑、地下、大体积混凝土工程、基础工程。

（5）特种水泥（图1-6）。该品种水泥是为满足工程中有某特殊需求的水泥。如：快硬性水泥、低热水泥、膨胀水泥、耐火水泥等。

其中，硅酸盐水泥（P.Ⅰ、P.Ⅱ）及普通硅酸盐水泥（P.O）是应用最广泛和研究最深入的两类水泥。

图 1-5　硅酸盐水泥

图 1-6 特种水泥

3. 水泥的特性

水泥的主要特性有以下五点：

（1）气硬性和水硬性：既能在空气中凝结硬化又能在水中凝结硬化。

（2）水化热：水泥与水接触后会发生反应，释放出热量。

（3）耐腐蚀性：水泥的耐碱、耐硫酸盐腐蚀性差。不宜用于受流动软水和压力水作用的工程，也不宜用于受海水和其他腐蚀性介质作用的工程。

（4）干缩性：水泥硬化后的干缩性小，可以用于干燥环境中。

（5）耐磨性：水泥的耐磨加工性好，可用于道路与地面工程。

（二）水泥的生产工艺

水泥生产工艺是指通过一定的生产设备或管道，从原材料投入成品产出，按顺序连续进行加工、储藏的全过程（图 1-7）。

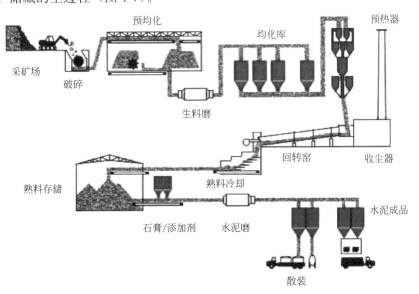

图 1-7 水泥生产工艺示意图

了解水泥工艺的人，提到水泥的生产都会说到"两磨一烧"，如图 1-8 所示。

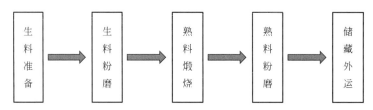

图 1-8　水泥生产工艺

1. 生料准备

石灰石是水泥生产的主要原材料，通过爆破或者使用截装机来进行原料（石灰石、页岩、硅土和黄铁矿）的提取。提取后的原材料被送至破碎机，经过破碎或锤击的方法将大块的石灰石变成碎块。通常会对已破碎后的原材料覆盖储存，以防受外界环境的影响，同时也可以最大程度地减少扬尘。

2. 生料粉磨

在生料粉磨车间，利用立磨（图 1-9）和球磨（图 1-10）的方法将原料磨得更细，以保证生料高质量的混合。在生料粉磨的过程中会损耗大量的热能，为使能起到节约能源、变废为宝的目的，通常生产企业都会采用电气自动化系统来控制。通过控制设备在生料粉磨过程中所产生出的大量热能转变为电能用以原材料的破碎，从而起到经济、节约的目的。

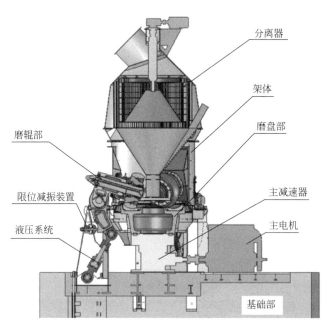

图 1-9　立磨机械

粉磨后的生料最终会被输送到均化堆场进行储藏和进一步的材料混合。

3. 熟料煅烧

熟料煅烧包括：烘干或预热、煅烧以及焙烧（烧结）三个步骤。熟料煅烧是整个水泥

图 1-10 球磨机械

生产工序中的核心部分。

生料被连续地称重并送入带有旋转窑的预热器中。材料被上升的热空气加热,在巨大的旋转窑内部,原料在 1450℃ 下转化成熟料。熟料呈球形结块状,球形结块的直径一般在 0.32~5.0cm。

煅烧后的熟料从旋转窑的窑头被送入至箅冷机进行冷却处理。冷却后的熟料用盘式运输带传输到熟料料仓储存。

安全提示

熟料在冷却的过程中会释放出大量的热量,将箅冷机中用于冷却熟料的空气收集起来并导入至旋转窑中,不仅能起到在煅烧时的助燃效果,同时也能起到节约能源、减少排放热量的作用。

4. 熟料粉磨

熟料在粉磨之前,煅烧后的熟料先需与石膏和掺合料进行配比混合,用以改善水泥的性能。

在熟料粉磨的过程中,熟料与其他原料被一同磨成细粉,多达 5% 的石膏或附加的硬石膏被添加进入,用以控制水泥的凝结时间。同时加入的还有掺合料,例如用来调节流动性或者含气量的硅灰。

使用滚式粉碎机对混合料进行粉碎,粉碎后的材料随后会被再次球磨,使得熟料能被完全磨细。整个粉碎、球磨的过程均在封闭的系统中进行。该系统中还配备有一台空气分离机,能将粒径不同的水泥颗粒分开,未被完全磨细的熟料会被重新粉磨。

5. 储藏外运

在包装车间,通过计算机控制系统将质检合格的水泥包装成成品后,送入至水泥存储仓库中储存。

质检合格的散装水泥会被送入水泥仓筒中储存,或通过水泥槽罐车直接将成品水泥发运给客户。

三、能力训练

任务情景

你是某水泥生产企业的技术员。受客户委托，现需生产一批 P.O 42.5 强度等级的水泥。请你编制该生产批次水泥的生产工艺。

（一）任务准备

1. 设施设备、机械场地的准备

对生产与存放水泥所需的破碎机、立窑机、传送机、通风系统、中控软件、铲车、储藏仓库等设施设备、机械场地等进行检查、试运作，确保正常的生产能有序进行。

2. 原材料的准备

对生产水泥所需的原材料（如：石灰石、萤石、石膏等）的氧化钙、三氧化二铁、细度百分含量，由化验室采样分析检验，同时按质量进行搭配均化，存放于原料堆棚中。

3. 配方（料）的准备

根据原材料的质量情况计算工艺配方并配料。

一般要求石灰石中氧化钙的含量大于 45%，氧化镁的含量小于 3%。使得生产出来的水泥产品中氧化钙的含量在 42% 左右，氧化镁的含量在 $3\% \sim 5\%$ 之间。

当原材料配料不能满足配方（料）要求时，应采用相应的辅料来校正原料。常用的辅料有砂岩、煤矸石、粉煤灰、铝矾土等。

将石灰石、校正原料等，按照比例（计算）混合成符合质量要求的生料。

（二）任务实施

1. 拟定生产工艺

生产工艺是生产的指导文件，在工艺中指明产品的关键工序质量控制点等，规定各项工艺工作应遵循的先后顺序，选择最佳的生产工艺。

2. 编制生产工艺

水泥的生产工艺有：生料准备→生料粉磨→熟料煅烧→熟料粉磨等主要工序。

关键工序质量控制点：

生料粉磨、熟料煅烧、熟料粉磨三道工序为整个生产工艺的关键工序质量控制点。

3. 绘制水泥生产工艺流程图

水泥生产工艺流程图详见图 1-8。

（三）任务评价（表 1-3）

任务评价表 表 1-3

序号	评价内容	评价标准	分值	得分
1	知识与技能	能说出水泥的功能、特性	15	
		能说出水泥的种类及适用范围	15	
		能说出水泥生产工艺中的质量控制点	15	
		会编制水泥生产工艺	25	

序号	评价内容	评价标准	分值	得分
2	职业素养	能做好个人安全防护工作	5	
		具备安全意识	5	
		能遵守实训安全守则	10	
		实训后能做到工完料清场地净	10	
3	合计		100	

四、拓展学习

纳米水泥的发展展望

水泥是大众建材，用量大，人们还未充分重视使用纳米技术对其进行改性。其实，水泥硬化浆体（水泥石）是由众多的纳米级粒子（水化硅酸钙凝胶）和众多的纳米级孔与毛细孔（结构缺陷）以及尺寸较大的结晶型水化产物（大晶体对强度和韧性都不太有利）所组成的。借鉴当今纳米技术在陶瓷和聚合物领域内的研究和应用成果，应用纳米技术对水泥进行改进研究，可望进一步改善水泥的微观结构，以显著提高其物理力学性能和耐久性。但纳米改性水泥的研究工作才刚刚起步。

将纳米材料（图 1-11）用于水泥，由于纳米粒子的高度反应活性，可以加快水泥固化速率，纳米粒子的粒径小，因而可以占据许多孔隙，使水泥的结合强度明显提高。对于专用水泥和特种水泥，比如防酸碱腐蚀水泥、耐剥落性水泥，都会由于纳米材料的加入而明显提高其相应的性能。总之，将纳米技术用于水泥，可使水泥的性能大大提高，并可望制备强度等级非常高的水泥，以满足特种需要。

图 1-11 纳米材料

21 世纪我国将兴建大量的水利、高速公路、各类建筑物等工程，这些工程均离不开混凝土，要想建筑物安全地使用并延长其使用寿命，必须研制高性能的水泥混凝土材料。美国混凝土协会 AC12000 委员会曾设想，今后美国常用混凝土的强度将为 135MPa。如果需要，在技术上可使混凝土强度达到 400MPa，将能建造出高度为 600~900m 的超高层建筑，以及跨度达 500~600m 的桥梁。未来对混凝土的需求必然大大超过今天的规模。采用纳米技术改善水泥硬化浆体的结构，可望在纳米矿粉-超细矿粉-高效减水剂-水溶性聚合物-水泥系统中，制得性能优异的、高性能的水泥硬化浆体-纳米复合水泥结构材料，并广泛应用于高性能或超高性能的水泥基涂料、砂浆和混凝土材料。在不远的将来，继超细矿粉（第 6 组分）之后，纳米矿粉将有可能成为超高性能混凝土材料的又一重要组分。

五、课后练习

(一) 填空题

1. 凡细磨成粉末状，加入适量水后，可成为塑性浆体，既能在_____硬化，又能在_____，并能将砂石钢筋等材料牢固地胶结在一起的水硬性胶凝材料，统称为_____。

2. 水泥的种类很多，按照主要的水硬性矿物组成可分为硅酸盐水泥，代号 P.Ⅰ、P.Ⅱ；普通硅酸盐盐水泥，代号_____；矿渣酸盐水泥，代号 (P.S)；复合硅酸盐水泥，代号 P.C；特种水泥等。

(二) 选择题

1. 熟料煅烧包括：烘干或 ( )、煅烧以及焙烧 (烧结) 三个步骤。

A. 晒干   B. 预热

C. 风干   D. 阴干

2. 水泥的 "两磨一烧" 是指粉磨生料、煅烧 ( )、粉磨 ( )。

A. 生料、熟料   B. 熟料、生料

C. 熟料、熟料   D. 生料、生料

(三) 思考题

请编制出水泥的生产工艺。

■ (二) 新型混凝土 ■

新型混凝土你知多少？

在我国土建工程的施工中，混凝土材料属于主要的工程材料。混凝土的材料主要包括粗骨料、细骨料、水和胶结材料，按照一定的比例配制而成，通过搅拌及振捣成型后，借助一定的养护工作使其形成具有一定强度的人工建筑材料。

改革开放以来，随着社会不断的更新发展，国家各类信息技术不断地更新，水泥制作及施工工艺也得到了快速的发展，诸多不同品种的新型混凝土材料不断出现，且其质量获得了不断地提高，因此加强新型混凝土材料的推广应用具有重要意义。

新型混凝土材料发展至今，出现了多种性能特异、用途不一以及名目繁多的混凝土种类。新型混凝土材料目前逐渐朝向轻质、抗爆、抗磨损、抗灾、抗冻融、抗渗以及高强度的方面发展。目前的新型胶凝材料以及新型外加剂让原来的混凝土性能变得更好，增强了混凝土的耐久性以及力学性能，因此新型混凝土也称作高性能混凝土。

任务一　新型混凝土识别与选用

一、学习目标

1. 能根据不同混凝土的性能区分出普通混凝土、新型混凝土；
2. 能根据普通混凝土、新型混凝土的各自特点归纳出不同的适用范围；
3. 会根据不同的工程场景选用合适种类的混凝土；
4. 混凝土选用过程中，树立实事求是，追求创新的科学态度。

二、知识导航

（一）混凝土

混凝土，是当代最主要的土木工程材料之一。它是由胶凝材料，颗粒状集料（也称为骨料），水，以及必要时加入的外加剂和掺合料按一定比例配制，经均匀搅拌，密实成型，养护硬化而成的一种人工石材。

混凝土具有原料丰富、价格低廉、生产工艺简单的特点，因而使其用量越来越大。同时混凝土还具有抗压强度高，耐久性好，强度等级范围宽等特点。这些特点使其使用范围十分广泛，不仅在各种土木工程中使用，而且在造船业、机械工业、海洋的开发、地热工程等领域，混凝土也是重要的材料。

（二）新型混凝土

随着科技和经济的发展，建筑的形式也在不断发展。高层、大跨度结构对建筑材料的要求越来越高，混凝土材料的品种不断增多，质量逐步提高，使用范围越来越广。当今根据性能的要求，在普通混凝土中添加材料并实施在工艺上，派生出名目繁多、性能特异、用途不一的混凝土，即新型混凝土。

1. 超高性能混凝土（UHPC）

超高性能混凝土简称 UHPC（Ultra-High Performance Concrete），也称作活性粉末混凝土（RPC，Reactive Powder Concrete），是过去三十年中最具创新性的水泥基工程材料，实现工程材料性能的大跨越。

"超高性能混凝土"包含两个方面"超高"——超高的耐久性和超高的力学性能（表1-4）。

超高性能混凝土 UHPC 具备了普通混凝土的施工性能（图 1-12），甚至可以实现自密实，可以常温养护，已经具备广泛应用的条件（图 1-13）。UHPC 与普通混凝土或高性能混凝土不同的方面包括：不使用粗骨料，必须使用硅灰和纤维（钢纤维或复合有机纤维），水泥用量较大，水胶比很低。

普通混凝土、高性能混凝土和超高性能混凝土材料技术指标对比　　表 1-4

	普通混凝土 NSC	高性能混凝土 HPC	超高性能混凝土 UHPC
抗压强度(MPa)	20～40	40～96	120～180
水胶比	0.40～0.70	0.24～0.35	0.14～0.27
圆柱劈裂抗拉强度(MPa)	2.5～2.8	—	4.5～24
最大骨料粒径(mm)	19～25	9.5～13	0.4～0.6
孔隙率	20%～25%	10%～15%	2%～6%
孔尺寸(mm)	—	—	0.000015
韧性	—	—	比 NSC 大 250 倍
断裂能(kN/m)	0.1～15	—	10～40
弹性模量(GPa)	14～41	31～55	37～55
断裂模量(第一条裂缝)(MPa)	2.8～4.1	5.5～8.3	7.5～15
极限抗弯强度(MPa)			18～35
透气性 k(24 小时 40℃)(mm)	3×10	0	0
吸水率(%)	＜10	＜6	＜5
氯离子扩散系数(稳定状态扩散)(mm^2/s)	—	—	$<2 \times 10e^{-12}$
二氧化碳/硫酸盐渗透			
抗冻融性能(%)	10	90	100
抗表面剥蚀性能	表面剥蚀量＞1	表面剥蚀量 0.08	表面剥蚀量 0.01
泊松比	0.11～0.21	—	0.19～0.24
徐变系数,Cu	2.35	1.6～1.9	0.2～1.2
收缩			
流动性(工作性)(mm)	测量坍落度	测量坍落度	测量坍落度
含气量(%)	4%～8%	2%～4%	2%～4%

图 1-12　UHPC 施工性能

图 1-13　UHPC 应用

UHPC 堪称耐久性最好的工程材料，适当配筋的 UHPC 力学性能接近钢结构，同时 UHPC 具有优良的耐磨、抗爆性能。因此，UHPC 特别适合用于大跨径桥梁、抗爆结构（军事工程、银行金库等）和薄壁结构，以及用在高磨蚀、高腐蚀环境。目前，UHPC 已经在一些实际工程中应用，如大跨径人行天桥（图 1-14）、公路铁路桥梁、薄壁筒仓、核废料罐、钢索锚固加强板、ATM 机保护壳等。可以预计，未来还会有越来越多的应用。

图 1-14　军山大桥铺设超高性能混凝土

2. 轻骨料混凝土

轻骨料混凝土是指组成混凝土的粗骨料（石子）被密度更小的"轻骨料"代替，拌制成密度在 1500kg/m³ 以下的混凝土。常见的轻骨料混凝土有发泡混凝土、陶粒混凝土等。

（1）发泡混凝土

发泡混凝土（图 1-15），又名泡沫混凝土或轻质混凝土，发泡混凝土是通过发泡机的发泡系统将发泡剂用机械方式充分发泡，并将泡沫与水泥浆均匀混合，然后经过发泡机的泵送系统进行现浇施工或模具成型，经自然养护所形成的一种含有大量封闭气孔的新型轻质保温材料。发泡混凝土是以发泡剂、水泥、粉煤灰、石粉等搅拌成有机胶结料的双套连续结构的聚合物、内含均匀气孔。发泡混凝土是用于屋面保温找坡、地面保温垫层、上翻梁基坑填充，墙体浇筑等节能材料。

图 1-15　发泡混凝土

（2）陶粒混凝土

以陶粒代替石子作为混凝土的骨料，这样的混凝土称为"陶粒混凝土"（图 1-16）。它是由胶凝材料和轻骨料配制而成的。按用途可分为保温用，密度为 $800kg/m^3$ 以下；结构保温用，密度为 $800\sim1400kg/m^3$；结构用，密度为 $1400kg/m^3$ 以上。

图 1-16　陶粒混凝土

陶粒混凝土可用于房屋建筑、桥梁、船及窑炉基础（图 1-17）等。陶粒混凝土俗称"轻质混凝土"，解决了普通混凝土表干密度选择余地小的缺陷，使混凝土表干密度选择范围更加完善。

图 1-17　陶粒混凝土制作的建筑基础材料

3. 装饰混凝土

装饰混凝土（混凝土压花）是一种绿色环保地面材料。它能在原本普通的新旧混凝土表层，通过色彩、色调、质感、款式、纹理、机理和不规则线条的创意设计，图案与颜色的有机组合，创造出各种天然大理石、花岗岩、砖、瓦、木地板等天然石材铺设效果，具有图形美观自然、色彩真实持久、质地坚固耐用等特点。

装饰混凝土可广泛应用于住宅、社区、商业、市政及文娱康乐等各种场合所需的高档小区道路（图 1-18）、人行道（图 1-19）、公园、广场、游乐场、停车场、庭院、地铁站台、游泳池等处的景观创造，具有极高的安全性和耐用性。

图 1-18　装饰混凝土路面

图 1-19　人行道

装饰混凝土还起着可以警戒与引导交通、改变路面功能、改善照明效果及美化环境的作用。具体如下：

（1）警戒与引导交通的作用：如在交叉口、公共汽车停车站、上下坡危险地段、人行道及需要引导车辆分道行驶地段。

（2）表面路面功能的变化：如停车场、自行车道、公共汽车专用道等。

（3）改善照明效果：采用浅色可以改善照明效果，如隧道、高架桥等对于行驶安全有更高要求的地段。

（4）美化环境：合理的色彩运用，有助于周围景观的协调、和谐和美观，如人行道、广场、公园、娱乐场所等。

4. 透光混凝土

透光混凝土是由水泥与骨料、石子、砂子、钢筋等制作而成，加入了光导纤维，最终成型为固态板状或砖状的制品。如果有特殊要求，还可以是定制的造型及光源样式。

透光混凝土分为两种类型，光纤类透光混凝土和树脂类透光混凝土，两者的透光原理相同，在透光的介质上选择不同材料，各有特点。

光纤类透光混凝土的制造工艺是将光导纤维一层一层叠放在模具中，均匀浇筑水泥砂浆，等待砌块硬化后，调整形状，打磨抛光即可；树脂类透光混凝土是使用树脂作为导光材料，将透光树脂预制成合适的形状尺寸，表面涂刷界面剂并嵌入到水泥砂浆基体中，最后对基体喷涂罩面层，形成树脂类透光混凝土制品（图 1-20）。

图 1-20　透光混凝土制品

三、能力训练

任务情景

你是某建筑工地的材料员，需对所在的建筑工程不同工程部位选用合适的混凝土材料，请根据不同混凝土的特点及应用范围进行梳理，并提供选用汇总表。

（一）任务准备

1. 资料：《超高性能混凝土试验方法标准》T/CECS 864—2021；

《泡沫混凝土制品性能试验方法》JC/T 2357—2016；

《陶粒混凝土屋面与楼地面保温工程技术规程》DBJ 43/T 321—2017；

《装饰混凝土砖》GB/T 24493—2009；

透光混凝土研究与发展等。

2. 混凝土材料汇总（表 1-5）

混凝土材料汇总表　　　　　　　　　　　　　表 1-5

序号	名称	备注
1	普通混凝土	普通型（传统型）
2	超高性能混凝土（UHPC）	新型
3	发泡混凝土（泡沫混凝土）	新型
4	陶粒混凝土	新型
5	装饰混凝土	新型
6	透光混凝土	新型

安全提示

1. 严禁在工具书上乱涂、乱画，撕页、损坏工具书。

2. 应遵守实训守则，进入实训场所后禁止嬉戏、喧哗。

3. 实训完成后应做到工完料清场地净。

(二) 任务实施

1. 查阅图纸收集资料

查阅建筑工程设计施工图纸，研读设计说明。对本工程中所涉及的工程部位作收集、罗列、汇总。

2. 梳理、归纳

梳理、归纳各类混凝土的特点、用途。针对各混凝土不同的特点总结归纳出使用范围。

3. 记录、汇总

根据各混凝土的特点及应用范围，结合在工程中不同部位的使用，制定本建筑工程"某建筑工程混凝土不同工程部位混凝土选用汇总表"。

4. 填写混凝土不同工程部位混凝土选用汇总表（表1-6）

某建筑工程混凝土不同工程部位混凝土选用汇总样例表 　　　　　表1-6

序号	品种	特点	应用范围	本工程中应用部位
1	普通混凝土	强度高、耐久性好、可塑性好	一般工业、民用建筑	柱、梁、板
2	超高性能混凝土	超高的耐久性、超高的力学性能	大跨径人行天桥、公路铁路桥梁、薄壁筒仓、核废料罐、钢索锚固加强板、ATM机保护壳	大跨度梁
3	发泡混凝土	轻质、保温隔热性能好、隔声耐火性能好、整体性能好、低弹减振性好、防水性能强、耐久性能好、生产加工方便、环保性能好、施工方便	用作挡土墙、修建运动场和田径跑道、作夹芯构件、管线回填、贫混凝土垫层、屋面边坡、用于园林绿化	垫层
4	陶粒混凝土	重量轻、保温性能好，热损失小、抗渗性好、耐火性好、具有施工适应性强的特点	房屋建筑、桥梁、船舶、窑炉基础	基础
5	装饰混凝土	图形美观自然、色彩真实持久、质地坚固耐用、极高的安全性、耐用性	人行道、公园、广场、游乐场、高档小区道路、停车场、庭院、地铁站台、景观创造	小区道路
6	透光混凝土	透光性能强、力学性稳定、节能环保、隔热性强	建筑外立面、地面、室内隔墙、雕塑及景观、背景墙及定制图案	雕塑及景观

（三）任务评价（表1-7）

任务评价表

表 1-7

序号	评价内容	评价标准	分值	得分
1	知识与技能	能根据不同混凝土的性能区分出普通混凝土和新型混凝土	15	
		能说出常见的几种新型混凝土的种类	20	
		能说出常见的几种新型混凝土特性及其适用范围	20	
		能根据不同的场景和要求选择合适的混凝土	15	
2	职业素养	能严格遵守实训室日常安全管理条例	5	
		能根据国家标准挑选合格的新型混凝土	10	
		能有实事求是，追求创新的科学态度	5	
		能细心、细致清扫、整理实训工位并正确复位	10	
3	合计		100	

四、拓展学习

混凝土在道路工程中的应用

　　近年来，许多国家对大交通量道路混凝土路面或机场道面采用混凝土基层是当前的发展趋势。对于贫混凝土用作混凝土道路基层，国外已进行了大量应用研究和实际应用。一般每立方米混凝土为 100～200kg，因而又称为经济混凝土。贫混凝土分为湿贫混凝土、干贫混凝土和多孔贫混凝土三类，都具有良好的抗冲刷性能，除此之外，对于一些隧道工程而言，混凝土的凝结速度往往也是工程应用中的重要指标。

　　快硬性混凝土是针对普通混凝土由于凝结硬化时间和养护时间长。通过在混凝土中添加一定量的早强减水剂，以实现超早强快硬和大大缩短开放交通时间的目的，适用于混凝土路面的快速修补和有快速通车要求的新混凝土路面的施工具有较好的社会效益和经济效益。

　　下面我们来看一个案例：

　　上海外滩通道工程沿线有大量的历史保护建筑（图1-21），由于工程地处享有万国建筑博览美誉的城市滨江核心地区，工程建设需要穿越外白渡桥、地铁二号线、延安东路隧道等保护建筑和重要设施，容不得出现丝毫差错，故而工程的实施被国内外工程界同行比作为"心脏搭桥"工程。本次两块施工区域由于分别位于延安东路北线、南线隧道下方，其中南线 4B1 地块距隧道仅 6.99m，北线 4B3 地块距隧道更是仅有 524m。为避免施工区间现浇混凝土底板结构可能因上浮对延安东路隧道造成结构性破坏，故对成型的混

图 1-21　隧道中混凝土的应用

凝土早期强度提出了较高的要求，要求现场浇捣的底板混凝土 5～6 小时强度要达到 0.5MPa 以上（混凝土基本达到终凝状态）。这对于依靠搅拌车运输的现浇混凝土而言无疑具有很大的挑战：

1. 道路交通的影响。

路线长、路况较差的情况下，运输时间势必大大延长，而对于快硬性混凝土而言（坍落度损失一般都非常大），混凝土现场的施工性能是施工成功与否所考虑的关键因素之一。

2. 混凝土凝结时间及强度的影响。

凝结时间过快，则施工现场来不及浇捣；凝结时间过慢，则达不到施工所需的混凝土强度要求，因此找准平衡点也是难度之一。

根据上述的工程特点及要求（温度、强度、时间）的变化，我们有针对性地选用不同的混凝土配合比进行检测，从而找出最佳解决方案。

五、课后练习

（一）填空题

1. 广义的混凝土是由_____、_____、_____、_____或必要的外加剂，经拌合、成型、养护、硬化而成的人工石材。

2. 普通混凝土的强度等级是根据_____划分的。

（二）选择题

1. 混凝土的_____强度最大。

A. 抗拉　　　　　　B. 抗压　　　　　　C. 抗弯　　　　　　D. 抗剪

2. 防止混凝土中钢筋腐蚀的主要措施有_____。

A. 提高混凝土的密实度　　　　　　B. 钢筋表面刷漆

C. 钢筋表面用碱处理　　　　　　　D. 混凝土中加阻锈剂

（三）思考题

常见的新型混凝土有哪些？各自有什么特点？

任务二　编制新型混凝土生产工艺

一、学习目标

3. 混凝土生产工艺流程

1. 能根据新型混凝土的特点说出常见的新型混凝土；

2. 能说出超高性能混凝土（UHPC）的不同生产工艺及其优缺点；

3. 能编制超高性能混凝土（UHPC）的生产工艺；

4. 能简述超高性能混凝土（UHPC）生产工艺中的质量控制点；

5. 养成不怕吃苦，勇于担当，艰苦奋斗的优良品质。

二、知识导航

（一）新型混凝土

新型混凝土生产工艺是指为派生出名目繁多、性能特异、用途不一的新型混凝土制品，在普通混凝土材料中添加材料并实施在混凝土配合比设计、试拌验证、浇筑成型、拆模养护、成品保护等诸多方法与过程。如超高性能混凝土（UHPC）、轻质混凝土、装饰混凝土和透光混凝土等等均属于是新型混凝土。

在常见的新型混凝土材料中，超高性能混凝土（UHPC）因有着超高的耐久性及强度，被堪称耐久性最好的工程材料，已在一些实际工程中应用，如：电杆、课桌、大跨径梁等。预计该品种混凝土还会有越来越多的应用。

（二）超高性能混凝土（UHPC）的生产工艺

超高性能混凝土（UHPC）的生产工艺主要有混凝土配合比设计、试拌验证、浇筑成型、拆模养护、成品保护五大环节（图 1-22）。按照生产工艺的方法不同，又可将超高性能混凝土（UHPC）的生产工艺分为立式成型生产工艺和离心成型生产工艺。因生产工艺的方法不同，其预制品的品质也不尽相同。

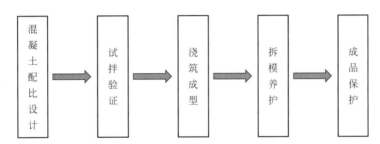

图 1-22　超高性能混凝土（UHPC）生产工艺

1. 立式成型生产工艺

立式成型生产工艺要求：混凝土应具备非常好的流动性，通试机械泵（图 1-23）输送至模具配合振动泵振动成型。

预制品优点：成品厚度较均匀，且光滑有质感。

工艺缺点：该工艺需要配置振动加强产品密实度，且不能掺入金属纤维，因超高性能混土的流动性较好，采用振动成型时掺入的金属纤维易下沉。若采用有机纤维掺入，它的韧性不足、延长率大，较难控混凝土水化收缩，温度收缩产生的预应力，因此采用立式成型生产工艺易产生裂纹，而裂纹的周期一般长至 6～12 个月。

2. 离心成型生产工艺

离心成型生产工艺要求：采用设备搅拌（图 1-24）、工艺可优化调整。

预制品特点：具有卓越的力学性能，产品的抗拉性能，密实度良好，不会产生裂纹现象。

工艺缺点：成品壁厚精度控制不住，可掺入一定分量的金属纤维增加韧性，提升产品抗拉强度，有效控制裂纹的出现。

图 1-23　立式成型生产设备　　　　　　图 1-24　离心成型生产设备

三、能力训练

任务情景

你是某混凝土搅拌站生产组组长，现受客户委托，需生产一批超高性能混凝土（UH-PC）电杆。请你安排并实施生产任务，绘制超高性能混凝土（UHPC）生产工艺，并告知生产工艺及注意点。

（一）任务准备

1. 对生产超高性能混凝土（UHPC）电杆所需的原材料（如：水泥、集料、纤维等）按要求存放于原料堆棚中，其中水泥应贮藏在干燥的场所或筒仓中。

2. 根据客户要求进行超高性能混凝土（UHPC）配比设计。

3. 工具书：《超高性能混凝土电杆》T/CEC 143—2017。

安全提示

1. 生产前检查生产机具是否能正常工作；

2. 做好个人防护工作；

3. 安全生产、节约能源。

（二）任务实施

1. 拟定生产工艺

生产工艺是生产的指导文件，在工艺中指明产品的关键工序质量控制点，规定各项工艺工作应遵循的先后顺序，选择最佳的生产工艺。

2. 编制生产工艺

超高性能混凝土（UHPC）生产工艺有：原材料储备→混凝土配比设计→安装模板→试拌验证→浇筑成型→拆模养护→成品保护→产品包装→储藏外运等主要工序。

关键工序质量控制点：

混凝土配比设计，试拌验证，浇筑成型是整个配料工艺的关键工序质量控制点。

3. 绘制生产工艺流程图

超高性能混凝土（UHPC）生产工艺流程图详见图1-22。

（三）任务评价（表1-8）

任务评价表 表1-8

序号	评价内容	评价标准	分值	得分
1	知识与技能	能说出常见新型混凝土的种类	10	
		能列出超高性能混凝土（UHPC）的生产工艺的优缺点	20	
		能说出超高性能混凝土（UHPC）生产工艺中的质量控制点	20	
		能根据客户要求生产超高性能混凝土（UHPC）	20	
2	职业素养	能严格遵守实训室日常安全管理条例	10	
		能穿戴好劳防用品参加实训	10	
		能有不怕困难,团队协作的优良品质	5	
		实训后能做到工完料清场地净	5	
3	合计		100	

四、拓展学习

钢筋混凝土海水腐蚀与防治

挑战性问题：不少海港码头的钢筋混凝土因海水腐蚀近几年已出现明显的钢筋锈蚀，严重影响钢筋混凝土的寿命，请思考如何防治钢筋混凝土海水腐蚀。

创造性思维点拨：创造性思维有多种形式，即求同思维与求异思维，发散思维与集中思维，逻辑思维与非逻辑思维，理性思维与非理性思维以及正向和逆向思维等。本问题可应用逻辑思维和非逻辑思维去研究解决。从逻辑思维出发，从混凝土的角度来想，尽量使混凝土致密，以抵抗氯离子等有害组分的渗入，把混凝土保护层加厚，也有利于保护钢筋。从钢筋角度来想，尽可能使用抗腐蚀能力强的钢筋，如钢筋表面有好的抗锈层。另外，还可以从非逻辑思维出发，非逻辑思维形式通常指直觉、灵感、联想与想象。可在混凝土表面涂覆保护层，隔绝海水的侵蚀，特别是在浪溅区，特别加厚此涂覆保护层。还可以在混凝土内加入阻锈剂，阻止氯离子的渗入。

五、课后练习

（一）填空题

1. 超高性能混凝土（UHPC）生产工艺有：_____、_____、_____、_____、_____。

2. 按照生产工艺的方法不同，又可将超高性能混凝土（UHPC）的生产工艺分为_____、_____。

（二）选择题

1. 使用立式成型的混凝土制品，其表面都是_____。

A. 光滑有质感　　　B. 粗糙　　　　　　C. 凹凸不平

2. 采用立式成型生产工艺易产生裂纹，而裂纹的周期一般长至_____。

A. 3～6个月　　　B. 6～12个月　　　C. 1～2个月

（三）思考题

超高性能混凝土（UHPC）的生产工艺有哪几种，不同工艺制品在性能上的区别有哪些？

任务三　混凝土拌合物和易性检测

一、学习目标

1. 能说出混凝土拌合物和易性的特点及影响因素；
2. 能按照要求完成混凝土拌合物坍落度检测；
3. 会根据检测结果评定混凝土拌合物的和易性；
4. 树立学思并重、锐意进取的科学精神。

二、知识导航

（一）混凝土拌合物和易性

混凝土拌合物和易性是指混凝土拌合物易于施工操作（搅拌、运输、浇筑、捣实）并能获得质量均匀、成型密实的性能，又称工作性。

混凝土的和易性是一项综合性的技术性质，它与施工工艺密切相关。通常包含有流动性、黏聚性和保水性三方面的内容。

1. 流动性

流动性（图1-25）是指混凝土拌合物在自重或机械振捣的作用下，能产生流动，易于运输，并均匀密实地填满模板的性能。流动性的大小，反应混凝土拌合物的稀稠，直接影响着浇捣施工的难易和混凝土的质量。

2. 黏聚性

黏聚性是指在混凝土拌合物的组成材料之间有一定的黏聚力，在施工过程中不致发生分层、离析现象的性能。黏聚性好可以保证混凝土拌合物在运输、浇筑、成型等过程中内部结构均匀。

3. 保水性

保水性（图1-26）是指混凝土拌合物具有一定的保水能力，在施工过程中不致产生严重的泌水现象的性能。保水性差的混凝土拌合物，在施工过程中，一部分水易从内部析出至表面，在混凝土内部形成泌水通道，使混凝土的密实性变差，降低混凝土的强度和耐久性。它反映的是混凝土拌合物的稳定性。

图 1-25　流动性

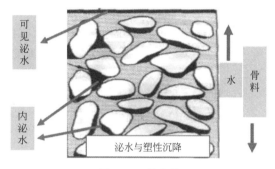

图 1-26　保水性

混凝土拌合物的流动性、黏聚性、保水性，三者之间既互相关联又互相矛盾。黏聚性好则保水性往往也好，但当流动性增大时，黏聚性和保水性往往变差，反之亦然。所谓拌合物的和易性良好，就是要使这三方面的性能在某种具体条件下，达到均为良好，亦即使矛盾得到统一。

（二）影响混凝土拌合物和易性的因素

1. 水泥浆的稀稠——水灰比

水灰比是指在混凝土中用水量与胶凝材料用量之比。水灰比较大时，水泥浆较稀，拌合物的流动性较大，但水灰比过大时，黏聚性和保水性变差，也会影响到混凝土的耐久性。反之，水灰比较小时，水泥浆较稠，拌合物的流动性较小，黏聚性和保水性好，混凝土的耐久性好。但水灰比过小时，浇捣成型比较困难。根据经验，水灰比一般宜控制在 0.4～0.7 之间，以便使混凝土拌合物既方便施工，又能保证浇筑成型的质量。但水灰比是由混凝土设计强度确定，一旦混凝土设计强度确定后，水灰比不能随便改变。

2. 水泥浆的数量——拌合用水量

在相同水灰比的情况下，单位体积混凝土拌合物中的拌合用水量多，水泥浆也多，拌合物的流动性就大，反之就小。这是因为水泥浆多时，水泥浆充满集料空隙后，剩余较多的浆料，使集料表面的水泥浆包裹层较厚，润滑性增加，流动性加大。但若水泥浆过多，将容易出现流浆，使拌合物的黏聚性变差，且水泥用量过多也不经济。因此，应以达到施工要求为宜。

根据设计规范，当拌制混凝土所用石子的品种、规格及水灰比确定后，每立方米混凝土所需的拌合用水量通过查表一般就能确定。

3. 集料的粒形与级配

卵石表面光滑，流动阻力小，所拌制的混凝土拌合物流动性较大，而碎石表面粗糙，流动阻力大，拌合物的流动性较小。使用级配良好的砂石时，由于填空所需浆料量少，余浆包裹厚，拌合物的流动性较大。

4. 砂率

在混凝土中所用砂的质量占砂石总质量的百分率称为砂率。在水泥浆量一定的情况下，若砂率过大，则集料的总表面积过大，使水泥浆包裹层过薄，拌合物显得干涩，流动性小；若砂率过小，砂浆量不足，就不能在粗集料的周围形成足够的砂浆层而起不到润滑作用，也将降低拌合物的流动性，而且由于砂浆量较少，对水泥浆的吸附不足，将影响拌合物的粘聚性和保水性。因此，砂率不能过大，也不能过小，合理的砂率应该是能使砂浆的数量能填满石子的空隙并稍有多余，以便将石子拨开。这样，在水泥浆一定的情况下，混凝土拌合物能获得最大的流动性，这样的砂率称为合理砂率。

（三）改善混凝土拌合物和易性的措施

为保证混凝土拌合物具有良好的和易性，可使用下列措施加以改善：

1. 采用级配良好的集料（砂、石子）。

2. 采用合理的砂率。

3. 在水灰比不变的情况下调整水泥和水的用量。

三、能力训练

任务情景

你是某混凝土搅拌站质检员，请你根据施工要求对已生产的一批混凝土拌合物性能做质量检测和分析，并填写混凝土拌合物质量检测记录。

（一）任务准备

1. 器具设备：

（1）坍落度筒，如图 1-27 所示（尺寸：上口直径 100mm，下口直径 200mm，高度 300mm）。

（2）捣棒（直径 16mm，长约 650mm，并具有半圆形端头的钢棒）。

（3）小铲、木尺、装料漏斗、抹刀、钢尺等工具。

2. 资料：

（1）《普通混凝土拌合物性能试验方法标准》GB/T 50080—2016。

（2）《预拌混凝土》GB/T 14902—2012。

安全提示

1. 每拌制 100 盘但不超过 100m³ 的同配合比的混凝土，取样次数不得少于一次。

图 1-27　坍落度筒

2. 每工作班拌制的同一配合比的混凝土不足 100 盘时，其取样次数不得少于一次。

3. 每次取样应至少留置一组标准养护试件，同条件养护试件的留置组数应根据实际需要确定。

（二）任务实施

1. 坍落度检测

（1）坍落度筒内壁和底板应润湿无明水；底板应放置在坚实水平面上，并把坍落度筒放在底板中心，然后用脚踩住两边的脚踏板，坍落度筒在装料时应保持在固定的位置。

质量要求：无明水、固定位置。

（2）混凝土拌合物试样应分三层均匀地装入坍落度筒内，每装一层混凝土拌合物，应用捣棒由边缘向中心按螺旋形均匀插捣 25 次，捣实后每层混凝土拌合物试样的高度约为筒高的 1/3。

操作要点：插捣 25 次；由边缘向中心；三层装入和插捣。

（3）插捣底层时，捣棒应贯穿整个深度，插捣第二层和顶层时，捣棒应插透本层至下一层的表面。

操作要点：贯穿本层。

（4）顶层混凝土拌合物装料应高出筒口，插捣过程中，混凝土拌合物低于筒口时，应随时添加。

操作要点：顶层插捣应随时添加。

（5）顶层插捣完后，取下装料漏斗，应将多余混凝土拌合物刮去，并沿筒口抹平。

（6）清除筒边底板上的混凝土后，应垂直平稳地提起坍落度筒，并轻放于试样旁边，当试样不再继续坍落或坍落时间达 30s 时，用钢尺量测出筒高与坍落后混凝土试体最高点之间的高度差，作为该混凝土的坍落度值（图 1-28）。

操作要点：量测筒高与坍落后混凝土试体间的最高点。

（7）坍落度筒的提离过程宜控制在 3～7s，从开始装料到提坍落度筒的整个过程应连续进行，并应在 150s 内完成。

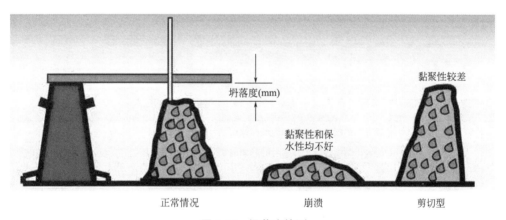

图 1-28　坍落度检测

操作要点：提离时间 3～7s；整个过程 150s。

（8）观察试样的黏聚性和保水性

① 黏聚性

用捣棒在已坍落的锥体试样的一侧轻击，如锥体在轻打后渐渐下沉，表示黏聚性好；如锥体突然倒塌，部分崩解或有石子离析现象，即表示黏聚性差。

② 保水性

根据水分从试样中析出的结果，分为三级。"多量"表示提起坍落筒后有较多的水分从底部析出；"少量"表示有少量水析出；"无"表示没有水从底部析出。若为"多量"则表明混凝土拌合物的保水性不好；"少量"和"无"则表示保水性良好。

2. 检测结果与计算

（1）混凝土拌合物坍落度值测量应精确至1mm，结果应修约至5mm。

（2）坍落度筒提起后混凝土发生一边崩塌或剪坏现象时见图1-28，应重新取样另行测定，第二次检测仍出现一边崩塌或剪坏现象，应予记录说明。

3. 填写混凝土拌合物质量检测记录（表1-9）

混凝土拌合物质量检测记录样例表　　　　　　　　　　　　表1-9

供货单位	上海××工程有限公司	供货编号	××××
工程名称	上海××新建工程	供货数量	×××m³
混凝土种类	普通混凝土（预拌）	强度等级	C30
生产日期	××××-××-××	供货日期	××××-××-××
检验项目	技术要求	检测值	评判结果
坍落度	50～70mm	66mm	合格
黏聚性	良好	良好	合格
保水性	良好	良好	合格
检验结论	经检测，该混凝土拌合物性能符合要求，可以供货。		
检验人	×××	检验日期	××××-××-××
复核人	×××	复核日期	××××-××-××

生产单位（盖章）：

日　　期：

（三）任务评价（表1-10）

任务评价表　　　　　　　　　　　　表1-10

序号	评价内容	评价标准	分值	得分
1	知识与技能	能说出混凝土拌合物和易性的特点	10	
		能说出影响混凝土和易性的影响因素	10	
		能检测混凝土拌合物坍落度	15	
		能观察混凝土拌合物的黏聚性和保水性	15	
		能根据检测结果做分析、判断	20	
2	职业素养	能遵守实训安全管理条例	5	
		能体现出学思并重、锐意进取的科学精神	10	
		能团队协作完成混凝土和易性检测	10	
		能细心、细致清扫、整理实训工位并正确复位	5	
3	合计		100	

四、拓展学习

改善混凝土拌合物工作性的措施

混凝土的工作性就是便于施工，能形成均匀密实结构的性能。因为混凝土加水后的拌合物（图1-29）要经过运输，搅拌，浇筑，振捣等各种工序，如果工作性不好，不能注满模子，离析分层了，泌水会直接导致强度和耐久性不合格，所以要规定工作性。工作性又称和易性，包括流动性（能充满模具的性能），黏聚性（不离析分层）和保水性（不泌水）。影响因素：①水泥。水泥种类和细度都有影响。粉煤灰水泥较好，硅酸盐水泥次之，火山灰水泥黏稠，矿渣水泥易泌水。细度越细，流动性差，黏聚和保水好。②单位用水量。水量多，流动度好，但易分层，黏聚保水变差。固定水量原则，在固定粗集料种类和最大粒径的情况下，用水量固定了，砂子略有变化，水泥正负各50kg，工作性大体不变。③砂率。即砂子占集料的质量比。水泥浆一定，存在最佳砂率，此时的和易性最好。砂率过大，砂子过多，水泥浆大量用于包裹砂子表面，流动度小；砂率过小，水泥浆需要大量填充石子空隙，工作性也不好。④施工条件。搅拌振捣是否充分。⑤外加剂。减水剂，引气剂可以改善工作性。

图1-29　混凝土拌合物

五、课后练习

（一）填空题

1. 混凝土拌合物的和易性包括＿＿＿＿、＿＿＿＿和＿＿＿＿三个方面的含义。

2. 测定混凝土拌合物和易性的方法有＿＿＿＿法或＿＿＿＿法。

（二）单选题

1. 以下不属于混凝土拌合物的和易性的是（　　　）。

A. 析水性　　　　　B. 流动性　　　　　C. 保水性　　　　　D. 黏聚性

2. 在检测混凝土坍落度时单次检测结果应精确至（　　）mm。

A. 5　　　　　　　　B. 1　　　　　　　　C. 15　　　　　　　　D. 20

（三）思考题

简述混凝土和易性检测的操作步骤。

任务四　混凝土抗压强度检测

一、学习目标

1. 能简述混凝土抗压强度的定义；
2. 能根据要求完成混凝土立方体抗压强度检测；
3. 能正确计算混凝土立方体抗压强度值并评定混凝土的强度等级；
4. 严谨求真的工作作风，实验操作符合建筑材料检测相关国家或者企业标准。

二、知识导航

（一）混凝土的抗压强度的定义

混凝土的抗压强度是指混凝土立方体试件单位面积上所能承受的最大压力，也被称为混凝土立方体抗压强度。混凝土的抗压强度通过下式计算：

$$f_{cc} = \frac{F}{A} \tag{1-1}$$

式中：f_{cc}——混凝土立方体试件抗压强度（MPa），计算结果精确到 0.1MPa；

　　　F——试件破坏荷载（N）；

　　　A——试块承压面积（mm^2）。

（二）混凝土的强度等级

混凝土的强度等级，是作为评定混凝土品质的主要评价指标。按《混凝土物理力学性能试验方法标准》GB/T 50081—2019 的标准，混凝土的强度等级应按照其立方体抗压强度标准值确定。采用符号 C 与立方体抗压强度标准值（以 N/mm^2 或 MPa 计）表示。

（三）混凝土抗压强度检测相关要求

混凝土抗压强度检测环境相对湿度不宜小于 50%，温度应保持在（20±5）℃。测定混凝土立方体抗压强度检测的试件尺寸和数量应符合下列规定：

1. 标准试件是边长为 150mm 的立方体试件；
2. 边长为 100mm 和 200mm 的立方体试件是非标准试件；
3. 每组试件应为 3 块。

三、能力训练

任务情景

你是某第三方检测机构的混凝土质量检测员。受客户委托需对一组混凝土立方体试件做抗压强度检测，并提供检测报告。

（一）任务准备

1. 设备准备

压力试验机

压力试验机：测量精度为±1%，试件破坏荷载应大于压力机全量程的20%且小于压力机全量程的80%。应具有加荷速度显示装置或加荷速度控制装置，并应能均匀、连续加荷。

混凝土强度等级≥C60时，试件周围应设防崩裂装置。试验机上、下压板的平面公差为0.04mm，表面硬度不小于55HRC；硬化层厚度约为5mm。如不符合时则应垫厚度不小于25mm、平面度和硬度与试验机相同的钢垫板。

2. 资料准备

（1）《混凝土物理力学性能试验方法标准》GB/T 50081—2019。

（2）《混凝土强度检验评定标准》GB 50107—2010。

安全提示

1. 仪器使用前检查：测试机工作面应保持干净、清洁、被试阀门法兰与密封盘不允许有其他杂物，部件的活动处保持清洁润滑，时刻检查"O"型圈损坏情况及时更换。检查安全、制动装置是否良好。

2. 在加油口将液压油加入油箱，加至油标见油即可。

3. 仪器接通电源后预热20min左右。

4. 准备好试件，检查仪器连接是否正常。

（二）任务实施

1. 抗压强度检测

（1）在检测过程中应连续均匀地加荷，混凝土强度等级＜C30时，加荷速度取每秒钟0.3~0.5MPa；混凝土强度等级≥C30且＜C60时，取每秒钟0.5~0.8MPa；混凝土强度等级≥C60时，取每秒钟0.8~1.0MPa（图1-30）。

（2）当试件接近破坏开始急剧变形时，应停止调整试验机油门，直至破坏（图1-31），然后记录破坏荷载。

2. 检测数据计算及评定。

（1）混凝土立方体抗压强度计算按式（1-1）进行，计算结果精确至0.1MPa。

（2）抗压强度值的评定应符合下列规定：

① 取三个检测测值的算术平均值作为该组试件的抗压强度代表值。

② 三个测值中的最大值或最小值中，有一个值与中间值的差值超过中间值的15%时，则把最大及最小值一并舍除，取中间值作为该组试件的抗压强代表值。

图 1-30　混凝土抗压强度检测

图 1-31　试件破坏

③ 三个测值中的最大值和最小值与中间值的差值均超过中间值的 15% 时，则该组试件检测数据无效。

④ 当混凝土强度等级＜C60，用非标准试件测得的强度代表值均应乘以尺寸换算系数。对于 200mm×200mm×200mm 的立方体试件换算系数为 1.05，对于 100mm×100mm×100mm 的立方体试件换算系数为 0.95。

⑤ 当混凝土强度等级≥C60 时，宜采用标准试件；使用非标准试件时，尺寸换算系数应由试验确定。

3. 检测报告填写（表 1-11）

混凝土立方体抗压强度检测报告样例表　　　　　　　表 1-11

委托编号：2021-001

检测编号：2021KY-001

混凝土立方体抗压强度检测报告	检测地点	力学室	检测环境	$T=21℃$　$P=48\%$			
	养护条件	标养	试件规格	150mm×150mm×150mm			
成型日期	××××-××-××		检验日期	××××-××-××		龄期	28d
强度等级	受压尺寸（mm）	破坏荷载（kN）	抗压强度（MPa）	强度计算值（MPa）	换算系数	强度代表值（MPa）	达到设计强度（%）
C20	150×150	467	20.8	21.0	1.00	21.0	105
	150×150	500	22.2				
	150×150	450	20.0				
	以下	空白					
检验依据	GB/T 50081—2019			仪器设备名称及编号		CJ2020001	
检验结论	合格						
备注							

批准：×××　　　　　　　　审核：×××　　　　　　　　检测：×××

（三）任务评价（1-12）

任务评价表　　　　　　　　　　表 1-12

序号	评价内容	评价标准	分值	得分
1	知识与技能	能说出混凝土抗压强度的定义	10	
		能说出混凝土立方体抗压强度的检测步骤	15	
		能说出混凝土立方体抗压强度的评定规则	10	
		能按照要求完成混凝土立方体抗压强度检测	15	
		会计算与评定立方体抗压强度检测结果	20	
2	职业素养	能遵守实训安全管理条例	5	
		能穿戴好实训服和劳防用品	5	
		能认真细致地完成实验数据处理	10	
		实训中能体验出认真、细致，精益求精	5	
		实训后能做到工完、料清、场地净	5	
3	合计		100	

四、拓展学习

混凝土强度不足的危害及后果

造成工程质量事故的原因很多，其中，由于混凝土施工（图 1-32）过程中混凝土强度达不到设计要求的强度等级而造成混凝土强度不足是其中的一个主要原因，这种质量事故将对结构的承载力带来影响。同时，由于混凝土的强度不足，使混凝土碳化深度增大，降低了混凝土的使用寿命，影响结构的安全性和耐久性。

图 1-32　混凝土施工

当基础混凝土强度不足时，混凝土的抗拉强度将降低，造成基础冲切破坏，尤其在施工时，一定要保证混凝土强度等级符合设计要求。若发生混凝土强度达不到设计要求时，就对原基础进行加宽加厚，同时配置箍筋进行加固，并进行验算，保证其受冲切承载力符合要求。

混凝土强度不合格造成的主要表现在以下几方面：结构承载能力下降，使用年限降低，抗渗、抗冻性能及耐久性下降，混凝土强度不足的后果，轻则加固处理，重则拆除重建，因此对混凝土强度要求需要认真对待。

五、课后练习

（一）填空题

1. _____是混凝土最重要的性能指标。

2. 某试样各试块抗压强度如下：32.2MPa、35.0MPa、36.0MPa、40.8MPa、42.6MPa、31.2MPa，则该试样抗压强度为_____。

（二）单选题

1. 混凝土抗压强度又被称为（   ）。

A. 混凝土立方体抗压强度　　　　　　B. 混凝土轴心抗压强度

C. 混凝土劈裂抗拉强度　　　　　　　D. 混凝土抗折强度

2. 当采用100mm×100mm×100mm立方体试件做立方体抗压强度时应采用尺寸效应换算系数为（   ）。

A. 0.85　　　　　　B. 1.00　　　　　　C. 0.95　　　　　　D. 1.05

（三）简答题

请简述混凝土立方体抗压强度检测的操作步骤。

▪（三）新型建筑砌筑材料▪

新型砌筑材料你知多少？

谈到新型砌筑材料，首先要提到以水泥和黏土为主体的传统砌筑材料。现在，传统砌筑材料已经不能够满足人们高水平的生活要求，经过多位科学研发人员的不断努力，新研制出具有多功用的新型砌筑材料。此类新型砌筑材料是在原有的传统材料的基础上，随着新的生产技术发展起来的。这些新型砌筑材料的应用很大地减低了建筑废弃物的排放，同时减少了自然资源的浪费和降低了人力物力的投入。因此，新型砌筑材料具有良好的发展应用前景。

随着生产力的不断发展和人们生活水平以及建筑科研水平的不断提高，新型砌筑材料的研究方向具有强度高、使用寿命长、环保无污染，节能轻质等多方面的优点。我国新型砌筑材料的研发与应用正以新的风貌展现在新时代面前，并积极为我国建筑材料市场增添新的生机。

任务一　新型建筑砂浆材料识别与选用

一、学习目标

1. 能简述砌筑材料及其主要组成材料；
2. 能按照建筑砂浆的概念说出其应用和分类；
3. 能按照不同品种砂浆的特点，辨识出水泥砂浆和水泥混合砂浆，并说出各砂浆的用途；
4. 能通过砌筑材料的发展理解绿色环保的意义，树立环保意识。

二、知识导航

(一) 砌筑材料

砌筑材料是指用来砌筑、拼装或用其他方法构成承重或非承重墙体或构筑物的材料。砌筑材料主要包括：石材、砖、砌块、板材、瓦及砌筑砂浆。

(二) 建筑砂浆的应用和分类

1. 建筑砂浆的应用

建筑砂浆是将砌筑块体材料（砖、石、砌块）粘结为整体。它是由无机胶凝材料、细骨料和水，有时也掺入某些掺合料，按一定的比例配制而成。

建筑砂浆常用于砌筑砌体（如砖、石、砌块）结构，建筑物内外表面（如墙面、地面、顶棚）的抹面，大型墙板、砖石墙的勾缝，以及装饰材料的粘结等。

2. 建筑砂浆的分类

建筑砂浆根据胶凝材料分类：可分为水泥砂浆、水泥混合砂浆等。水泥混合砂浆又可分为：水泥石膏砂浆、水泥黏土砂浆、水泥石灰黏土砂浆、水泥石灰粉煤灰砂浆等。在工程建设中水泥砂浆及水泥石膏混合砂浆的应用范围最为广泛。

建筑砂浆根据用途分类：可分为砌筑砂浆、抹面砂浆。抹面砂浆包括普通抹面砂浆、装饰抹面砂浆、特种砂浆。特种砂浆包括防水砂浆、耐酸砂浆、绝热砂浆、吸声砂浆等。

(三) 水泥砂浆

水泥砂浆是由水泥、砂和水，即水泥＋砂＋水，根据需要按一定的比例配制而成的建筑砂浆。

根据砂浆的强度等级水泥砂浆通常可分为 M5、M7.5、M10、M15、M20、M25、M30 七个强度等级。

水泥砂浆具有硬化快、强度高、耐久性好、和易性差等特点。

在建筑工程中，常被用于水中及潮湿环境中的砌体。如：基础和墙体的砌筑、长期受水浸泡的地下室和承受较大外力的砌体、用作块状砌体材料的粘合剂、室外抹灰等。

（四）水泥石膏混合砂浆

水泥石膏混合砂浆一般是由水泥、石膏、砂、水，即水泥＋石膏＋砂＋水，根据需要按一定的比例配制而成的建筑砂浆。

根据砂浆的强度等级水泥石膏混合砂浆通常可分为 M5、M7.5、M10、M15 四个强度等级。其中，强度等级为 M5 的水泥石膏混合砂浆目前在工程中已很少使用。

由于在水泥砂浆中加入了石膏，使得砂浆的和易性得到了明显的改善，操作起来更为方便，有利于提高砌体的密实度和工作效率的提高。

在建筑工程中，一般在地面以上的砌体中都能使用水泥石膏混合砂浆。

水泥石膏混合砂浆一般呈现出中灰色，水泥砂浆颜色较深。一般从色泽上就能区分出水泥砂浆和水泥石膏混合砂浆。

三、能力训练

任务情景

你是某建筑工程材料员，请你对工程中不同工程部位选用合适的建筑砂浆，并形成汇总记录表。

（一）任务准备

资料准备：

（1）《砌体结构工程施工质量验收规范》GB 50203—2011。

（2）《土木工程概论》。

（3）《建筑材料》。

（4）本建筑工程施工项目相关图纸。

安全提示

1. 收集、罗列、汇总信息时应做到"齐""全""完整"。

2. 汇总表中应字迹清晰。

3. 实训完成后应做到工完、料清、场地净。

（二）任务实施

1. 技术文件、资料的解读

仔细研读技术文件、规范中对各类建筑砂浆的名词解释、特点及适用范围，并对其一一收集、整理、记录。

仔细查阅本项目工程图纸、设计说明、施工说明等，对需要用到建筑砂浆的工程部位做整理、汇总。

2. 建筑砂浆的选用

认真、仔细地根据之前梳理出来的各类砂浆的特点及适用范围，对不同工程部分选用合适的建筑砂浆，形成汇总表。

3. 填写汇总记录表（表 1-13）

各类砂浆特点、适用范围汇总样表 表 1-13

施工单位		上海××工程有限公司	工程名称	上海××建筑工程
序号	品种	特点	应用范围	本工程中应用部位
1	水泥砂浆	硬化快、强度高、耐久性好、和易性差、色泽深	水中及潮湿环境中的砌体	基础、地下室墙体砌筑
2	水泥石膏混合砂浆	强度高、耐久性好、和易性好、中灰色	地面以上的砌体	地面以上内外侧墙体抹面、粉刷,地面以上干燥环境下的各类砌体
制表人		×××	制表日期	××××-××-××

（三）任务评价（表 1-14）

任务评价表 表 1-14

序号	评价内容	评价标准	分值	得分
1	知识与技能	能简述砌筑材料及其主要组成材料	10	
		能说出建筑砂浆的概念及功能	10	
		能说出水泥砂浆和水泥石膏砂浆的特点及适用范围	10	
		会辨识水泥砂浆和水泥石膏砂浆	20	
		会根据工程部位选用合适的建筑砂浆	20	
2	职业素养	能遵守实训安全管理条例	10	
		能积极配合同组成员共同完成实训任务	10	
		能通过砌筑材料的发展理解绿色环保的意义,树立环保意识	5	
		能细心、细致清扫、整理实训工位并正确复位	5	
3	合计		100	

四、拓展学习

新型混凝土的发展

随着我国建筑事业的发展以及对建筑工程质量要求的不断提高,加强建筑工程的质量检测与相应的管理,也逐渐成为建筑领域关注的重要内容。结合建筑工程质量检测与管理的现状,随着建筑质量控制与管理要求的不断提升,人们的质量意识在不断提升的同时,仍然存在有一些建筑企业为节约工程成本,在建筑施工中对材料质量的检测和控制不够严谨,存在偷工减料、以次充好等不良现象,严重影响着建筑工程的质量和安全,并且对建筑市场的良好秩序形成也具有较大的不利影响。因此,加强建筑施工的材料检测与质量控制(图 1-33),形势依然十分严峻。

对建筑混凝土材料的强度性能进行有效检测,并采用更加系统与完善的评价标准对其检测结果进行评价,从而实现对建筑混凝土材料的性能及各项参数的全面、准确了解,为建筑施工中混凝土材料的施工应用及其后期养护的开展,提供充分的依据支持,并能够对

图 1-33　施工现场材料检测与质量控制

建筑工程中混凝土材料的投入以及施工应用合理性、适应性等进行保障，有效提升建筑混凝土结构以及工程的整体质量水平提升，具有十分重要的作用和影响。

　　建筑混凝土材料（图 1-34）强度检测，能够使建筑施工中通过对材料性能及质量的合理控制，从而推进建筑工程的施工建设高效、工程的安全开展，提高工程的施工质量和效益。此外，在工程的竣工验收时，通过对建筑混凝土材料强度的检测，也能够促进从整体层面实现建筑工程质量的合理评价，为建筑工程的竣工验收提供准确的依据和支持。

图 1-34　混凝土

　　建筑混凝土材料强度检测，也能够为建筑混凝土材料的配比设置及其混凝土配制提供合理、有效的依据和支持，从而有效降低混凝土材料配制和施工应用的成本投入，提升建筑工程施工建设的成本效益，促进建筑成本控制与管理效果提升。

五、课后练习

（一）填空题

1. 砌筑材料是指用来_____、_____或用其他方法构成承重或非承重墙体或构筑物的材料。

2. 建筑砂浆是由_____、_____和_____，有时也掺入某些掺合料，按一定的比例配制而成。

（二）单选题

1. 水泥砂浆及水泥石膏混合砂浆在色泽上呈现出（　　）。

A. 中灰色　　　　B. 浅色　　　　C. 颜色深　　　　D. 乳白色

2. 砌筑材料包含有石、砖、砌块、瓦及（　　）。

A. 水泥　　　　B. 管材　　　　C. 混凝土　　　　D. 砂浆

（三）思考题

请简述水泥砂浆和水泥石膏混合砂浆各自的特点及应用范围。

任务二　编制商品砂浆生产工艺

一、学习目标

1. 能根据商品砂浆的描述说出其主要组成材料及其生产过程；
2. 能简述商品砂浆的分类及特点；
3. 能编制商品砂浆生产工艺；
4. 能严格遵守生产要求，具备规范意识。

二、知识导航

（一）商品砂浆

商品砂浆又称预拌砂浆，是指将胶凝材料、细集料（砂）、化学添加剂等均匀混合，通过计算机计量控制、机械化生产，产品可以是散装、袋装运至现场，作业时按一定比例加水搅匀，或是在生产时预拌后运至现场直接使用的新型砂浆。

商品砂浆比起传统砂浆的明显优势在于：

1. 产品质量高、性能稳定，可以适应不同的用途和功能要求。
2. 产品粘结性好，大大提高外墙瓷砖的粘结强度，减少瓷砖掉落的安全隐患。
3. 产品施工性能良好，施工人员十分乐意使用。

商品砂浆的强度用强度等级来表示。商品砂浆强度等级是以边长为 70.7mm 的立方体试块，在标准养护条件［温度为（20±2）℃、相对湿度为90％以上］下，用标准检测方法测得28d龄期的抗压强度值（单位为MPa）确定。商品砂浆强度等级分为M5、M7.5、M10、M15、M20、M25、M30七个等级。一般情况下，多层建筑物墙体选用M5～M15的砂浆；砖石基础、检查井、雨水井等砌体，常采用M5砂浆；工业厂房、变电所、地下室等砌体选用M5～M10的砌筑砂浆；二层以下建筑常用M25以下砂浆；简易平房、临时建筑可选用石灰砂浆；一般高速公路修建排水沟使用M7.5强度等级的砌筑砂浆。

（二）商品砂浆的分类

1. 湿拌砂浆

湿拌砂浆是指水泥、砂、保水增稠材料、粉煤灰、水和外加剂等组分按一定比例，在集中搅拌站（厂）经计量、拌制后，用搅拌运输车运至使用地点，放入密闭容器储存，并在规定时间内使用完毕的砂浆拌合物。

2. 干混砂浆

干混砂浆是指由专业生产厂家生产的，经干燥筛分处理的细集料与无机胶结料、保水增稠材料、矿物掺合料和添加剂按一定比例混合而成的一种颗粒状或粉状混合物，它既可由专用罐车运输到工地加水拌合使用，也可采用包装形式运到工地拆包加水拌合使用。

（三）商品砂浆的生产工艺

商品砂浆生产工艺是指通过一定的生产设备或管道，从原材料投入成品产出，按顺序连续进行加工、储藏的全过程（图1-35）。

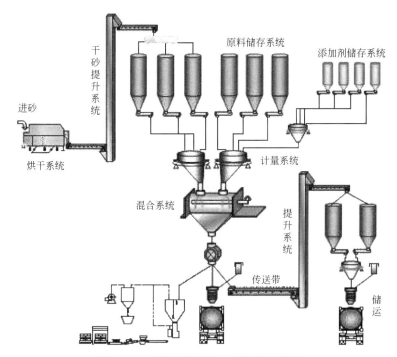

图1-35　商品砂浆生产工艺流程示意图

商品砂浆的生产工艺大致可分为有原材料储备、生产配合比、搅拌拌合、产品包装、储存外运五个步骤（图1-36）。

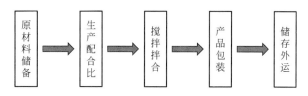

图 1-36　商品砂浆生产工艺

1. 原材料储备

商品砂浆在原材储备环节中需对胶凝材料、砂、掺合料、化学添加剂等进行储备。其中，砂在储备前需要进行预处理。预处理包括有采砂、破碎、干燥（碾磨）、筛分等工作。胶凝材料、掺合料、化学添加剂等直接送入原材料储备仓库。

2. 生产配合比

按照产品配方给定的比例进行配料，称重。为使材料能够充分均匀，需要对所需搅拌的材料进行均匀流化。流化性是散体物料的最重要的特性之一，不是所有的物料都能均匀流化，而且均匀流化状态也需要一定的时间才能达到。不均匀流化会导致密度不均匀，最终会影响到产品的质量。如水泥以及添加剂等在筒仓储存时间长，都有可能产生不均匀流化。在这种情形下常常采取机械的分散的方式对其进行分散。

3. 搅拌拌合

将已通过计量装置逐一称取所需质量后的原材料由输送机送至搅拌混合器具中混合搅拌。干混砂浆材料拌合时，只需将各原材按比例投放至拌合机后进行混合搅拌即可。待各原材充分搅拌拌合均匀后即可进入下一产品生产环节。湿拌砂浆材料拌合时，先将各组成材料的粉料按比例投放至拌合机后进行干料的混合搅拌。待各组成材料充分拌合均匀后再加入相应比例的水进行湿料的混合搅拌。

4. 产品包装

在包装车间里通过计算机系统控制，将干混砂浆材料包装成规定重量的袋装成品后，进行封塑入库或直接销往市场。

5. 储存外运

对于需要散装干混砂浆或湿拌砂浆的客户，往往将已生产好的产品通过传输机输送至成品筒仓内储存，再由槽罐车或搅拌车将散装或湿拌砂浆送至目的地。

三、能力训练

任务情景

你是某商品砂浆生产企业的生产车间班组长。受客户委托，现需生产一批强度等级为M10的干混砂浆，请你安排并实施生产任务，并告知生产工艺及注意要点。

（一）任务准备

原材料准备

对生产商品砂浆所需的原材料分类存放于仓储中。对砂进行破碎、碾磨、烘干、筛分等预处理工作。

安全提示

（1）生产前检查生产机具是否能正常工作；（2）做好个人防护工作；（3）安全生产、节约能源。

（二）任务实施

1. 拟定生产工艺

生产工艺是生产的指导文件，在工艺中指明产品的关键工序质量控制点，规定各项工艺工作应遵循的先后顺序，选择最佳的生产工艺。

2. 编制生产工艺

干混砂浆的生产工艺有：原材料储备→生产配合比→搅拌拌合→产品包装→储藏外运等主要工序。

关键工序质量控制点：

生产配合比、搅拌拌合是整个配料工艺的关键工序质量控制点。

3. 绘制干混砂浆生产工艺流程图

干混砂浆生产工艺详见图1-36。

（三）任务评价（表1-15）

任务评价表 表1-15

序号	评价内容	评价标准	分值	得分
1	知识与技能	能根据商品砂浆的描述说出其主要组成材料及其生产过程	20	
		能说出商品砂浆的分类	20	
		会编制商品砂浆的生产工艺	20	
		能简述商品砂浆生产工艺中的质量控制点	10	
2	职业素养	能遵守实训安全管理条例	5	
		能积极穿戴好实训服和劳防用品	10	
		能严格遵守生产要求，具备规范意识	10	
		能细心、细致清扫、整理实训工位并正确复位	5	
3	合计		100	

四、拓展学习

水泥砂浆的发展

近40年来，随着我国城镇化进程的加快，建筑业蓬勃发展，建筑总量持续增长，建筑质量的要求越来越高，建筑节能和环保也提高到国家战略高度。建筑业的发展带动了建筑砂浆的创新和进步，特别是促成了建筑砂浆（图1-37）的商品化并加速了其发展。

我国建筑砂浆的商品化（图1-38）始于20世纪80年代末，加速于21世纪10年代中期，至今方兴未艾。由中国建材联合会预拌砂浆分会提供的数据可知，我国商品砂浆年产量近15年连续增长，且有两个年份的产量具有特别的意义：2015年接近1亿t；2019年接近 2 亿 t。也就是说，从 1988 年第一家干混砂浆厂开业算起，达到 1 亿 t 的年产量经历了 27 年，而达到 2 亿 t，即增加第二个 1 亿 t 的年产量仅用了 4 年的时间。与世界先进国家相比，虽然起步晚了将近一个世纪，但发展步伐快得多。由于目前的产量只占建筑需求量的三分之一左右。因此，商品砂浆还有很大的发展空间。

图 1-37　建筑砂浆

图 1-38　建筑商品砂浆

国内商品砂浆快速发展的原因，除了其在品质、效率、经济和环保等方面的优越性日益显现以外，国内有关方面的通力"协作"也起到了积极的推动作用。

得益于产学研的结合，中央政府和地方政府部门的推动，商品砂浆逐渐成为一个新兴产业，并形成颇具规模的上下游产业链，包括原材料（特别是精细化工）、物流、自动化等。

五、课后练习

（一）填空题

1. 砂浆是由_____和_____加水拌合而成。

2. 砂浆按制作工艺分_____、_____和_____。

（二）单选题

1. 商品砂浆包括湿拌砂浆和（　　）。

A. 干混砂浆　　　　B. 砌筑砂浆　　　　C. 抹灰砂浆　　　　D. 地面砂浆

2. 商品砂浆又称（　　），是指将胶凝材料、细骨料（砂）、化学添加剂等均匀混合，通过计算机计量控制、机械化生产，产品可以是散装、袋装运至现场，作业时按一定比例加水搅匀，或是在生产时预拌后运至现场直接使用的新型砂浆。

A. 水泥砂浆　　　　B. 混合砂浆　　　　C. 抹灰砂浆　　　　D. 预拌砂浆

（三）简答题

简述商品砂浆的生产工艺。

任务三 新型砂浆和易性检测

一、学习目标

4. 新型砂浆和易性

1. 能简述砂浆和易性的概念；
2. 能按照要求完成砂浆和易性检测；
3. 能根据检测数据评定检测结果；
4. 具有精益求精、追求卓越的工匠精神。

二、知识导航

砂浆的和易性

砂浆的和易性又称为砂浆的工作性，是指砂浆在自重或外力作用下具有流动的性能以及保持水分的能力。它包括流动性和保水性两个方面。

砂浆应具有良好的和易性，此类砂浆便于操作，能在砖、石表面上铺成均匀的薄层，并能很好地与底层粘结。

1. 砂浆的流动性

砂浆的流动性又称之为砂浆稠度。砂浆的流动性用"沉入度"表示，用砂浆稠度仪测定。沉入度大，砂浆流动性大，但流动性过大，硬化后强度将会降低。若流动性过小，则不便于施工操作。

砂浆流动性的大小与砌体材料种类及气候情况有关。影响砂浆流动性的主要因素有胶凝材料的用量、用水量、砂的级配和粗细程度、搅拌时间及掺合料、外加剂用量等。

2. 砂浆的保水性

砂浆的保水性表示的是砂浆拌合物在运输及停放时内部组分的稳定性。砂浆的保水性用"分层度"表示。分层度在 10~20mm 为宜，不得大于 30mm，分层度大于 30mm 的砂浆，容易产生离析，不便于施工。分层度接近于零的砂浆，容易发生干缩裂缝。

砂浆保水性的好坏直接会影响到施工的质量。砂浆的保水性受胶凝材料的品种、砂的品种、搅拌用水的洁净程度等因素的影响。

三、能力训练

任务情景

你是某第三方检测单位的检测员，受客户委托，需对一批砂浆进行和易性检测，并填写检测记录表。

（一）任务准备

1. 仪器准备

（1）砂浆稠度测定仪（图1-39）：由试锥、容器和支座三部分组成。试锥由钢材或铜材制成，锥高145mm，锥底直径75mm，试锥连同滑杆质量300g；盛砂浆容器由钢板制成，筒高180mm，锥底内径150mm；支座分底座、支架及稠度显示三部分，由铸铁、钢及其他金属制成。

（2）钢制捣棒：直径为10mm，长为350mm，端部磨圆。

（3）砂浆分层度测定仪（图1-40）：其内径为15cm，上节高20cm，下节高10cm，带底，用金属板制成，上下节用螺栓连接。

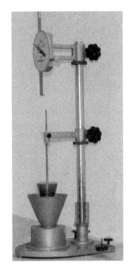

图1-39　砂浆稠度测定仪

图1-40　砂浆分层度测定仪

2. 资料准备

《建筑砂浆基本性能试验方法标准》JGJ/T 70—2009。

注意事项

（1）试锥、容器表面需要用湿布擦干净，且需要用少量润滑油轻擦滑杆，保证滑杆自由滑动。

（2）操作前需要检查仪器是否完好，并且做好工位安全防护。

（3）操作时要轻提轻放，避免损坏仪器设备。

（二）任务实施

1. 流动性（稠度）检测

（1）仪器擦拭

将试锥、容器表面用湿布擦净，用少量润滑油轻擦滑杆，保证滑杆自由滑动。

（2）装料插捣

将按比例配制好的砂浆拌合物一次装入容器，使砂浆低于容器口约10mm，用捣棒自容器中心向边缘插捣25次，轻击容器5～6下，使砂浆表面平整，立即将容器置于稠度测定仪的底座上。

（3）调节零位

把试锥调至尖端与砂浆表面接触，拧紧制动螺栓，使齿条侧杆下端刚接触滑杆上端，并将指针对准零点上。

（4）数据测读

拧开制动螺栓，同时以秒表计时，待 10s 立即固定螺栓，将齿条侧杆下端接触滑杆上端，从刻度盘读出下沉深度（精确至 1mm），即为砂浆稠度值；圆锥容器内的砂浆，只允许测定一次稠度，重复测定时，应重新取样。

（5）结果处理

同盘砂浆应取两次检测结果的算术平均值作为测定值，并应精确至 1mm。当两次检测值之差大于 10mm 时，应重取样测定。

（6）检测记录填写（表 1-16）

砂浆流动性（稠度）检测记录样表（样例表）　　　　　　表 1-16

检测日期：2022-1-14

项目	水	水泥	砂
砂浆组成规格	自来水	P.O42.5	中砂
每立方米材料用量(kg)	300	280	1487
砂浆配合比	1.07	1	5.28
稠度检测次数	1		2
稠度值(mm)	96		105
稠度平均值(mm)	101		
检测结论	经检测,该试样的流动性(稠度)值为 101mm		
检测方法	JGJ/T 70—2009		

审核：×××　　　　　　　　　　　　　　　　　检测：×××

2. 保水性检测

（1）稠度测定

按照测定砂浆流动性（稠度）的检测步骤，测定砂浆的稠度值，以毫米计。

（2）试样装入分层度筒

将试样一次装入分层度筒内，待装满后，用木栓在容器周围距离大致相等的四个不同地方轻轻敲击 1～2 次，如砂浆沉落到低于筒口，则应随时添加，然后刮去多余砂浆，并抹平。

（3）静置、搅拌

静置 30min 后，去掉上面 200mm 砂浆，剩余的砂浆倒出，放在搅拌锅中拌 2min。

（4）再次测定砂浆流动性（稠度）

再按测定流动性（稠度）的检测步骤，再次测定砂浆的稠度，以毫米计。

（5）结果处理

以前后两次稠度之差定为该砂浆的分层度，以毫米计。

（6）填写检测记录（表 1-17）

砂浆保水性（分层度）检测记录样表（样例表）　　　表 1-17

检测日期：2022-1-14

项目	水	水泥	砂
砂浆组成规格	自来水	P.O42.5	中砂
每 m³ 材料用量(kg)	300	280	1487
砂浆配合比	1.07	1	5.28
稠度检测次数	1		2
第一次稠度值 K_1(mm)	96		105
第一次稠度平均值(mm)	101		
第二次稠度值 K_2(mm)	82		93
分层度=K_1-K_2(mm)	14		12
分层度平均值(mm)	13		
检测结论	经检测,该试样的保水性(分层度)值为 13mm		
检测方法	JGJ/T 70—2009		

审核：×××　　　　　　　　　　　　　检测：×××

（三）任务评价（表 1-18）

任务评价表　　　表 1-18

序号	评价内容	评价标准	分值	得分
1	知识与技能	能简述砂浆和易性的概念	10	
		能说出流动性和保水性分别用什么参数来表征	10	
		能按要求检测砂浆流动性(稠度)	15	
		能按要求检测砂浆保水性(分层度)	15	
		能根据检测数据评定检测结果	20	
2	职业素养	能遵守实训安全管理条例	5	
		能严格按照标准完成实验	10	
		具有精益求精、追求卓越的工匠精神	10	
		实训后能做到工完、料清、场地净	5	
3	合计		100	

四、拓展学习

混凝土施工的注意要点

新拌混凝土在自重或机械振捣的作用下，能产生流动，并均匀密实地填满模板的性能。流动性反映出拌合物的稀稠程度。若混凝土拌合物太干稠，则流动性差，难以振捣密实；若拌合物过稀，则流动性好，但容易出现分层离析现象。主要影响因素是混凝土用水量。

新拌混凝土的组成材料之间有一定的黏聚力，即在施工过程中，不致发生分层和离析现象的性能。黏聚性反映混凝土拌合物的均匀性。若混凝土拌合物黏聚性不好，则混凝土中集料与水泥浆容易分离，造成混凝土不均匀，振捣后会出现蜂窝和空洞等现象，主要影响因素是胶砂比。

五、课后练习

（一）填空题

1. 砂浆的和易性包括_____和_____。

2. 钢制捣棒：直径为_____mm、长为_____mm，端部磨圆。

（二）单选题

1. 砂浆的分层度为（   ）mm 时，该砂浆的保水性和硬化后性能均较好。

A. 0～10　　　　　B. 10～20　　　　　C. 30～50　　　　　D. 60～80

2. 砂浆的保水性用（   ）来评价。

A. 沉入度　　　　　B. 分层度　　　　　C. 坍落度　　　　　D. 保水率

（三）简答题

简述砂浆和易性检测的操作过程。

Chapter 02

模块二

新型保温隔热材料

（一）墙体保温材料

新型保温材料你知多少？

长期以来，建筑工程一直是能源消耗的大户。随着人们对节能、环保的不断重视，越来越多的新型节能环保材料被投入和使用到建筑工程之中。上海世博园"阳光谷"顶棚膜是国内首次采用具有自洁功能的聚四氟乙烯碳素纤维材料制成，能起到上采阳光，下蓄雨水的功能，可给世博园区内提供照明用电和生活用水。体现出节能、环保的理念。新型保温隔热材料就是新型节能环保材料家族中的一员。生活中，你知道的新型保温隔热材料有哪些？它们是怎样生产出来的？又是怎么在建筑中起到保温隔热的效果的？它们的质量优劣又是怎样来评价的呢？让我们通过本模块的学习来了解一下吧。

任务一　保温材料识别与选用

一、学习目标

1. 能说出保温材料在建筑上使用的意义；
2. 能根据保温材料的特点对保温材料进行分类；
3. 能根据保温材料的功能识别和选用常用保温材料；
4. 树立节能减排、绿色环保的意识。

二、知识导航

保温材料一般是指传热系数不大于 $0.12W/(m^2 \cdot K)$ 的材料。在建筑中，建筑保温材料是通过对建筑外围护结构采取措施，减少建筑物室内热量向室外散发，从而保持建筑室内温度的材料。建筑保温材料就在建筑保温上起着创造适宜的室内热环境和节约能源的重要作用。

（一）保温材料的分类

就材料本身的不同，可将保温材料分为有胶粉（泡沫）聚苯颗粒保温材料、矿棉（岩棉）保温材料、膨胀珍珠岩保温材料、硅酸盐保温材料、陶瓷保温材料、泡沫混凝土保温材料、泡沫玻璃保温材料等。

建筑中，往往被使用在屋面或墙面之中的保温材料有挤塑或聚苯乙烯隔热保温板（XPS板）、泡沫玻璃板、轻骨料混凝土、无机保温砂浆、聚苯颗粒保温砂浆、聚氨酯泡沫板等。

（二）常用保温材料

1. 挤塑式聚苯乙烯隔热保温板（XPS板）

（1）挤塑式聚苯乙烯隔热保温板（XPS板）的概念

挤塑式聚苯乙烯隔热保温板（XPS板）（图 2-1），它是以聚苯乙烯树脂为原料加上其他的原辅料与聚合物，通过加热混合同时注入催化剂，然后挤塑压出成型而制造的硬质泡沫塑料板。它的学名为绝热用挤塑聚苯乙烯泡沫塑料板（简称 XPS 板）。

图 2-1　挤塑式聚苯乙烯隔热保温板（XPS 板）

（2）挤塑式聚苯乙烯隔热保温板（XPS 板）的特点

挤塑式聚苯乙烯隔热保温板（XPS 板）其表观密度在 $22\sim35kg/m^3$；导热系数为 $0.028W/(m \cdot K)$，具有高热阻、低线性、膨胀比低的特点。其结构的闭孔率达到了 99% 以上，很好地形成真空层，避免了空气流动散热，能确保其保温性能的持久和稳定。

由于聚苯乙烯分子本身有着不吸水、分子结构稳定以及无间隙等特点，因此可以有效解决在低温环境下材料吸入的水分易结冰的问题，进而防止保温材料的内部结构被破坏，从而使其保温性能下降的问题。

挤塑式聚苯乙烯隔热保温板（XPS 板）的完全闭孔式发泡化学结构与其蜂窝状物理结构，使其具有轻质，便于切割、运输、安装方便等特点。在长期的使用中，不老化、不分解、不产生有害物质，其化学性能稳定，不会因环境温度的变化、吸水和腐蚀等情况导致降解、霉变，使其性能下降。

挤塑式聚苯乙烯隔热保温板（XPS 板）其内部化学性能稳定，不挥发有害物质，对人体无害，不产生任何工业污染，属于环保型建材。

（3）挤塑式聚苯乙烯隔热保温板（XPS 板）的适用范围

挤塑式聚苯乙烯隔热保温板（XPS 板）有着优良的保温隔热性、优质的憎水防潮性、质地轻、使用方便、稳定防腐性好、产品环保等特点。被广泛用于建筑物屋面、构筑物屋面、建筑物墙面、建筑物地面、楼面的保温。

2. 泡沫玻璃板

（1）泡沫玻璃板的概念

泡沫玻璃板（图 2-2）是由碎玻璃、发泡剂、改性添加剂和发泡促进剂等，经过细粉碎和均匀混合，再经过高温熔化发泡、退火而制成的无机非金属玻璃材料。

图 2-2　泡沫玻璃板

（2）泡沫玻璃板的特点

泡沫玻璃板在成型过程中添加了发泡剂，致使材料内部结构出现有封闭的孔洞，这些孔洞的存在大大减轻了材料的自身重量。泡沫玻璃板的密度较轻，通常在 $150\mathrm{kg/m^3}$ 左右。

泡沫玻璃板内部结构所存在着的封闭孔洞，能有效避免热量的传递与交换，该材料导热系数小，导热系数一般在 $0.058\mathrm{W/（m \cdot K）}$，导热性能稳定。

玻璃本身有着不吸水、分子结构稳定、无间隙等特点，在潮湿环境下不易因受潮、吸水而发生透湿、霉变、腐蚀、不易燃烧等。因此，泡沫玻璃板有着良好的不透湿性、不霉变、不腐蚀、耐燃烧等优点。

泡沫玻璃板有着稳定的物理化学性能，不会挥发有害物质，不影响人体健康，不产生工业污染等特点，属于理想的环保型建材。

（3）泡沫玻璃板的适用范围

由于泡沫玻璃质轻、不透湿、不霉变、不腐蚀、耐燃烧、无污染等特点，加之人类对生存环境保护的要求越来越高，泡沫玻璃板被广泛用于民用建筑的外墙和屋顶的绝热保温。

3. 轻骨料混凝土

（1）轻骨料混凝土的概念

轻骨料混凝土（图 2-3）是指采用轻骨料、轻砂或普通砂、胶凝材料、外加剂和水配制而成的干表观密度不大于 $1950\mathrm{kg/m^3}$ 的混凝土。轻骨料常常是为了减轻混凝土的质量以及提高热工效果为目的而采用的骨料。其表观密度要比普通骨料低，陶粒是最常见的人造轻骨料。

（2）轻骨料混凝土的特点

由于骨料中的空隙存在，降低了骨料颗粒的密度，从而降低了轻骨料混凝土的密度。轻骨料混凝土的密度一般在 $800 \sim 1800\mathrm{kg/m^3}$ 之间，普通混凝土的密度一般为 $2350 \sim 2450\mathrm{kg/m^3}$，轻骨料混凝土的密度较普通混凝土的容重小约 $20\% \sim 30\%$。

轻骨料混凝土的导热系数为 $0.23 \sim 0.52\mathrm{W/（m \cdot K）}$ 与普通混凝土相比要低不少。因此，轻骨料混凝土通常具有良好的保温性能，使建筑物的能耗降低。

图 2-3　轻骨料混凝土

在同等条件下轻骨料混凝土的耐火性可到达 4 小时，普通混凝土的耐火性为 1 小时。在 600℃高温环境下，轻骨料混凝土能维持正常室温下的强度的 85％。在同一耐火等级下，轻骨料混凝土的楼板厚度比普通混凝土的楼板薄 20％。因此，轻骨料混凝土的耐热性要优于普通混凝土，且在高层建筑、公共建筑和工业建筑中更具有经济性。

（3）轻骨料混凝土的适用范围

轻骨料混凝土有着自重轻、保温性、耐热性好、经济性等特点，被广泛用于有耐火、耐热及改善建筑物功能要求的高层建筑、大跨度建筑中。

4. 无机保温砂浆

（1）无机保温砂浆的概念

无机保温砂浆（图 2-4）是一种用于建筑物内外墙粉刷的新型保温节能砂浆材料，以无机类的轻质保温颗粒作为轻骨料，加入由胶凝材料、抗裂添加剂及其他填充料等组成的干粉砂浆。

（2）无机保温砂浆的特点

无机砂浆保温材料由无机材料所组成，其干密度一般不大于 $550kg/m^3$；导热系数不大于 $0.100W/（m \cdot K）$，有着极佳的温度稳定性和化学稳定性。它耐酸碱、耐腐蚀、不开裂、不脱落、稳定性高、不存在老化问题，与建筑墙体同寿命。

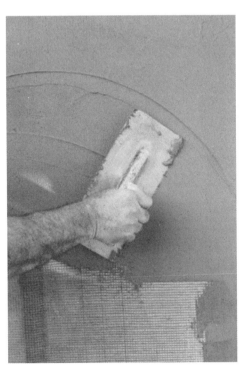

图 2-4　无机保温砂浆

无机保温砂浆可以直接抹在毛坯墙上，其施工方法与水泥砂浆找平层相同。有着使用工具简单、施工便利、施工周期短、质量容易控制的优势。

无机保温砂浆材料适用于各种墙体基层材质，可在各种形状复杂墙体上使用。全封闭、无接缝、无空腔，没有冷热桥产生。不但可以做外墙保温，还可以做内墙保温、楼地面的隔热层，为节能体系的设计提供一定的灵活性。

无机保温砂浆材料无毒、无味、无放射性污染，对环境和人体无害，同时其大量推广使用可以利用部分工业废渣及低品级建筑材料，具有良好的综合利用环境保护效益。

（3）无机保温砂浆的适用范围

无机保温砂浆有着极佳的温度稳定性、化学稳定性、施工简便、应用范围广、绿色环保无公害等特点，适用于各类建筑物的外墙、内墙、楼地面隔热层等部位使用。

5. 聚苯颗粒保温砂浆

（1）聚苯颗粒保温砂浆的概念

聚苯颗粒保温砂浆（图 2-5）是以聚苯颗粒为轻质骨料与聚苯颗粒保温胶粉料按照一定比例配置而成的有机保温砂浆材料。

图 2-5 聚苯颗粒保温砂浆

（2）聚苯颗粒保温砂浆的特点

聚苯颗粒保温砂浆有着重量轻蓄热性好的特点。一般产品湿表观密度不大于 $420 \mathrm{kg/m^3}$，干表观密度在 $180 \sim 250 \mathrm{kg/m^3}$；导热系数不大于 $0.06 \mathrm{W/(m \cdot K)}$。

此外，聚苯颗粒保温砂浆还具有强度高、抗雨水冲刷能力强，水中长期浸泡不松散，以及无毒、无污染、无放射性、环保、施工方便等特点。

（3）聚苯颗粒保温砂浆的适用范围

聚苯颗粒保温砂浆适用于多层、高层建筑的钢筋混凝土结构、加气混凝土结构、砌块结构、烧结砖和非烧结砖等外墙保温工程。

6. 聚氨酯泡沫板

（1）聚氨酯泡沫板的概念

聚氨酯泡沫板（图2-6）是指在工厂的专业生产线上生产，以聚氨酯发泡为芯材、两面覆以某种非装饰面层的保温板材。

图2-6 聚氨酯泡沫板

（2）聚氨酯泡沫板的特点

聚氨酯导热系数低，热工性能好。当聚氨酯密度为 $35\sim40kg/m^3$ 时，导热系数仅为 $0.018\sim0.024W/（m·k）$，约相当于挤塑板的一半，是所有保温材料中导热系数最低的。

由于聚氨酯板材具有优良的隔热性能，在达到同样保温要求下，可使减少建筑物外围护结构厚度，从而增加室内使用面积。

聚氨酯防火，阻燃，耐高温。聚氨酯在添加阻燃剂后，是一种难燃的自熄性材料，它的软化点可达到250℃以上，仅在较高温度时才会出现分解。另外，聚氨酯在燃烧时会在其泡沫表面形成积碳，这层积碳有助隔离下面的泡沫。能有效地防止火焰蔓延。而且，聚氨酯在高温下也不产生有害气体。

（3）聚氨酯泡沫板的适用范围

聚氨酯泡沫板可广泛用于彩钢夹芯板、中央空调、建筑墙体材料、冷库、冷藏室、保温箱、化工罐体等领域。

三、能力训练

任务情景

你是某建筑施工现场的技术人员，根据设计交底（材料）的要求，需核对施工现场几种保温材料的品种、规格，根据施工部位选用合适的保温材料并形成信息汇总表。

（一）任务准备

1. 设计交底（材料）（表2-1）

设计交底（材料）样例表　　　　　　　　　　　　　表2-1

序号	材料品种	材料规格	单位	数量
1	挤塑式聚苯乙烯隔热保温板(XPS板)	1200mm×600mm×30mm	块	30
2	泡沫玻璃板	600mm×450mm×40mm	块	30
3	轻骨料混凝土	轻骨料:陶粒	m³	10
4	无机保温砂浆	无机材料	m³	10
5	聚苯颗粒保温砂浆	有机材料	m³	10
6	聚氨酯泡沫板	1200mm×600mm×30mm	块	30

2. 资料准备

《无机保温砂浆系统应用技术规程》DG/TJ 08—2088—2018；

《外墙内保温工程技术规程》JGJ/T 261—2011；

《泡沫玻璃板保温系统应用技术规程》DG/TJ 08—2193—2016；

《轻骨料混凝土应用技术规程》JGJ/T 12—2019；

《胶粉聚苯颗粒外墙保温系统材料》JG/T 158—2013；

《硬泡聚氨酯板薄抹灰外墙保温系统材料》JG/T 420—2013。

3. 量具准备

钢直尺：300～500mm；卷尺：3～5m；游标卡尺：0～200mm。

安全提示

1. 进入实训场所需遵守实训守则，禁止大声喧哗、打闹嬉戏；

2. 操作前须清空工位，并确认工位范围，避免操作时干扰他人；

3. 操作完成后填写完成相应记录、表格，清理工位，并将卷材等材料及工器具放回至原位，做到工完、料清、场地净。

（二）任务实施

1. 各类保温材料及工器具的布置

根据设计交底（材料）的要求，找出对应的保温材料—挤塑式聚苯乙烯隔热保温板（XPS板）、泡沫玻璃板、轻骨料混凝土、无机保温砂浆，并分类堆放。

将钢直尺、卷尺等量具摆放在相应实训工位上。

2. 通过外观质量识别保温材料种类

根据不同保温材料的特征（如：颜色、形状、大小、尺寸、孔洞等），正确识别各类保温材料的种类。

3. 技术规范文件查阅、记录汇总

根据观察、识别的结果，查阅相应技术规范文件，按照技术文件中对不同保温材料的描述对各类新型保温材料的特点、用途等做归纳、记录、汇总。

4. 保温材料信息汇总表填写（表2-2）

保温材料信息汇总表（样例表）　　　　　　　　　　　表2-2

序号	材料品种	材料规格	单位	数量	适用范围
1	挤塑式聚苯乙烯隔热保温板（XPS板）	1200mm×600mm×30mm	块	30	建筑物屋面、墙面、地面、广场地面
2	泡沫玻璃板	600mm×450mm×40mm	块	30	建筑的外墙和屋顶
3	轻骨料混凝土	轻骨料：陶粒	m³	10	高层建筑、大跨度建筑
4	无机保温砂浆	无机材料	m³	10	建筑物的外墙、内墙、屋面及地热隔热层
5	聚苯颗粒保温砂浆	有机材料	m³	10	多层、高层建筑的钢筋混凝土结构等外墙保温工程
6	聚氨酯泡沫板	1200mm×600mm×30mm	块	30	彩钢夹芯板、中央空调、建筑墙体材料、冷库、冷藏室、保温箱、化工罐体等
备注					

复核：×××　　　　　　　　　　　　　　　　汇总：×××

日期：××××年××月××日

（三）任务评价（表2-3）

任务评价表　　　　　　　　　　　表2-3

序号	评价内容	评价标准	分值	得分
1	知识与技能	能说出保温材料在工程中的意义	10	
		能识别出常用的保温材料	20	
		能说出常用保温材料的特点	20	
		能根据常用保温材料的特点说出其各适用范围	20	
2	职业素养	能遵守实训场所的相关规定、守则	10	
		能节约使用实训耗材，做好回收再利用的工作	10	
		能树立起节能减排、绿色环保的意识	5	
		实训后能做到工完、料清、场地净	5	
3	合计		100	

四、拓展学习

揭秘：古代人的保温材料

立冬一过，天气就越来越冷，保温杯成了很多人不离身的物品。其实，我们的生活中有很多地方需要保温。比如，送外卖用的保温盒、转移冰激凌用的保温箱（图 2-7）等，它们都一直在为你提供"保温服务"。

图 2-7　保温箱

那么你知道古代人都是如何保温的吗？没有保温容器的他们怎么才能随时喝到热水呢？

在古代能保住的温度很有限。早在 2000 多年前的春秋战国时期，能工巧匠曾为王侯宫廷发明出一种能保温的器皿——鉴缶（图 2-8）。它是由内外两个罐子构成的套件，外部为鉴，内部为缶。把食物放在缶里面，在鉴与缶的空隙中，夏天加冰、冬天加炭火，用盖子合严就可以保温了。

图 2-8　鉴缶

而在民间，百姓也有独特的保温法。把茶壶放进塞有棉花、鹅毛等保温材料的"壶笼"（图 2-9）内，或者在茶壶外面裹一层棉套，就不必担心茶水很快凉掉。

吃食则用一种专门的保温餐具——"温盘"（图 2-10）盛装。它由上下两层瓷构成，内有中空的夹层，使用时向夹层内注入热水，就可以保持菜品的热度。

如今，随着科技、社会生产力的不断更新与发展，人们对美好生活的要求也越来越高。在健康化已成为当今生活追求的主要目标时，保温材料及保温的方式、方法也在不断地走入到我们的日常生活中。

图 2-9　壶笺

图 2-10　温盘

五、课后练习

（一）单选题

1. 就材料本身的不同，可将保温材料分为有（　　）、矿棉（岩棉）保温材料、膨胀珍珠岩保温材料、硅酸盐保温材料、陶瓷保温材料、泡沫混凝土保温材料、泡沫玻璃保温材料等。

　　A. 胶粉（泡沫）聚苯颗粒保温材料　　　　B. 发泡聚苯颗粒保温材料

　　C. 聚苯乙烯保温材料　　　　　　　　　　D. 纤维类保温材料

2. 无机保温砂浆是一种用于建筑物内外墙粉刷的新型保温节能砂浆材料，以无机类的轻质保温颗粒作为轻骨料，加由胶凝材料、抗裂添加剂及其他填充料等组成的（　　　）。

  A. 预拌砂浆   B. 湿拌砂浆   C. 干粉砂浆   D. 抹灰砂浆

（二）填空题

1. 泡沫玻璃板是由_____、发泡剂、改性添加剂和发泡促进剂等，经过细粉碎和均匀混合，再经过高温熔化发泡、退火而制成的无机非金属玻璃材料。

2. 在轻骨料混凝土中，_____是最常见的人造轻骨料。

（三）思考题

你是某建筑施工现场的技术人员，根据设计交底（材料）的要求，需核对施工现场几种保温材料的品种、规格，根据施工部位选用合适的保温材料并形成信息汇总表。

任务二　编制聚苯乙烯板和岩棉板的生产工艺

一、学习目标

1. 能简述聚苯乙烯保温材料生产工艺的四个阶段；
2. 能编制岩棉保温材料生产工艺并以流程图的形式进行描绘；
3. 能简述岩棉保温材料生产工艺中的质量关键工序控制点；
4. 培养善于思考、乐于动脑、热爱学习的好习惯。

二、知识导航

（一）聚苯乙烯保温材料的生产工艺的四个阶段

聚苯乙烯（PS）保温材料制作构件在建筑界越来越普遍，其生产工艺主要有预发泡—熟化—成型—切割包装四个阶段。

1. 预发泡阶段

预发过程中，含有发泡剂的聚苯乙烯颗粒缓缓加热至80℃，就开始软化（二次发泡时温度更低），珠粒内的发泡剂受热汽化产生压力，而使颗粒膨胀，并形成互不连通的闭孔，预发后气泡的直径约为80μm。聚苯乙烯预发泡的工艺流程如图2-11所示。

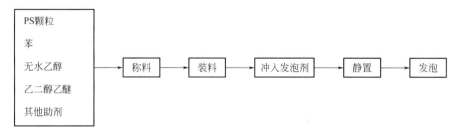

图2-11　聚苯乙烯预发泡的工艺流程

　　根据某厂提供的可发性聚苯最佳配方原料，可知生产可发性聚苯乙烯保温材料的原材料有聚苯乙烯颗粒（PS颗粒）、苯、无水乙醇、乙二醇乙醚和阻燃剂等其他助剂（表2-4）。

聚苯乙烯保温材料原材料组成　　　　　　　　　　　　表2-4

原料	聚苯乙烯	苯	无水乙醇	乙二醇乙醚	其他助剂
质量占比分数(%)	20～40	7～13	25～40	7～12	3～6
举例	7g	3mL	10mL	3mL	1.5g

　　预发过程有连续式和间歇式两种。它们都是将聚苯乙烯原料加入机内，通过蒸汽加热，将聚苯乙烯发泡。而各种类型的预发机，都可以通过调整各项参数来控制发泡倍率。

　　以连续式预发机为例，在一定的机身体积和蒸汽流量的条件下，可以通过调整进料速度和调整出料口的高度，从而控制聚苯乙烯的预发密度。

　　间歇式预发机是在投一次聚苯乙烯料后，待该次料预发到一定的体积后，再将机内的料放完、吹净。然后再投料、预发、放料，如此周而复始。由于每批投料量一定，每批料的预发体积也一定，这样预发后的密度就有保证，而且预发后，料的密度变化也较小，一般保持在3%以下。

　　2. 熟化阶段

　　熟化是指刚预发好的聚苯乙烯颗粒经一定时间的干燥、冷却和泡孔压力稳定的过程。熟化可以改善预发颗粒在成型过程进一步的膨胀性、颗粒间熔解性和颗粒的弹性，有利于提高聚苯乙烯制品质量。

　　由于刚预发好的聚苯乙烯颗粒是潮湿的，预发时颗粒中保留的一定量的气态发泡剂和水蒸气，出机冷却时，骤然遇冷，致使蜂窝状泡孔中气体冷凝，使泡孔内形成负压，此时发泡颗粒很软，易变形、无弹性，不能直接成型。

　　将刚预发好的聚苯乙烯颗粒放置于空气中一段时间，一方面使其干燥，另一方面使空气通过泡孔膜渗透到泡孔内部，使泡孔内的压力与外界压力相平衡，颗粒具有弹性。

　　3. 成型阶段

　　将熟化后的可发性聚苯乙烯颗粒填满密闭的模腔，在较短的时间内将热蒸气通过模壁的气孔直接进入模腔中，使颗粒受热后软化膨胀。由于模框的限制，膨胀的颗粒受热后软化膨胀。由于型腔的限制，膨胀的颗粒得以填满全部空隙，完全粘结为一整体，经过冷却定型后，脱型即为泡沫塑料制品。

　　4. 切割包装阶段

　　利用板材成型机生产大体积的矩形泡型泡沫制品，切割成板材后，用来做建筑保温及装饰材料。

　　（二）岩棉保温材料及其生产工艺

　　1. 岩棉的基本特性

　　岩棉是采用玄武岩、辉绿岩、矿渣等为主要原材料（图2-12），经高温熔融后，由高速离心设备制成的人造无机纤维，具有极强的保温防火性能。

　　岩棉起源于夏威夷。当夏威夷岛第一次火山喷发之后，岛上的居民在地上发现了一缕一缕融化后质地柔软的岩石，这就是最初人类认知的岩棉纤维。当今人类文明的高速发展的今天，自然环境遭到了极大破坏，环境问题已经成为全人类必须共同面对的严峻课题。

■ 岩棉生产原料

➤ 主要原材料：玄武岩、高炉矿渣、白云石或石灰石等；
➤ 粘结材料：热固性酚醛树脂；
➤ 主要燃料：焦炭

玄武岩

白云石

焦炭

图 2-12 岩棉生产原材料

岩棉可根据不同用途制成毡、条、管、粒状、板状等岩棉保温材料，广泛应用的外墙岩棉板，由于它的原材料采用天然的火山岩石，它所以具有防火性、保温隔热性、吸声降噪、憎水性、抗潮湿性能、无腐蚀性、安全、环保等特点，是国际上公认的主要节能材料。

2. 岩棉保温材料生产工艺

岩棉原材料经过 1300～1400℃ 的高温熔化成液体后，再经过"离心机"吹制成岩棉纤维，加入适量胶粘剂、防尘剂、憎水剂等外加剂，然后进行"铺棉"工艺，最终生成岩棉板。其生产工艺主要有原材料准备、煅烧工艺、铺棉工艺、固化工艺、切割工艺、包装工艺六个阶段。

其中铺棉工艺最为重要，目前岩棉板的主要铺棉工艺有沉降法、摆锤法、三维编织法三种。

1. 沉降法

沉降法生产岩棉板是将各类天然岩石通过高温熔化成液体后再经过离心机吹制成岩棉纤维，然后在沉降室的输送带上堆积成岩棉纤维堆，当岩棉纤维达到一定厚度以后，经过加压辊进入固化炉与适量胶粘剂、防尘剂、憎水剂等外加剂混合生成岩棉板。

通过沉降法生产出来的岩棉板由于可能会出现搅拌不均匀的现象，这主要是岩棉纤维与外加剂之间的比例不固定，因此生产出来的岩棉板会出现一定的质量问题。

2. 摆锤法

摆锤法（图 2-13）是在沉降法的基础上，通过改进收棉方法，先由捕集带收集较薄的岩棉纤维层，经摆锤的逐层叠铺压实，达到一定的层数和厚度，再由加压辊进行压制，进入固化炉固化，再经冷却、切割、包装等工序制成成品。

通过摆锤法生产的岩棉板由于棉层叠铺时产生的斜度，纤维呈部分竖向分布，因此抗压强度很好。

3. 三维编织法

三维编织法是在摆锤法的基础上，在叠铺形成的未固化岩棉纤维层，通过机械方法改变岩棉纤维层的分布方向，使岩棉纤维层均匀分布。通过三维编织法生产的岩棉板岩棉纤

图 2-13　岩棉保温板摆锤法生产

维层紧密不易分层或者剥离，因此不论在强度还是在各项参数上都远远领先于其他生产工艺生产出来的产品，不易分层和剥离。

三、能力训练

任务情景

你是某保温材料生产企业的生产车间技术员，现受客户委托需生产一批岩棉保温板，请你编制该批次板材的生产工艺并以流程图的形式进行呈现。

（一）任务准备

1. 设施设备、机具场地的准备

对生产与存放岩棉保温材料所需传输带、离心机、冲天炉、通风系统、铲车、储藏仓库等设施设备、机械场地等进行检查，确保正常的生产能有序进行。

2. 原材料的准备

对生产岩棉所需的原材料（如：玄武岩、辉绿岩、高炉矿渣、白云石、粘结材料）等的细度、百分含量，由化验室采样分析检验，同时按质量进行搭配均化，存放于原料堆场中。

3. 工艺配方与配料计算

根据原材料的质量情况计算工艺配方并配料。

安全提示

1. 进入实训场所需遵守实训守则，禁止大声喧哗、打闹嬉戏；

2. 操作前须清空工位，并确认工位范围，避免操作时干扰他人；

3. 操作完成后填写完成相应记录、表格，清理工位，并将卷材等材料及工器具放回至原位，做到工完、料清、场地净。

（二）任务实施

原材料的准备好以后，岩棉保温材料的生产工艺分为：煅烧工艺、铺棉工艺、固化工艺、切割工艺、包装工艺这五个生产步骤，结合岩棉保温材料生产工艺流程示意图（图2-14），编制出岩棉保温材料生产工艺。

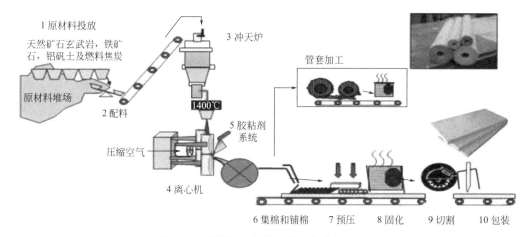

图 2-14　岩棉保温材料生产工艺流程示意图

1. 煅烧工艺

煅烧工艺是将天然矿石玄武岩、铁矿石、铝矾土及燃料焦炭等原材料按照比例准备好，再将原材料投放到冲天炉中进行煅烧，并且开启除尘装置，其中开启除尘装置是为了保护大气环境，在煅烧过程中，减少生产设备产生的粉尘，吸收并回收生产过程中产生的纤维粉尘、渣球、边料和余料，最后对废料废渣进行分类回收利用。

关键工序质量控制点：

天然矿石玄武岩、铁矿石、铝矾土及燃料焦炭配合比为整个煅烧工艺中的关键工序质量控制的要点。要对其原材料进行质量检测，对于不合格的原材料要加以处理。

2. 铺棉工艺

首先，堆积岩棉纤维，堆积岩棉纤维分为集棉和铺棉（图2-15），分别都在输送带上进行，当堆积当岩棉纤维达到一定厚度后，再经过加压辊进入固化炉，并且加入适量的胶粘剂，再加入防尘剂、憎水剂等外加剂混合。

关键工序质量控制点：

胶粘剂、防尘剂、憎水剂的加入为整个铺棉工艺中的关键工序质量控制的要点。要对其外加剂进行质量检测，对于不合格的外加剂要加以处理。

3. 固化工艺

集棉和铺棉后的保温材料经过化验室每小时采样一次，再进行化学、物理分析，然后将合格的保温材料进行预制、固化，最后生成岩棉板。

4. 切割工艺

按照岩棉板尺寸要求，在切割机上设置切割长度，然后按照岩棉板尺寸要求，设置切割宽度，按照岩棉板尺寸要求，设置切割高度，最后机器将岩棉保温材料切割成不同几何尺寸的岩棉板材。

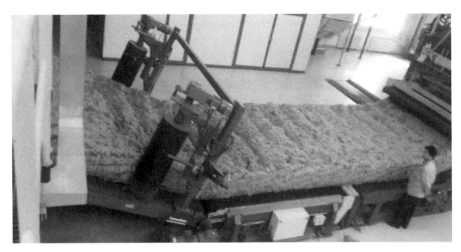

图 2-15 岩棉保温板生产过程中集棉和铺棉

5. 包装工艺

设置微机控制包装机，再包装岩棉板，最后将包装后的岩棉板材存放于成品仓库中。

6. 绘制岩棉保温材料的生产工艺流程图

岩棉保温材料的生产工艺流程如图 2-16 所示。

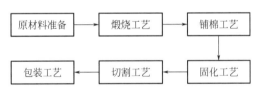

图 2-16 岩棉保温材料的生产工艺流程图

（三）任务评价（表 2-5）

任务评价表 表 2-5

序号	评价内容	评价标准	分值	得分
1	知识与技能	能简述聚苯乙烯保温材料生产工艺的四个阶段	10	
		能简述聚苯乙烯预发泡的工艺流程	20	
		能以流程图的形式编制岩棉保温材料生产工艺流程	20	
		能说出岩棉保温材料生产过程中的关键工序质量控制点	20	
2	职业素养	能遵守实训安全管理条例	10	
		能节约使用实训耗材	10	
		在实训过程中能勤于思考、善于学习	5	
		实训后能做到工完、料清、场地净	5	
3	合计		100	

四、拓展学习

材料新用途：岩棉材料在农业中的应用

随着我国设施农业的不断发展和温室设施的大量推广，我国也已成为全世界设施农业发展速度和现有温室面积最大的国家之一。岩棉的应用在中国只有短短的二三十年历史，在农用等领域的发展还有很大的上升空间，目前岩棉在农业上的应用主要是岩棉栽培，在蔬菜、苗木、花卉的育苗和栽培上得到了广泛的使用，且在组织培养和试管苗的繁殖上也有应用。

一、什么是岩棉栽培

岩棉栽培是将植物栽植于预先制作好的岩棉中的栽培技术。其基本模式是将岩棉切成定型的块状，用塑料薄膜包住成一枕头袋块状，称为岩棉种植垫。种植时，将岩棉种植垫的面上薄膜割开一个穴，种上带育苗块的小苗，并滴入营养液，植株即可扎根其中吸到水分和养分而长大。若将许多岩棉种植垫集合在一起，配以诸如灌溉，排水等装置附件，组成岩棉种植畦，即可进行大规模的生产。

二、栽培用哪种岩棉

因工业岩棉和农业岩棉在原料选用、加工工艺、内部结构等方面都有显著的差别，因此生产栽培中强调使用专业的农用岩棉，反对用工业岩棉代替。农用岩棉是由约60％玄武岩、20％焦炭、20％石灰石，加上少量炼铁后的矿渣经高温熔融、成形，最后经压缩、固化成特定密度后再裁剪而成。在这个过程中，加入了具有表面亲水作用的胶粘剂，具有良好的亲水性。农用岩棉密度较小，一般在 $60 \sim 80 \mathrm{kg/m^3}$，其中有3％体积的纤维和97％体积的孔隙，因此具有良好的透气性和保水性。经过1600℃的高温提炼，无菌、无污染，因此成为无土栽培最好的基质材料。具有吸水和保水性强、无毒无菌、物理特性稳定、质量轻、易搬运等优点。

三、岩棉栽培的优点

农用岩棉栽培是现代化农业最先进的栽培技术，从栽培设施到环境控制都能做到根据作物生长发育的需要进行监测和调控，所以，农用岩棉栽培具有一般传统土壤栽培所无法比拟的优势。

（1）农用岩棉栽培能实现作物早熟、高产；

（2）农用岩棉栽培能生产清洁卫生无公害的产品；

（3）农用岩棉栽培能避免污染；

（4）农用岩棉栽培具有省工、省力的优点；

（5）农用岩棉栽培能省水、省肥；

（6）农用岩棉栽培能避免土壤连作障碍；

（7）农用岩棉栽培能充分利用空间；

（8）农用岩棉栽培能充分利用土地；

（9）农用岩棉栽培有利于实现农作物栽培的现代化。

五、课后练习

（一）填空题

1. 常用墙体有机保温材料有_____泡沫塑料、_____泡沫塑料、_____泡沫塑料。

2. 在绝热保温方面应用是以_____泡沫塑料为主。其孔泡结构由无数个微小的_____组成，且微孔互_____，因此材料不吸水，不透水，带表皮的硬质聚氨酯泡沫塑料的吸水率为_____。该材料保温又_____，应用于_____和_____保温，可以代替传统的_____层和_____层。

（二）单选题

1. 聚苯乙烯（PS）保温材料制作构件在建筑界越来越普遍，其生产工艺主要有（　　）四个阶段。

A. 预发泡—熟化—成型—切割包装　　　B. 熟化—成型—切割包装—预发泡

C. 成型—预发泡—熟化—切割包装　　　D. 切割包装—预发泡—熟化—成型

2. 将配好的原材料（天然矿石玄武岩、铁矿石、铝矾土及燃料焦炭）投放到冲天炉中进行煅烧。为了（　　），在煅烧过程中，生产设备开启除尘装置，吸收并回收生产过程中产生的纤维粉尘、渣球、边料和余料，并进行分类回收利用。

A. 保护大气环境　　　　　　　　　　B. 降低成本

C. 提高生产效率　　　　　　　　　　D. 以上都是

（三）思考题

请以流程图的形式编制岩棉保温材料的生产工艺。

任务三　保温材料的导热性能检测

6. 保温材料的导热性能检测

一、学习目标

1. 能说出常用导热系数测定的方法；
2. 能简述测试防护热板法测试导热系数原理；
3. 能按照防护热板法测试原理测定保温隔热材料的导热系数；
4. 培养学生养成严谨细致、求真务实的科学精神。

二、知识导航

（一）导热系数

导热系数是保温隔热材料绝热性能的主要技术依据，其物理意义为在稳定传热条件下，1m 厚的材料，两侧表面的温度变化为 1℃ 时，在一定时间内，通过 1m² 面积传递的热量，单位为瓦/（米·度）[W/（m·K）]。

（二）导热系数测定的方法

导热系数测试方法多样，依据机理的不同，通常可分为稳态法与非稳态法，其中，稳态法又可分为防护热板法和热流计法。而非稳态法中则以热脉冲法为主。在诸多保温材料导热系数测定方法中，防护热板法是保温材料导热系数测试中最为普遍采用的方法。

（三）防护热板法的原理

防护热板法（图 2-17）是利用两块相同的待测试样交替地夹在冷、热板之间，热量由中心计量面板与内防护面板垂直通过试样传递到冷却面板上，而外防护面板的温度为冷、热板的平均温度，以降低试样的边缘热交换，进而保证试样上能形成一维垂直热流。此外，若将其中的一块试样换作辅助加热模块，就可构建单试样结构的测试装置。

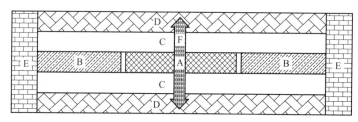

图 2-17　防护热板法测试导热系数原理示意图

A—计量面板；B—内防护面板；C—待测试样；D—冷却面板；E—外防护面板；F——维热流方向

根据《绝热材料稳态热阻及有关特性的测定 防护热板法》GB/T 10294—2008 中双试件装置规定，当试样中形成稳定温度梯度后，测量各模块的温度和热功率，就可以计算得到试样的导热系数，其计算公式如下：

$$\lambda = \frac{QL}{2A(T_h - T_c)} \tag{2-1}$$

式中：λ——为试样导热系数，W·/（m·K）；

　　Q——为计量面板的加热功率，W；

　　L——为待测试样的厚度，m；

　　A——为量热面积，m²；

　　T_h——为试样热面温度，K；

　　T_c——为试样冷面温度，K。

三、能力训练

任务情景

你是某对外检测机构的一名检测员。受客户委托，现需检测一批保温材料的导热性能。请你根据相关要求完成试验，并填写保温材料导热系数检测记录表。

（一）任务准备

1. 器具设备

（1）电热干燥箱（图 2-18）：能控制温度在（110±5）℃；

（2）防护热板法导热系数测定仪（图 2-19）：热板温度范围 20～80℃；冷板温度范围 10～50℃；测试度＜±3％；电源、功率 220V/2kW；外形尺寸 800mm×600mm×1600mm。

图 2-18　电热干燥箱

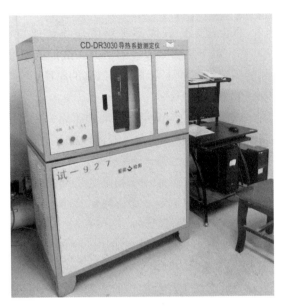

图 2-19　导热系数测定仪

（3）天平：分度值 0.1g。

（4）游标卡尺：量程 200mm，精度 0.01mm。

2. 资料准备

《绝热材料稳态热阻及有关特性的测定 防护热板法》GB/T 10294—2008。

安全提示

1. 进入实训场所需遵守实训守则，禁止大声喧哗、打闹嬉戏；

2. 操作前须清空工位，并确认工位范围，避免操作时干扰他人；

3. 操作完成后填写完成相应记录、表格，清理工位，并将卷材等材料及工器具放回至原位，做到工完、料清、场地净。

（二）任务实施

1. 试件检查

在进行任何测量之前，应确定所测材料能用防护热板装置进行有效测量。如果是双试件装置，那么两块试件应尽可能地一样，厚度差别应小于 2％。试件的厚度应是实际使用的厚度或大于能给出被测材料热性质的最小厚度，一般试件尺寸为 300mm×300mm×30mm，厚度范围为 10～40mm。

2. 试件状态的调节

根据所测材料产品相关标准对本材料的要求，在进行导热系数测量前必须对试件进行状态调节，达到恒定质量。同时调节前，必须对试件尺寸进行测量及称重，并称量调节后试件的重量，计算调节后的密度并记录。

3. 试件的切割

切割出尺寸为 300mm×300mm×原材料厚的试件 2 块。一般采用切割机电热丝切割。

砂浆类保温材料应按产品使用说明书提供的水灰比进行制备试件，尺寸为 300mm×300mm×30mm 的试件 2 块，养护至规定龄期后进行测定。

4. 试件厚度的测量

保温板试件表面不平整度应小于厚度的 2%，测量试件厚度方法的准确度应小于 0.5%。由于热膨胀或板的压力，试件的厚度可能发生变化。建议尽可能在装置里、在实际的测定温度和压力下测量试件的厚度。

5. 压紧试件

试件压紧力应恒定，施加的压力一般不大于 2.5kPa。测定可压缩的试件时，冷板的角（或边）与防护单元的角（或边）之间需垫入小截面、低导热系数的支柱以限制试件的压缩。

6. 限制温差

墙体保温一般采用平均温度 25℃的热环境，温差的选择按材料产品标准中要求或被测定试件的使用条件确定。无特殊要求时，温差选为 20K。即热板设定为 35℃，冷板设定为 15℃。

7. 测定温差

温差由永久性埋设在加热的冷却单元面板内的传感器（热电偶）进行测量。

8. 热流量的测定

测量施加于计量面积的平均电功率，精确到±0.2%。输入功率的随机波动、变动引起的热板表面温度波动或变动，应小于热板和冷板间温差的±0.3%。温度控制系统由智能控制仪表自动跟踪控制。

9. 测试、记录

装入装置测试，记录测试数据。

10. 试验结果计算

对测试得到的试验数据进行计算，计算结果保留小数点后三位。

11. 填写试验记录表（表 2-6）

保温材料导热系数检测记录表（样例表）   表 2-6

样品名称	聚苯乙烯保温材料		检验类别	导热系数
规格型号	××-××		样品来源	××保温材料公司
试验日期	××××年　××月　××日		样品数量	3
试件数量	3(个)	试件尺寸	300×300×20	（mm）
材料类型	聚苯乙烯			
检测参数	检测数据			
试件编号	1	2	3	试验结果
试件厚度(m)	20.0	20.0	20.0	20.0
试件质量(g)	1854	1944	1890	1890
试件密度(g/cm³)	1.03	1.08	1.05	1.05
温差(℃)	3	3	3	3
导热系数[W/(m·K)]	0.029	0.031	0.031	0.030
备注				

复核：×××　　　　　　　　　　　　　　试验：×××

（三）任务评价（表2-7）

任务评价表　　　　　　　　　　　　　　　表2-7

序号	评价内容	评价标准	分值	得分
1	知识与技能	能说出防护热板法的测试原理	20	
		能说出常用导热系数测定的方法	20	
		能按照要求试件装卡	10	
		能按照要求检测保温隔热材料的导热系数	20	
2	职业素养	能遵守实训安全管理条例	10	
		能穿戴好实训服、劳防用品等	10	
		能养成严谨细致、求真务实的科学精神	5	
		实训后能做到工完、料清、场地净	5	
3	合计		100	

四、拓展学习

测定导热系数方法多

导热系数的测定方法现今已发展了多种，它们有不同的适用领域、测量范围、精度、准确度和试样尺寸要求等，不同方法对同一样品的测量结果可能会有较大的差别，因此选择合适的测试方法是首要的。

1. 导热系数测量稳态法

稳态法是经典的保温材料的导热系数测定方法，至今仍受到广泛应用。其原理是利用稳定传热过程中，传热速率等于散热速率的平衡状态，根据傅里叶一维稳态热传导模型，由通过试样的热流密度、两侧温差和厚度，计算得到导热系数。稳态法适合在中等温度下测量的导热系数材料。如岩土、塑料、橡胶、玻璃、绝热保温材料等低导热系数材料。

2. 导热系数测量热流计法

热流计法是一种比较法，是用校正过的热流传感器测量通过样品的热流，得到的是导热系数的绝对值。测量时，将厚度一定的样品插于两个平板间，设置一定的温度梯度。使用校正过的热流传感器测量通过样品的热流，传感器在平板与样品之间和样品接触。测量样品的厚度、上下板间的温度梯度及通过样品的热流便可计算试样的导热系数。

3. 导热系数测量防护热板法

防护热板法其工作原理和热流法相似。热源位于同一材料的两块样品中间，使用两块样品是为了获得向上与向下方向对称的热流，并使加热器的能量被测试样品完全吸收。防护热板法是直接测量绝热材料和建筑材料的导热系数与热阻，可以测试纤维板、矿棉、泡沫塑料、复合板，木材等材料。

4. 导热系数测量动态法

动态法是最近几十年内开发的新方法，用于研究高导热系数材料，或在高温度条件下进行测量。工作原理是：提供样品一固定功率的热源，记录样品本身温度随时间的变化情形，由时间与温度变化的关系求得样品的热传导系数、热扩散系数和热容。适合于测量高导热系数材料或在高温条件下的测量。适用于金属、石墨烯、合金、陶瓷、粉末、纤维等同质均匀的材料。

5. 导热系数测量热线法

热线法是应用比较多的方法，是在样品（通常为大的块状样品）中插入一根热线。测试时，在热线上施加一个恒定的加热功率，使其温度上升。测量热线本身或平行于热线的一定距离上的温度随时间上升的关系。由于被测材料的导热性能决定这一关系，由此可得到材料的导热系数。

6. 导热系数测量激光闪射法

激光闪射法的测量范围很宽，可以用来测试铜箔、铁片、铝片、石墨烯、合金、塑料、陶瓷、橡胶、多层复合材料、粉末、纤维（需压片）等各向同性、均质、不透光的材料。

五、课后练习

（一）填空题

1. 导热系数是保温隔热材料绝热性能的主要技术依据，其物理意义为：在_____条件下，1m 厚的材料，两侧表面的温差为_____度（K，℃），在一定时间内，通过_____ m^2 面积传递的热量，单位为_____。

2. 导热系数测试方法多样，依据机理的不同，通常可分为_____与_____。

（二）单选题

1. 在诸多保温材料导热系数测定方法中，（   ）是保温材料导热系数测试中最为普遍采用的方法。

A. 防护热板法　　　　　　　　　B. 稳态法

C. 非稳态法　　　　　　　　　　D. 热流计法

2. 导热系数是保温隔热材料绝热性能的主要技术依据，它的单位为（   ）。

A. 瓦/（米·度）　　　　　　　　B. 瓦/米

C. 瓦/（厘米·度）　　　　　　　D. 瓦/厘米

（三）思考题

请简述保温材料导热系数检测的步骤。

任务四　保温材料的燃烧性能检测

一、学习目标

1. 能简述燃烧性能和燃烧性能分级；

2. 能说出判定为 A1 级保温材料燃烧性能的依据；

3. 能按照保温材料建筑材料不燃性试验原理判断墙体保温材料的不燃性；

4. 能按照建筑材料及制品的燃烧性能燃烧热值的测定原理检测墙体保温材料的燃烧热值；

5. 培养学生安全用火，珍爱生命的意识。

二、知识导航

（一）材料的耐燃性

材料对火焰和高温的抵抗力称为材料的耐燃性。耐燃性是影响建筑物防火、建筑结构耐火等级的一项因素。根据建筑材料的燃料性质不同将其分为四类。

1. 非燃烧材料（A 级）：在空气中受到火烧或高温作用时不起火、不炭化、不微燃的材料，如金属材料、无机矿物材料等。用非燃烧材料制作的构件称非燃烧体。金属、玻璃等材料受到火烧或高热作用会发生变形、熔融，所以虽然是非燃烧材料，但不是耐火的材料。

2. 难燃材料（B1 级）：在空气中受到火烧或高温高热作用时难起火、难微燃、难碳化，当火源移走后，已有的燃烧或微燃立即停止的材料。如经过防火处理的木材、水泥刨花板等。

3. 可燃材料（B2 级）：在空气中受到火烧或高温高热作用时立即起火或微燃，且火源移走后仍继续燃烧的材料，如木材。用这种材料制作的构件称为燃烧体，使用时应作防燃处理。

4. 易燃材料（B3 级）：在空气中受到火烧或高温作用时立即起火，并迅速燃烧，且离开火源后仍继续迅速燃烧的材料，如部分未经阻燃处理的塑料、纤维织物等。

材料在燃烧时放出的烟气和毒气对人体的危害极大，远远超过火灾本身。因此对建筑内部进行装饰装修时，应尽量避免使用燃烧时放出大量浓烟和有毒气体的装饰材料。

（二）材料的耐火性

材料抵抗高热或火的作用，保持其原有性质的能力称为材料的耐火性。金属材料、玻璃等虽属于不燃性材料，但在高温或火的作用下在短时间内就会变形、熔融，因而不属于耐火材料，建筑材料或构件的耐火性常用耐火极限来表示。耐火极限指按规定方法，从材料受到火的作用起，直到材料失去支持能力、完整性被破坏或失去隔火作用的时间，以 h 或 min 计。如无保护层的钢柱，其耐火极限仅有 0.25h。

必须指出的是这里所说的耐火极限与高温窑池中、工业中耐火材料的耐火性完全不同。耐火材料的耐火性是指材料抵抗熔化的性质，用耐火度来表示，即材料在不发生软化时所能抵抗的最高温度。一般要求耐火材料能长期抵抗高温或火的作用，具有一定高温力学强度、高温体积稳定性和抗热震性等。

（三）燃烧性能及分级的概述

燃烧性能是指建筑材料燃烧或遇火时所发生的一切物理和化学变化，这项性能由材料表面的着火性和火焰传播性、发热、发烟、炭化、失重以及毒性生成物的产生等特性来衡量。

燃烧性能分级是指根据《建筑材料及制品燃烧性能分级》GB 8624—2012 标准的规定，将建筑材料及制品的燃烧性能分为 A、B1、B2、B3 四个等级，分别为不燃材料（制品）、难燃材料（制品）、可燃材料（制品）、易燃材料（制品）。

（四）等级判据

等级判别需要相应的试验结果，不同的材料，依据的试验标准是不同的，具体参照《建筑材料及制品燃烧性能分级》GB 8624—2012 中燃烧性能等级判据。对于 A1 级燃烧性能所检测的国家标准有《建筑材料不燃性试验方法》GB/T 5464—2010 和《建筑材料及制品的燃烧性能燃烧热值的测定》GB/T 14402—2007，当两者同时满足要求，才能判定为 A1 级燃烧性能。

三、能力训练

任务情景

你是某第三方检测公司的材料检测员。受客户委托需对某批保温材料的燃烧性能做检测。请按照相应技术规范的要求完成不燃性检测原始记录表、燃烧热值检测原始记录。

（一）任务准备

1. 资料的准备

《建筑材料不燃性试验方法》GB/T 5464—2010；

《建筑材料及制品的燃烧性能燃烧热值的测定》GB/T 14402—2007；

《建筑材料及制品燃烧性能分级》GB 8624—2012。

2. 仪器、设备的准备

（1）电气控制箱（图 2-20）；环境温度：5～40℃，额定电压：220V，额定频率：50Hz。

图 2-20　电气控制箱

（2）不燃性试验加热炉（图2-21）：能对建筑材料复合制品、涂层、饰面层或多层的制品进行对火反应试验方法的评定，试验开始到温度平衡时间约为35min，温度表：0～1000℃±5℃，温度测量精度：±0.5%。

（3）建筑保温材料燃烧热值试验装置（图2-22），使用环境：5～40℃，温度分辨率0.0001℃。

图2-21　不燃性试验加热炉

图2-22　A1级燃烧热值试验装置

安全提示

1. 进入实训场所需遵守实训守则，禁止大声喧哗、打闹嬉戏；

2. 操作前须清空工位，并确认工位范围，避免操作时干扰他人；

3. 操作完成后填写完成相应记录、表格，清理工位，并将卷材等材料及工器具放回至原位，做到工完、料清、场地净。

（二）任务实施

1. 保温隔热材料不燃性检测

（1）试件制备

利用剪刀、裁刀等工具，将保温隔热材料制备成直径为4cm，高为5cm且可以装入在A1级燃烧热值试验装置中试验架上的圆柱形试件5个。

（2）试验设备调试

将加热炉和电气控制箱连接起来，并将各个传感器的支撑件安装到位。用随机附带的RS232电脑连接线将电气控制箱和电脑连接起来。在计算机里安装Z802建材不燃性试验炉测试软件。给电气控制箱供电。

（3）不燃性试验机预处理

操作不燃性试验机，将装有试样的试样架及其支撑件从炉内移开。将炉内热电偶按标准要求安装到位。打开电气控制箱，打开电脑主机电源，打开电脑显示器电源，双击"Z802建材不燃性试验炉测试软件"图标，进入程序主界面，点击"温度显示窗"，软件将显示实时监测的炉内温度，打开仪器控制箱上的电源开关，加热炉开始加热，点击"控温开始"，则开始采集温度。

（4）不燃性检测

当炉内温度达到稳定条件后，弹出提示消息"炉温已稳定"。说明炉内温度已经符合要求，可以进行试验（图2-23）。

将装有试样的试样架及其支撑件缓缓地移入炉中，让试件在规定的温度、持续时间下进行不燃性试验。

（5）检测记录

待不燃性试验结束后，记录试件的质量损失、火焰持续的时间、温升平均值，并与试验前的样品进行对比（图2-24）。

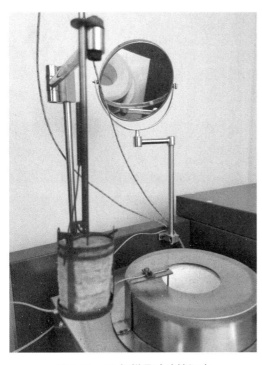

图2-23　A1级样品试验控温中

图2-24　A1级不燃性试验前后样品

（6）填写试验记录表（表2-8）

不燃性检测原始记录表（样例表）　　　　　　　　　　表2-8

样品名称	岩棉板	样品编号	001
检测日期	××××年××月××日	型号规格	1200×600×50（mm）
检测设备	不燃性试验炉	试验环境	23.0℃ 54%　R·H
检测方法	GB/T 5464—2010	评定依据	GB/T 19686—2015
状态调节	在（23±2）℃（50±5）%　R·H的环境下调节48h，烘箱60℃恒温24h		

不燃性					
序号	1	2	3	4	5
试样高度/mm	49	49	50	50	50
试样直径/mm	44	43	44	43	44
炉内初始温度/℃	749.2	750.9	751.2	748.9	750.2
炉内最高温度/℃	833.0	786.6	796.2	795.1	803.5
炉内最终温度/℃	831.4	781.8	792.7	790.8	800.9
炉内温升/℃	1.6	4.8	3.5	4.3	2.6
试验前试样质量/g	12.03	10.54	11.20	10.68	10.96
试验后试样质量/g	11.62	10.17	10.75	10.23	10.67
质量损失/%	3.4	3.5	4.0	4.2	2.6
持续火焰时间/s	0	0	0	0	0
质量损失平均值/%	3.5		持续火焰时间 平均值/s	0		
温升平均值/℃	3.4		结论	符合 A1 级要求		
备注	—					

2. 保温隔热材料燃烧性能燃烧热值的测定

（1）判别制品性质及称量

判断试样为均质制品还是非均质制品后称取试样的质量，精确到 0.1mg。

（2）坩埚试验

将已称量的试样和苯甲酸的混合物放入坩埚中（图 2-25），将已称量的点火丝连接到两个电极上，调节点火丝的位置，使得其能与坩埚中的试样有良好的接触。

（3）电极、点火丝检查，吸收酸性气体

检查两个电极和点火丝，确保其接触良好，在氧弹中倒入 10ml 蒸馏水，用来吸收试验过程中产生的酸性气体。

（4）加助燃氧气

拧紧氧弹的密封盖，小心开启氧气瓶，给氧弹充氧。充氧的同时观察压力表数值，使其在 3.0～3.5MPa（图 2-26）。

图 2-25　A1 级燃烧热值试验样品

（5）装入量热仪

将充有助燃氧气的氧弹放入量热仪内筒（图 2-27），在量热仪内筒中注入一定量的蒸馏水，使其能够淹没氧弹，并对其进行称量，精确到 1g。

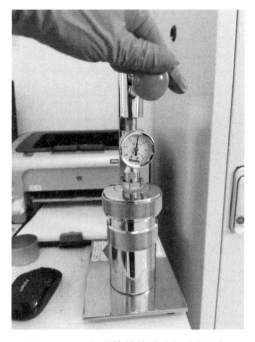

图 2-26　A1 级燃烧热值试验加助燃氧气　　**图 2-27　A1 级燃烧热值试验氧弹桶放入仪器中**

（6）泄压、检查燃烧情况

建筑保温材料燃烧值装置运行结束后，给氧弹泄压，打开氧弹，检查是否充分燃烧。

（7）填写试验记录（表 2-9）

燃烧热值检测原始记录（样例表）　　　　　　　　　　表 2-9

样品名称	岩棉板		样品编号	1	
检测日期	××××-××-××		样品规格	1200×600×50(mm)	
燃烧热值					
序号	1		2	3	
苯甲酸质量/g	0.4982		0.4935	0.4927	
试样质量/g	0.5049		0.5091	0.4932	
点火丝质量/g	0.0158		0.0145	0.0138	
点火丝热值/(J/g)	3140		3140	3140	
总热值/(MJ/kg)	0.572		0.647	0.598	
总热值平均值/(MJ/m²)				0.606	
水当量/(MJ/K)		0.01083405		苯甲酸热值/(J/g)	26464
点火丝热值/(J)		3140		香烟纸热值/(J/g)	16000
备注					

复核：×××　　　　　　　　　　　　　　　　　　试验：×××

（三）任务评价（表 2-10）

任务评价表 表 2-10

序号	评价内容	评价标准	分值	得分
1	知识与技能	能简述燃烧性能和燃烧性能分级	20	
		能说出判定为 A1 级燃烧性能的依据	20	
		能判断墙体保温材料的不燃性	15	
		能检测墙体保温材料的燃烧热值	15	
2	职业素养	能遵守实训安全管理条例	10	
		实训前能穿戴好实训用品	10	
		能认识到火灾的危害性	10	
3	合计		100	

四、拓展学习

我国耐火材料的发展历史

中国在 4000 多年前就使用杂质少的黏土，烧成陶器，并已能铸造青铜器。东汉时期（公元 25—220 年）已用黏土质耐火材料做烧瓷器的窑材和匣钵。20 世纪初，耐火材料向高纯、高致密和超高温制品方向发展，同时发展了完全不需烧成、能耗小的不定形耐火材料和高耐火纤维（用于 1600℃以上的工业窑炉）。前者如氧化铝质耐火混凝土，常用于大型化工厂合成氨生产装置的二段转化炉内壁，效果良好。20 世纪 50 年代以来，原子能技术、空间技术、新能源开发技术等的迅速发展，要求使用耐高温、抗腐蚀、耐热震、耐冲刷等具有综合优良性能的特种耐火材料，例如熔点高于 2000℃的氧化物、难熔化合物和高温复合耐火材料等。

古代、中世纪、文艺复兴时期的耐火材料，工业革命前后高炉、焦炉、热风炉用耐火材料，近代后期新型耐火材料及其制造工艺，现代耐火材料制造技术及主要技术进步，以及对未来耐火材料发展的展望，耐火材料与高温技术相伴出现，大致起源于青铜器时代中期。中国东汉时期已用黏土质耐火材料做烧瓷器的窑材和匣钵。20 世纪初，耐火材料向高纯、高致密和超高温制品方向发展，同时出现了完全不需烧成、能耗小的不定形耐火材料和耐火纤维。现今，随着原子能技术、空间技术、新能源技术的发展，具有耐高温、抗腐蚀、耐热振、耐冲刷等综合优良性能的耐火材料也得到了广泛应用。

五、课后练习

（一）单选题

1. 等级判别需要相应的试验结果，不同的材料，依据的试验标准是（　　）。

A. 相同　　　　　　B. 不同　　　　　　C. 差不多　　　　　　D. 以上都不是

2. 平板状建筑材料及制品的燃烧性能等级和分级判据满足 A1/A2 级即为 A 级，满足 B 级、C 级即为 B1 级，满足 D 级、E 级即为（　　）。

A. B2 级　　　　　　B. B 级　　　　　　C. C 级　　　　　　D. D 级

（二）填空题

1. _____能由材料表面的着火性和火焰传播性、发热、发烟、炭化、失重以及毒性生成物的产生等特性来衡量。

2. 燃烧性能分级：根据《建筑材料及制品燃烧性能分级》GB 8624—2012 的规定，建筑材料及制品的燃烧性能分为 A、_____、_____、_____四个等级。

（三）思考题

请简述保温隔热材料的不燃性检测步骤及燃烧热值检测步骤。

■（二）门窗保温材料 ■

门窗知识你知多少？

门窗是我们在建筑物中最常见的，也是最重要的保温部分。通过门窗的有效密闭性，可以很好地起到保温隔热的作用。在酷暑难耐之时，门窗可以阻挡室外燥热，减少室内冷气的散失；在寒冷的冬季，门窗可以使室内不会结冰、结露，还能将噪声拒之窗外。门窗保温的重要性不言而喻。门窗由哪些材料所组成？除了我们常见的塑钢门窗、铝合金门窗外，还有哪些其他材料所组成的门窗呢？让我们一起来认识下门窗保温材料吧。

任务一　门窗保温材料识别与选用

一、学习目标

7. 门窗保温材料

1. 能讲述门、窗材料的组成；
2. 能识别出不同节能门窗的材料；
3. 能说出各类门窗的特点；
4. 树立起节能减排、降低功耗的意识。

二、知识导航

门是指建筑物的一部分，具有室内、室内外交通联系交通疏散（兼起采光通风）的作用。窗是指建筑物的一部分，具有通风、采光、观景眺望的作用。

（一）门窗材料的组成

门窗是由门窗框和玻璃组成。门窗框是由各种不同材性的材料拼装而成，它的保温隔热性能受框型材的材性、断面设计等影响。而玻璃是受玻璃层数、镀膜与否、两块玻璃之间空气层的厚度等因素影响。

（二）门窗材料的种类

为了满足不同地区和不同档次的要求，我国相继开发出聚氯乙烯塑料门窗、铝合金门窗、断桥铝合金门窗、复合门窗、彩色钢板门窗、不锈钢门窗及玻璃钢窗。

一般而言，非金属窗的保温性能明显优于金属窗。双玻窗、中空玻璃窗和双层窗的保温性能明显优于同类框型材的单玻窗。金属单玻窗是保温性能最差的一类窗。铝合金断热窗保温性能明显优于不断桥的铝合金，铝合金断热中空玻璃窗的保温性能比铝合金不断热中空玻璃更好。复合双玻（或中空玻璃）窗的保温性能明显优于金属双玻（或中空玻璃）窗。铝合金断热中空玻璃窗的节能效果达到 59%～66%。PVC 塑料 Low-E 中空玻璃窗节能效果达到 75%。聚氯乙烯塑料（PVC）双层窗节能效果达到 52%～66%。

1. 聚氯乙烯塑料门窗（图 2-28）

聚氯乙烯材料简称 PVC，是以聚氯乙烯树脂为主要原料，加入适量的抗冲剂、加工助剂、改性剂等，经混炼、压延、挤出成型等工艺而成的各种截面的异形材。

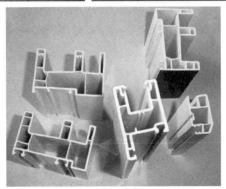

图 2-28　聚氯乙烯塑料门窗

聚氯乙烯材料具有轻质、隔热、保温、防潮、阻燃、施工简便等特点，其抗拉强度、抗弯强度均比木材优越，规格、色彩繁多，极富装饰性。

　　从建筑门窗生产能耗比较，生产同样重量的 PVC 塑料的能耗是生产钢的 1/4.5，生产铝的 1/8.8。而且从建筑门窗的当前价格比较，同样性能的窗户，聚氯乙烯窗价格为断热桥铝合金窗的 2/3。因此，无论从性能价格比以及我国当前消费水平，大力推广中空玻璃塑料窗对我国建筑节能和能源利用都具有现实意义。

　　聚氯乙烯门窗的保温性能受型材厚度、腔体等因素的影响。

　　型材的厚度：型材厚度越大，其保温性能越好，根据我国近年来门窗发展状况来看，型材的断面厚度呈递增趋势，发展顺序为：50mm—60mm—65mm—70mm。

　　增加型材腔体：型材的腔体越多，阻止热流传递的能力越强，保温性能越好。多腔室结构一般腔室均朝热流方向分布，型材内的多道腔壁对通过的热流起到多重阻隔作用，腔内传热相应被削弱，特别是辐射和导热随着腔体的增加而成倍地减少。型材厚度相同的情况下，腔体越多，型材的保温性能越好。

　　2. 断热铝合金门窗

　　断热铝合金窗（图 2-29）是在老铝合金窗的基础上为了提高门窗保温性能而推出的改进型，铝合金等金属型材的保温性能较差，其原因是铝合金型材导热性能太好，通过铝合金腔壁传导的热量远远大于腔内空气导热、对流和壁面辐射传热量之和。

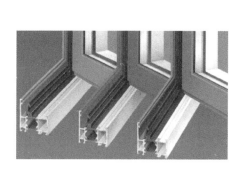

图 2-29　断热铝合金门窗

　　为了减少铝合金框的传热，用非金属材料（如聚酰胺尼龙隔条）作断热桥，对铝合金型材来做断热处理，形成断热铝合金门窗。

　　断热铝合金的形成方法有：采用在铝型材的空腔中灌注硬质发泡聚氨酯，然后再将空腔两侧边的铝合金壁剥去割断热桥。窗型材内外为铝合金，采用强度高、导热系数小增强尼龙隔条（聚酰胺尼龙隔条），经过滚压法复合而成。断热桥必须有一定的长度（指金属断开的距离），才能保证断热桥有足够大的热阻，所以断热桥一般不宜小于15mm。增强尼龙隔条的材质和质量也直接影响到隔热断桥铝合金窗的保温性能和耐久性。

断热铝合金门窗的特点：断热铝合金门窗的突出优点是重量轻、稳定性强、可塑性好、机械强度高、保温隔热性好，刚性好、防火性好，采光面积大，耐大气腐蚀性好，综合性能高，使用寿命长（50～100年）、回收性能好（可回炉重炼）、装饰效果好等优点是当今国际上流行的绿色产品。使用高档的断桥隔热型材铝合金门窗，是高档建筑用窗的首选产品。

优质的断热铝合金门窗所用的铝型材厚度、强度和氧化膜等，应符合国家的有关标准规定，壁厚应在1.2mm以上（高档的壁厚可达到1.8～2.0mm），抗拉强度达到157N/mm^2，屈服强度要达到108N/mm^2，氧化膜厚度应达到10μm。如果达不到以上标准，就是劣质铝合金门窗。

断热铝合金门窗的五金零件应安装合理，避免由五金零件而产生的热桥。

3. 环氧树脂玻璃钢窗

环氧树脂玻璃钢窗（图2-30），它是住房和城乡建设部推广的新一代节能、高强、耐腐、绿色环保、永不变形的玻璃钢门、窗。是继木、钢、铝合金、塑料之后的第五代门窗。环氧树脂玻璃钢是环氧树脂、固化剂、玻璃纤维及其他辅助材料组成的增强材料。它具有机械强度好，粘接性能强，相对密度小，绝缘性能好，收缩率低，耐腐蚀性好，耐化学药品性能好，工艺性能好等特点。环氧树脂玻璃钢成型方法大致有：手糊法、模压法、缠绕法、挤拉法、喷射法、离心法。

图2-30　环氧树脂玻璃钢窗

环氧树脂玻璃钢窗的特点如下：

1. 保温性能好：玻璃钢窗框的大致传热系数是1.4～1.8W/（m^2·K），断热铝合金门窗的大致传热系数是2.4～3.2W/（m^2·K），根据资料统计，在采用相同中空玻璃的条件下，玻璃钢窗的传热系统比隔热断桥铝合金窗要低0.3W/（m^2·K）左右，玻璃钢窗的保温性能比断热铝合金窗高10%。

2. 密封性能好：由于玻璃钢窗框的膨胀系数与墙体及玻璃一致，不会因热胀冷缩而产生缝隙并且玻璃钢窗框一般采用多点阶梯密封结构设计，填充高分子保温材料所以密封性能好。保温性能好，可提高室内温度 3～5℃；隔声性能好，隔声量可达 26～31dB。

3. 型材表面颜色丰富：玻璃钢型材饰面颜色多达 640000 种可供选择。

4. 防雷和静电：玻璃钢是电绝缘体，不会因雷击产生电流和出现静电现象，使用安全。

三、能力训练

任务情景

你是某建筑工程施工现场的材料员，现工地上购买了一批节能门窗材料。请你根据各节能门窗材料的特点对其进行分类，并将其各自的特点、用途列表汇总。

（一）任务准备

1. 资料准备

《建筑用塑料窗》GB/T 28887—2012；《建筑外门窗保温性能检测方法》GB/T 8484—2020；《铝合金门窗》GB/T 8478—2020。

2. 工具准备

钢直尺、直角尺等。

安全提示

1. 进入实训场所需遵守实训守则，禁止大声喧哗、打闹嬉戏；

2. 操作前须清空工位，并确认工位范围，避免操作时干扰他人；

3. 操作完成后填写完成相应记录、表格，清理工位，并将卷材等材料及工器具放回至原位，做到工完、料清、场地净。

（二）任务实施

1. 门窗材料、工器具布置

将实训所需的节能门窗材料、工器具，整齐、错落有序地摆放在对应的工位上。

2. 门窗识别

通过对不同品种节能门窗材料的颜色、形状、特点等进行观察、测量、查阅资料等，识别出各品种节能门窗材料并进行分类。

3. 分类、汇总

对已分类的节能门窗材料根据其特点、用途制表分类汇总。

4. 填写信息汇总表（表 2-11）

节能门窗材料信息汇总表（样例表）　　　　　　　　　　　　　　表 2-11

序号	材料名称	材料名称	材料特点
1	节能门窗材料样品 1	聚氯乙烯塑料门窗	隔热、保温、防潮、阻燃、施工简便等
2	节能门窗材料样品 2	断热桥铝合金门窗	重量轻、稳定性强、可塑性好、机械强度高、保温隔热性好、刚性好等
3	节能门窗材料样品 3	环氧树脂玻璃钢窗	保温性能好，密封性能好等

复核：×××　　　　　　　　　　　　　　　　汇总：××

（三）任务评价（表 2-12）

任务评价表　　　　　　　　　　　　　　　　　　表 2-12

序号	评价内容	评价标准	分值	得分
1	知识与技能	能讲述门、窗材料的组成	15	
		能识别出不同节能门窗的材料	15	
		能说出聚氯乙烯的特性	15	
		能说出断热铝合金的特性	15	
		能说出环氧树脂玻璃钢窗的特性	10	
2	职业素养	能遵守实训场所的相关规定、守则	10	
		实训前能穿戴好劳防用品	10	
		在识别与简述不同的门窗材料特点时，能有节能减排、降低功耗的意识	5	
		实训后能做到工完、料清、场地净	5	
3	合计		100	

四、拓展学习

（一）门窗的传热

在夏天，由于太阳光和太阳辐射的原因，室外温度比室内高，窗把室外的热量传递到室内，使室内温度不断升高，直到与室内外温度相同。同样，出于太阳辐射和空气对流的作用也使热量不断从高温一侧的室外传到室内。室内外存在温差时，热量的传递就不断进行（图 2-31）。晚上空气温度下降得比较快，当室内温度比室外高时，室内热量也会通过窗的传导和空气的对流以及辐射等形式传递到室外。

在冬天，室内的温度要比室外高，室内热量通过辐射、空气对流和导热等方式传递到室外，同时也因为窗的开启和空气渗漏使室内热量流失到室外，而使室内温度下降（图 2-32）。要减少热量损失，有效提高窗的节能效果，就要提高窗的热阻。

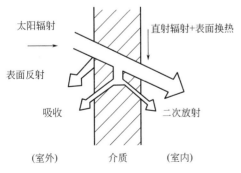

图 2-31　夏天热传递过程

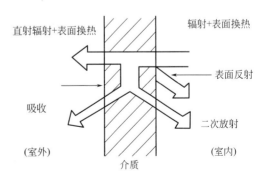

图 2-32　冬天热传递过程

（二）影响门窗节能的因素

门窗作为建筑围护结构的组成部分，影响门窗热量损耗的因素很多，主要有以下几方面：

1. 通过门窗框扇材料及玻璃传导的热损失

任何一种热的导体，两端温度不同，即存在温差时，就要从高温端向低温端导热，导热的快慢与材料本身的热导率和材料的导热面积有关。就钢铝窗而言，框扇材料的导热面积虽不大，但其热导率较大，所以其传导热损失仍为整个窗户热损失的一大部分。前面所说窗户的传导热损失占整个窗户损失的 23.7%，主要指通过窗户框扇材料的传导热损失。当然也含有玻璃的传导热损失，即使玻璃的传热面积很大，而玻璃的热导率仍很小，仅为 2.9J/（m·h·K），相当于钢材的 1.4%，因此在全部传导热损失中玻璃所占的热损失很小。

2. 门窗框扇材料与玻璃的辐射热损失

当室内外存在温差时，门窗框扇材料及玻璃就会从高温侧吸热，蓄积热量后便向低温侧面辐射热量，因为框扇材料与室内外空气接触的面积较小，所以辐射热损失很小，而玻璃的面积较大，所产生的辐射热损失很大。为了减少玻璃的辐射热损失，通常以加大玻璃厚度和采用双层及多层玻璃的办法，即可取得明显效果。对于相同的玻璃面积和厚度，双层玻璃比单层玻璃可减少辐射热损失约 50%。

3. 门窗缝隙造成的空气对流热损失

有调查表明：单层铝窗 37cm 厚砖墙的多层住宅建筑，其空气渗透热损失占建筑物全部热损失的 49.8%，损失的途径包括门窗框扇搭接缝隙、建筑缝隙及玻璃缝隙等。其中门窗框扇搭接缝隙产生的渗透热损失占主要部分，因此把气密性作为门窗性能的主要指标来考核。门窗的气密性是在门窗关闭状态下，阻止空气渗透的能力。门窗气密性等级的高低，对热量的损失影响极大，室外风力变化会对室温产生不利的影响，气密性等级越高，则热量损失就越小，对室温的影响也越小。国家标准《建筑外门窗气密、水密、抗风压性能分级及检测方法》GB/T 7106—2019 中对外窗气密性的分级（表 2-13）。

外窗气密性的分级 表 2-13

分级	1	2	3	4	5	6	7	8
单位缝长分级指标值 $q_1/[m^3/(m·h)]$	$4.0 \geqslant q_1 > 3.5$	$3.5 \geqslant q_1 > 3$	$3 \geqslant q_1 > 2.5$	$2.5 \geqslant q_1 > 2$	$2 \geqslant q_1 > 1.5$	$1.5 \geqslant q_1 > 1$	$1 \geqslant q_1 > 0.5$	$q_1 \leqslant 0.5$
单位面积分级指标值 $q_2/[m^3/(m·h)]$	$12 \geqslant q_2 > 10.5$	$10.5 \geqslant q_2 > 9$	$9 \geqslant q_2 > 7.5$	$7.5 \geqslant q_2 > 6$	$6 \geqslant q_2 > 4.5$	$4.5 \geqslant q_2 > 3$	$3 \geqslant q_2 > 1.5$	$q_2 \leqslant 1.5$

4. 窗墙比与朝向

对于一般建筑物而言，在围护结构中外门窗的传热系数要比外墙的传热系数大，所以在允许范围内尽量缩小外窗的面积，有利于减少热量的损失，也就是说外窗的面积与外墙面积之比——窗墙面积比越小，热量损耗就越小。另外，热量损耗还与外窗的朝向有关。

行业标准《严寒和寒冷地区居住建筑节能设计标准》JGJ 26—2018 中规定，窗户面积不宜过大，严寒和寒冷地区的窗墙面积比分别是：北面不宜超过 0.25 和 0.30，东西面不宜超过 0.3 和 0.35，南面不宜超 0.45 和 0.50。

行业标准《夏热冬冷地区居住建筑节能设计标准》JGJ 134—2010 中对各朝向房间的窗墙面积比的限制：北面 0.40，东西面 0.35，南面 0.45。

行业标准《夏热冬暖地区居住建筑节能设计标准》JGJ 75—2012 则规定窗墙面积比南北面不应大于 0.40，东西面不应大于 0.30。

综上所述，门窗失热的主要原因可归纳为四点，即框扇材料的传导热损失、玻璃的辐射热损失、框扇间隙的空气对流热损失和窗墙比与朝向。因此必须采取相应措施，争取减少热损失，提高门窗的节能效果。

五、课后练习

(一) 选择题

1. 以下哪一个不是影响门窗节能的主要因素（　　　　）。

A. 通过门窗框扇材料及玻璃传导的热损失

B. 门窗缝隙造成的空气对流热损失

C. 门窗的形状

D. 门窗框扇材料与玻璃的辐射热损失

2. 环氧树脂玻璃钢成型方法大致有：（　　　　）。

A. 手糊法　　　　　B. 模压法　　　　　　C. 缠绕法　　　　　　D. 挤拉法

E. 喷射法　　　　　F. 离心法

(二) 填空题

1. 门窗是由门窗框和_____组成。门窗框是由各种不同材性的材料拼装而成，它的保温隔热性能受框型材的_____、_____等影响。而玻璃是受_____、镀膜与否、两玻璃之间空气层的厚度等因素影响。

2. 为了减少铝合金框的传热，用_____来作断热桥，对铝合金型材来做_____处理，形成断热铝合金门窗。

(三) 思考题

请根据各节能门窗材料的特点对其进行分类，并将其各自的特点、用途列表汇总。

任务二　门窗的气密性、水密性和抗风压性能检测

一、学习目标

1. 能简述建筑外门窗保温性能检测的试验原理；

2. 能简述门窗的物理性能检测有哪些；

3. 能按照要求完成建筑外门窗气密性、水密性和抗风压性能的检测；

4. 培养学生养成严谨细致、追求真理的良好品质。

二、知识导航

门窗保温性能是指建筑外门窗阻止热量由室内向室外传递的能力，用传热系数表征。

门窗传热系数是指在稳态传热条件下，门窗两侧空气温差为 1K 时单位时间内通过单位面积的传热量。

（一）门窗的气密性、水密性和抗风压性能

门窗的气密性、水密性、抗风压性，这三大物理性能在一定程度上体现了外门窗的整体性能，是外门窗组装质量好坏的重要标志，也是判断外门窗生产质量高低的重要指标。

1. 气密性

气密性能也称空气渗透性能，是指外门窗在正常关闭状态时，阻止空气渗透的能力。外门窗气密性能的高低，对热量的损失影响极大，气密性能越好，则热交换就越少，对室温的影响也越小。衡量气密性能的指标是采用标准状态下，窗内外压力差为 10Pa 时单位缝长空气渗透量和单位面积空气渗透量作为评价指标。

2. 水密性

水密性能是指外门窗正常关闭状态时，在风雨同时作用下，阻止雨水渗漏的能力。相关检测技术文件详细规定了对检测设备的要求、性能检测的方法以及水密性能的分级指标。该检测设备是模拟外门窗在暴风雨天气中所处的模拟状态，采用供压系统、供水系统以及测压和水流量系统对外门窗两侧的压力差值进行计量，然后确定严重渗漏时的压力差值，最后确定外门窗的水密性能系数和等级。

3. 抗风压性

抗风压性能是指外门窗正常关闭状态时在风压作用下不发生损坏（如：开裂、面板破损、局部屈服、粘接失效等）和五金件松动、开启困难等功能障碍的能力。检测方法是以检测试件在瞬时风压作用下，抵抗损坏和功能障碍的能力。

建筑外门窗可大大提升保温的效果和降低能量的损失。能为我们提供舒适、适宜的居住环境。

（二）如何确定门窗的气密性等级

在冬季室外平均风速大于或等于 3m/s 的地区，多层建筑不应低于 3 级，高层建筑不应低于 4 级；在冬季室外平均风速小于 3m/s 的地区，多层建筑不应低于 2 级，高层建筑不应低于 3 级。参考《公共建筑节能设计标准》GB 50189—2015 中第 3.3.5 条和《建筑外门窗气密、水密、抗风压性能分级及检测方法》GB/T 7106—2019。

（1）气密性能分级指标：采用在标准状态下，压力差为 10Pa 时的单位开启缝长空气渗透量和单位面积空气渗透量作为分级指标。

（2）分级指标值：建筑外门窗气密性能分级是根据单位缝长分级指标值，字母代号为 q_1，其单位是 m/（m·h），1 级是指 $3.5 < q_1 \leqslant 4.0$，2 级是指 $3.0 < q_1 \leqslant 3.5$，3 级是指 $2.5 < q_1 \leqslant 3.0$，4 级是指 $2.0 < q_1 \leqslant 2.5$，5 级是指 $1.5 < q_1 \leqslant 2.0$，6 级是指 $1.0 < q_1 \leqslant 1.5$，7 级是指 $0.5 < q_1 \leqslant 1.0$，8 级是指 $q_1 \leqslant 0.5$。

（三）如何确定门窗的水密性等级

窗的水密性：位于大风区且多雨的地区时，窗的水密性不应低于 3 级。铝门窗的水密性：

（1）常受台风侵袭的区域，应采用水密性等级 350Pa/m² 以上的铝门窗；

（2）常受风雨侵袭的场所，可采用水密性等级 250Pa/m² 左右的铝门窗；

（3）阳台或雨篷的场所，可采用水密性等级 150Pa/m² 以下的铝门窗。

水密性分级指标（表 2-14）：采用严重渗漏压力差值的前一级压力值作为分级指标。分级指标值：建筑外门窗水密性能分级单位为 Pa，字母代号为 ΔP，1 级是指 $100 \leqslant \Delta P < 150$，2 级是指 $150 \leqslant \Delta P < 250$，3 级是指 $250 \leqslant \Delta P < 350$，4 级是指 $350 \leqslant \Delta P < 500$，5 级是指 $500 \leqslant \Delta P < 700$，6 级是指 $\Delta P \geqslant 700$。

建筑外门窗水密性分级表（单位：Pa）　　　　表 2-14

分级	1	2	3	4	5	6
分级指标 ΔP	$100 \leqslant \Delta P < 150$	$150 \leqslant \Delta P < 250$	$250 \leqslant \Delta P < 350$	$350 \leqslant \Delta P < 500$	$500 \leqslant \Delta P < 700$	$\Delta P \geqslant 700$

（四）如何确定门窗的抗风压性能等级

《建筑结构荷载规范》GB 50009—2012、《全国民用建筑工程设计技术措施-规划・建筑・景观》：高层建筑或位于大风区的建筑设计应提出窗的具体强度指标或抗风压性能等级。铝门窗抗风压性：

（1）沿海高风压区（基本风压 0.75kN/m² 以上）应采用抗风压 $P \geqslant 3.5$kPa 的铝门窗；

（2）内陆低风压区（基本风压 0.30kN/m² 以上）应采用抗风压 $P < 1.5$kPa 的铝门窗；

（3）内陆一般风压区（基本风压 0.50kN/m² 以上）应采用抗风压 $P \approx 2.0$kPa 的铝门窗。

抗风压性能分级指标（表 2-15）是指采用定级检测压力值 P_3 分级指标。而分级指标值是指建筑外门窗抗风压性能分级，其字母代号为 P_1，单位为 kPa，1 级是指 $1.0 \leqslant P_1 < 1.5$，2 级是指 $1.5 \leqslant P_1 < 2.0$，3 级是指 $2.0 \leqslant P_1 < 2.5$，4 级是指 $2.5 \leqslant P_1 < 3.0$，5 级是指 $3.0 \leqslant P_1 < 3.5$，6 级是指 $3.5 \leqslant P_1 < 4.0$，7 级是指 $4.0 \leqslant P_1 < 4.5$，8 级是指 $4.5 \leqslant P_1 < 5.0$，9 级是指 $P_1 \geqslant 5.0$。

建筑外门窗抗风压性能分级表（单位：kPa）　　　　表 2-15

分级	1	2	3	4	5	6	7	8	9
分级指标值 P_3	$1.0 \leqslant P_1 < 1.5$	$1.5 \leqslant P_1 < 2.0$	$2.0 \leqslant P_1 < 2.5$	$2.5 \leqslant P_1 < 3.0$	$3.0 \leqslant P_1 < 3.5$	$3.5 \leqslant P_1 < 4.0$	$4.0 \leqslant P_1 < 4.5$	$4.5 \leqslant P_1 < 5.0$	$P_1 \geqslant 5.0$

三、能力训练

任务情景

你是某第三方检测公司节能门窗材料的检测员。请你对某厂已生产的一批节能门窗材料做气密性、水密性、抗风压性的检测，并填写相应检测记录表。

（一）任务准备

1. 器具准备

（1）门窗气密性、水密性、抗风压性测试系统（图2-33）。

图2-33 门窗气密性、水密性、抗风压性测试系统

（2）卷尺，卷尺的测量范围10m，精确度0.1m。

（3）透明胶带。

（4）大气压表，大气压表的测量范围1～10MPa。

（5）温度计，温度计测量范围0～120℃，精确度0.1℃。

2. 资料准备

《建筑外门窗气密、水密、抗风压性能检测方法》GB/T 7106—2019。

安全提示

1. 进入实训场所需遵守实训守则，禁止大声喧哗、打闹嬉戏；

2. 操作前须清空工位，并确认工位范围，避免操作时干扰他人；

3. 操作完成后填写完成相应记录、表格，清理工位，并将卷材等材料及工器具放回至原位，做到工完、料清、场地净。

（二）任务实施

1. 试件检查

检查试件应为按所提供图样生产的合格产品，窗五金件是否齐全，安装是否牢固，不应附有任何多余的零配件或采用特殊的组装工艺或改善措施。装配完好，保持清洁、干燥。

2. 试验前检查

（1）试件在安装前，须在环境温度不低于5℃的室内放置时间不少于4h；

（2）测量试件的尺寸，型材厚度（图2-34）；

（3）测量窗的高度，宽度，并计算出窗的面积（图2-35）；

（4）把试件上所有镶嵌缝隙用胶带密封好，清洁试件表面。

图 2-34　测量试件的尺寸，型材厚度

图 2-35　测量窗的高度，宽度

3. 试件的安装

（1）调整试验窗的高度、尺寸；

（2）试件与安装框架之间的连接应牢固并密封。

4. 建筑门窗气密性、水密性、抗风压性检测

（1）气密性性能检测

① 试验前记录环境温度和室内大气压；

② 正压预备加压前，将试件上所有可开启部分开关 5 次，最后关紧；

③ 正向预备加压，分为三次压力脉冲，压力差绝对值为 500Pa，加载速度约为 100Pa/s，压力稳定时间为 3s，泄压时间不少于 1s；

④ 等待压力回零后，将试件上所有可开启部分开关 5 次，最后关紧；

⑤ 调节完参数，设备加压，进行正向附加空气渗透量检测；

⑥ 设备加压，进行负向附加空气渗透量检测；

⑦ 设备加压，进行正向总渗透量检测；

⑧ 设备加压，进行负向总渗透量检测；

⑨ 记录检测数据。

（2）水密性能检测

① 预备加压，测试前，将试件上所有可开启部分开关 5 次，最后关紧；

② 打开试验设备后面的循环水阀，观察试件内部试验设备对应的喷水口，开启水阀开关；

③ 稳定加压法，测试前，将试件上所有可开启部分开关 5 次，最后关紧，启动水泵，进行淋水试验，对整个门窗试件均匀的淋水，淋水量为 2L/（m².min）；

④ 加压，在淋水的同时施加稳定压力，逐级加压至出现渗漏为止；

⑤ 观察记录，在逐级升压及持续作用过程中，记录渗漏部位。

（3）抗风压检测

① 测试前，将试件上所有可开启部分开关 5 次，最后关紧；

② 安装位移传感器（图 2-36）；

图 2-36　安装位移传感器

③ 将三个位移传感器分别布置在测试杆件上端点；

④ 先进行正向加压，开始正向变形检测并记录 $+P_1$ 值，再负向变形检测并记录 $+P_2$ 值；

⑤ 检测压力逐渐升降，每级升降压力差不超过 250Pa，每级检测压力差稳定作用时间约为 10s，检测压力绝对值最大不宜超过 2000Pa；

⑥ 记录检测中试件出现损坏或功能障碍的状况和部位；

⑦ 填写检测记录（表 2-16～表 2-18）。

门窗物理性能气密正压原始记录（样例表）　　　　　表 2-16

试验项目	试件代号	试样一					
	样品编号	—					
	压差(Pa)	10	30	50	70	100	150
总渗透量 （m³/h）	升压 q_z	3.15	5.65	7.97	9.83	12.47	15.33
	降压 q_z	3.20	5.79	7.92	9.71	12.46	15.33
	平均值 q_z	3.18	5.72	7.95	9.77	12.47	15.33

续表

附加渗透量 $（m^3/h）$	升压 q_f	1.50	2.34	3.05	3.78	4.91	6.22
	降压 q_f	1.49	2.26	2.96	3.87	4.87	6.22
	平均值 q_f	1.50	2.30	3.01	3.83	4.89	6.22
空气渗透量	$q_t（m^3/h）$	1.68	3.42	4.94	5.94	7.58	9.11
	$q_{\Delta p}（m^3/h）$	1.63	3.31	4.79	5.76	7.34	8.83
	$q'[m^3/(m·h)]$	1.63					
	$q_1[m^3/(m·h)]$	0.50					
	$q_2[m^3/(m^2·h)]$	1.48					
试验结果	温度	27.0		℃	缝长	3.26m	
	压力	100.5		kPa	面积	1.10m²	
	单位缝长渗透量不利值	0.65		$m^3/(m·h)$	等级：	7	
	单位面积渗透量不利值	1.93		$m^3/(m^2·h)$	等级：	7	

复核：×××　　　　　　　　　　　　　　试验：×××

门窗物理性能水密加压检测原始记录（样例表）　　　　　表 2-17

窗号	试样一	试样二	试样三
样品编号	××××	××××	××××
加压方式	波动加压	波动加压	波动加压
试件面积(m²)	1.1	1.10	1.10
喷淋水量[L/(m²·min)]	3	3	3
未发生渗漏压力(Pa)	250	250	250
渗漏部位	无	无	无
工程设计值(Pa)	250	250	250
未渗漏压力最小值(Pa)	250		
结果：	合格		

复核：×××　　　　　　　　　　　　　　试验：×××

门窗物理性能抗风压变形检测记录（样例表）　　　　　表 2-18

正向数据采集				负向数据采集			
压力差(Pa)	变形值(mm)		面法线挠度 (mm)	压力差(Pa)	变形值(mm)		面法线挠度 (mm)
	测点 a	测点 b	测点 c		测点 a	测点 b	测点 c	

压力差(Pa)	测点 a	测点 b	测点 c	面法线挠度 (mm)	压力差(Pa)	测点 a	测点 b	测点 c	面法线挠度 (mm)
0	0	0	0	0	0	0	0	0	0
200	0.03	0.07	0.01	0.05	−200	−0.03	−0.05	−0.02	−0.03
400	0.09	0.21	0.03	0.15	−400	−0.09	−0.15	−0.07	−0.07
600	0.19	0.37	0.09	0.23	−600	−0.18	−0.37	−0.19	−0.19
800	0.32	0.56	0.22	0.29	−800	−0.32	−0.62	−0.42	−0.25
1000	0.44	0.74	0.33	0.36	−1000	−0.47	−0.88	−0.70	−0.30
1200					−1200				

续表

正向数据采集				负向数据采集			
压力差(Pa)	变形值(mm)		面法线挠度(mm)	压力差(Pa)	变形值(mm)		面法线挠度(mm)
	测点 a	测点 b	测点 c			测点 a	测点 b	测点 c	

正向数据采集					负向数据采集				
压力差(Pa)	测点 a	测点 b	测点 c	面法线挠度(mm)	压力差(Pa)	测点 a	测点 b	测点 c	面法线挠度(mm)
1400					-1400				
1600					-1600				
1800					-1800				
2000					-2000				
P_3 挠度	1.66	2.29	1.63	0.65	$-P_3$ 挠度	-2.19	-3.39	-3.42	-0.59
P_3 残余变形					$-P_3$ 残余变形				
P_{max} 残余变形					$-P_{max}$ 残余变形				
正压	P_1'	1000	P_2'	1500	负压	$-P_1'$	-1000	$-P_2'$	-1500
	P_3'	2500	P_{max}'	3750		$-P_3'$	-2500	$-P_{max}'$	-3750
	损坏部位:		无			损坏部位:		无	
P_3 允许挠度值(mm):		4.00							

复核：×××　　　　　　　　　　　　　　　试验：×××

(三) 任务评价 (表 2-19)

任务评价表　　　　　　　　　　　　　表 2-19

序号	评价内容	评价标准	分值	得分
1	知识与技能	能简述建筑外门窗保温性能检测的原理	10	
		能简述门窗的物理性能检测有哪些	10	
		能按照要求完成建筑外门窗气密性能检测	10	
		能按照要求完成建筑外门窗水密性能检测	20	
		能按照要求完成建筑外门窗抗风压性能检测	20	
2	职业素养	能遵守实训安全管理条例	10	
		能穿戴好实训服和劳防用品	5	
		在实训中能做到严谨细致、追求真理、实事求是	10	
		实训后能做到工完、料清、场地净	5	
3	合计		100	

四、拓展学习

节能门窗如何选

如今已经进入低碳生活时代，国家倡导节能减排，实现碳达峰、碳中和目标，这些都是与门窗的隔热保温性能有关。因此，门窗的节能其实就是指门窗保温隔热性能，让室内时刻保持恒温状态，有效地减缓冷热传递。即使是冬冷夏热，室内开着空调也不用担心高额的电费，又省电又节能。

除了采用断桥铝型材或 Low-E 中空玻璃等技术，越来越多的节能门窗采用型材系统、密封系统、玻璃子系统等完美组合、在气密性、保温性、遮阳性等方面达到好的效果。

一、通过多道耐候胶条密封达到好的气密性

空气是热量的载体，要严密隔断室内外冷热的传递，达到保温隔热性能。通过密封胶条等措施，耐候、抗老化，即便长期风吹日晒依然保持原有的良好弹性。也能更好地保证门窗气密性。

二、双面中空玻璃减弱从室外进入的热量

在这方面，双面中空玻璃就起最大的作用，双面玻璃通过内部反射有效减弱室外的热量，而且室外玻璃的热量只能通过内部空气传递到室内侧玻璃，相比单面玻璃，可以大幅降低热量传递。

三、采用 Low-E 玻璃减少辐射

针对西晒的住房用户，室外阳光通常会直接照射进来，从而提高室内温度，可以通过内置百叶隔热，或者采用 Low-E 玻璃，降低室外阳光辐射而降低室内温度。

众所周知，玻璃的面积大约占了门窗面积的 65%～75%，甚至更高，因此玻璃的作用对整窗保温隔热性能的影响也不可忽视。在玻璃选择上，可以在中空玻璃、三玻两腔、Low-E 中空玻璃、Low-E 三玻两腔等玻璃类型中搭配门窗以增强整体的隔热、遮阳效果。

五、课后练习

（一）单选题

1. 关于窗的水密性，下列说法错误的是（　　）。
A. 位于大风区且多雨的地区时，窗的水密性不应低于 3 级
B. 常受台风侵袭的区域，应采用水密性等级 $350Pa/m^2$ 以上的铝门窗
C. 常受风雨侵袭的场所，可采用水密性等级 $250Pa/m^2$ 左右的铝门窗
D. 阳台或雨庇的场所，可采用水密性等级 $250Pa/m^2$ 以下的铝门窗
2. 关于建筑外门窗气密、水密、抗风压性能检测方法，下列做法错误的是（　　）。
A. 试验前需检查门窗气密性、水密性、抗风压性测试系统是否能正常工作
B. 检查测气密箱、水密箱等装置是否存在漏气、渗水等情况
C. 测试系统接电装置良好，周边配有消防器材
D. 以上答案都是错误的

（二）填空题

1. 抗风压性能分级指标是指采用定级检测压力值_____。
2. 分级指标值是指建筑外门窗抗风压性能分级，其字母代号为_____，单位为_____。

（三）思考题

请分别简述门窗气密性检测、水密性检测、抗风压性检测的检测步骤。

Chapter 03

模块三

新型防水密封材料

▪（一）防水卷材▪

防水材料你知多少？

当前，国内的建筑业市场包括新建建筑和对既有建筑修缮维护。无论是新建建筑还是既有建筑的后期修缮都要用到大量防水材料。说到防水材料大家比较容易想到的就是防水卷材，它被普遍用在屋面、地下车库等部位，有着很好的防水效果。除了防水卷材外，你还能说出哪些防水材料呢？让我们通过本模块的学习一起来了解下吧。

任务一　防水卷材识别与选用

一、学习目标

1. 能根据防水卷材的特点说出其在建筑工程上的用途；
2. 能根据防水卷材的特点对其进行分类；
3. 能根据防水卷材的标记、用途，识别和选用合适的防水卷材；
4. 养成对实验室材料进行分类整理、摆放整齐的习惯。

二、知识导航

防水材料是指能够防止建筑物遭受雨水、地下水以及环境水浸入或透过的一类材料，是建筑工程中不可缺少的主要建筑材料之一。防水材料性能以及施工质量的优劣对建筑防水功能是否有效起着决定性的作用，并关系着建筑物装饰效果、使用功能、使用寿命以及人们的居住环境、卫生条件等质量的优劣。

防水材料的主要特征是自身致密、孔隙率很小，或具憎水性，或能够填塞、封闭建筑缝隙或隔断其他材料内部孔隙使其达到防渗水目的。建筑防水材料应具备以下六个方面的性能：耐水性、抗裂性、温度适应性、耐久性、可操作性和环保性。

（一）防水卷材的分类

防水卷材是一种可以卷曲的片状防水材料，广泛用于地下工程（底板、侧墙、顶板）、屋面以及隧道、公路、垃圾填埋场等处，起到抵御外界雨水、地下水渗透的作用，是整个工程防水的第一道屏障，对整个工程起着至关重要的作用。

随着建筑科技的不断进步，卷材类产品衍生出多品类产品，就卷材组分进行分类，主要有沥青基防水卷材和高分子防水卷材两类。

沥青基防水卷材按其品种划分有高聚物改性沥青防水卷材、自粘沥青卷材、氧化沥青卷材。典型产品有弹性体（SBS）改性沥青防水卷材、塑性体（APP）改性沥青防水卷材、无胎基和聚酯胎防水卷材、自粘层改性沥青防水卷材、氧化沥青或优质氧化沥青防水卷材。

合成高分子防水卷材按其品种划分有橡胶类防水卷材（片材）、树脂类防水卷材（片材）、橡塑类。典型产品有聚氯乙烯（PVC）防水卷材、高密度聚乙烯自粘胶膜防水卷材、热塑性聚烯烃（TPO）防水卷材、氧化聚乙烯橡胶共混防水卷材（表 3-1）。

防水卷材分类一栏表   表 3-1

类型		品种	典型产品
防水卷材	沥青基防水卷材	高聚物改性沥青卷材	弹性体(SBS)改性 塑性体(APP)改性
		自粘沥青卷材	无胎基和聚酯胎
			自粘层改性沥青卷材
		氧化沥青卷材	氧化沥青或优质氧化沥青卷材
	合成高分子卷材	橡胶类防水卷材(片材)	三元乙丙(EPDM)橡胶卷材
		树脂类防水卷材(片材)	聚氯乙烯(PVC)卷材、高密度聚乙烯自粘胶膜卷材
		橡塑类	热塑性聚烯烃(TPO)卷材
			氯化聚乙烯 橡胶共混卷材

在建筑工程中较为常用的防水卷材有高聚物改性体沥青防水卷材—弹性体（SBS）改性沥青防水卷材、高聚物改性体沥青防水卷材—塑性体（APP）改性沥青防水卷材、自粘聚合物改性沥青防水卷材、合成高分子防水卷材——三元乙丙橡胶（EPDM）防水卷材、合成高分子防水卷材——聚氯乙烯（PVC）防水卷材、合成高分子防水卷材——热塑性聚烯烃（TPO）防水卷材。

（二）常用防水卷材

1. 高聚物改性沥青防水卷材—弹性体（SBS）改性沥青防水卷材

按照《弹性体改性沥青防水卷材》GB 18242—2008 的相关要求，弹性体（SBS）改性沥青防水卷材是指用苯乙烯-丁二烯-苯乙烯（SBS）橡胶改性沥青做涂层，用玻纤毡、聚酯毡、玻纤增强聚酯毡为胎基，两面覆以隔离材料所做成的一种性能优异的防水材料。

（1）类型

按胎基分为聚酯毡（PY）、玻纤毡（G）、玻纤增强聚酯毡（PYG）。按上表面隔离材料分为聚乙烯膜（PE）、细砂（S）、矿物粒料（M）。下表面隔离材料为细砂（S）、聚乙烯膜（PE）。细砂为粒径不超过 0.60mm 的矿物粒料。按材料的性能分为Ⅰ型和Ⅱ型。

（2）规格

卷材公称宽度为 1000mm。聚酯毡卷材公称厚度为 3mm、4mm、5mm；玻纤毡卷材公称厚度为 3mm、4mm；玻纤增强聚酯毡卷材公称厚度为 5mm。每卷卷材公称面积为 7.5m²、10m²、15m²。

（3）标记

产品按名称、型号、胎基、上表面材料、下表面材料、厚度、面积和本标准编号顺序标记。

示例：10m² 面积、3mm 厚上表面为矿物粒料、下表面为聚乙烯膜聚酯毡Ⅰ型弹性体改性沥青防水卷材标记为：

SBSⅠPY M PE 3 10 GB 18242—2008。

（4）用途

弹性体改性沥青防水卷材主要适用于工业与民用建筑的屋面和地下防水工程。玻纤增强聚酯毡可用于机械固定单层防水，但需通过抗风荷载试验。玻纤毡卷材适用于多层防水中的底层防水。外露使用采用上表面隔离材料为不透明的矿物粒料的防水卷材。地下工程防水采用表面隔离材料为细砂的防水卷材。

2. 高聚物改性沥青防水卷材——塑性体（APP）改性沥青防水卷材

按照《塑性体改性沥青防水卷材》GB 18243—2008 的相关要求，塑性体（APP）改性沥青防水卷材是指以聚酯胎、玻纤毡、玻纤增强聚酯毡为胎基，以无规聚丙烯（APP）或聚烯烃类聚合物（APAO、APO 等）作为石油沥青改性剂，两面覆以隔离材料所制成的防水卷材。

（1）类型

按胎基分为聚酯毡（PY）、玻纤毡（G）、玻纤增强聚酯毡（PYG）。按上表面隔离材料分为聚乙烯膜（PE）、细砂（S）、矿物粒料（M）。下表面隔离材料为细砂（S）、聚乙烯膜（PE）。细砂为粒径不超过 0.60mm 的矿物粒料。按材料的性能分为Ⅰ型和Ⅱ型。

（2）规格

卷材公称宽度为 1000mm。聚酯毡卷材公称厚度为 3mm、4mm、5mm；玻纤毡卷材公称厚度为 3mm、4mm；玻纤增强聚酯毡卷材公称厚度为 5mm。每卷卷材公称面积为 7.5m²、10m²、15m²。

（3）标记

产品按名称、型号、胎基、上表面材料、下表面材料、厚度、面积和本标准编号顺序标记。

示例：10m² 面积、3mm 厚上表面为矿物粒料、下表面为聚乙烯膜聚酯毡Ⅰ型塑性体改性沥青防水卷材标记为：

APPⅠPY M PE 310 GB 18243—2008。

（4）用途

塑性体改性沥青防水卷材主要适用于工业与民用建筑的屋面和地下防水工程。玻纤增强聚酯毡可用于机械固定单层防水，但需通过抗风荷载试验。玻纤毡卷材适用于多层防水中的底层防水。外露使用采用上表面隔离材料为不透明的矿物粒料的防水卷材。地下工程防水采用表面隔离材料为细砂的防水卷材。

3. 自粘聚合物改性沥青防水卷材

按照《自粘聚合物改性沥青防水卷材》GB 23441—2009 的相关要求，自粘聚合物改性沥青防水卷材是指以自粘聚合物改性沥青为基料，非外露使用的无胎基或采用聚酯胎基增强的本体自粘防水卷材。

（1）类型

产品按有无胎基增强分为无胎基（N 类）、聚酯胎基（PY 类）。无胎基（N 类）按上表面材料分为聚乙烯膜（PE）、聚酯膜（PET）、无膜双面自粘（D）。聚酯胎基（PY 类）按上表面材料分为聚乙烯膜（PE）、细砂（S）、无膜双面自粘（D）。

产品按性能分为Ⅰ型和Ⅱ型，卷材厚度为 2.0mm 的聚酯胎基（PY 类）只有Ⅰ型。

（2）规格

卷材公称宽度为 1000mm、2000mm，卷材公称面积为 10m²、15m²、20m²、30m²。无胎基（N 类）卷材的厚度为 1.2mm、1.5mm、2.0mm；聚酯胎基（PY 类）卷材的厚度为 2.0mm、3.0mm、4.0mm，其他规格可由供需双方商定。

（3）标记

按产品名称、类、型、上表面材料、厚度、面积、标准编号的顺序进行标记。

示例：20m²、2.0mm 聚乙烯膜面 I 型 N 类 自粘聚合物改性沥青防水卷材标记为：自粘卷材 N I PE 2.0 20 GB 23441—2009。

（4）用途

自粘聚合物改性沥青防水卷材一般适用于工业与民用建筑的屋面、地下室、游泳池、储水池、市政工程以及地铁隧道的防水。

4. 合成高分子防水卷材——三元乙丙橡胶（EPDM）防水卷材

按照《高分子防水材料 第 1 部分：片材》GB 18173.1—2012 的相关要求，三元乙丙橡胶（EPDM）防水卷材是指以三元乙丙橡胶掺入适量的丁基橡胶、硫化剂、促进剂、软化剂和补强剂等，经密炼、拉片过滤、挤出成型等工序加工而成的防水卷材。

（1）类型

按片型、主要原材料等，可将三元乙丙橡胶防水卷材分成均质片—硫化橡胶类—三元乙丙橡胶防水卷材（代号 JL1），均质片—非硫化橡胶类—三元乙丙橡胶防水卷材（代号 JF1），复合片—硫化橡胶类—三元乙丙橡胶防水卷材（代号 FL），复合片—非硫化橡胶类—三元乙丙橡胶防水卷材（代号 FF），自粘片—硫化橡胶类—三元乙丙橡胶防水卷材（代号 ZJL1），自粘片—非硫化橡胶类—三元乙丙橡胶防水卷材（代号 ZJF1）。

（2）规格

三元乙丙橡胶防水卷材厚度有 1.0mm、1.2mm、1.5mm、1.8mm、2.0mm，宽度有 1.0m、1.1m、1.2m，长度不小于 20m。

（3）标记

产品按类型代号、材质（简称或代号）、规格（长度×宽度×厚度）。

示例：均质片：长度为 20.0m，宽度为 1.0m，厚度为 1.2mm 的硫化橡胶三元乙丙橡胶（EPDM）片材标记为：

JL 1-EPDM-20.0m×1.0m×1.2mm。

（4）用途

三元乙丙橡胶（EPDM）防水卷材主要适用于各种工业、民用建筑物、构筑物的防水、防渗、各种地下工程的防水和非外漏部位的防水工程。

5. 合成高分子防水卷材—聚氯乙烯（PVC）防水卷材

聚氯乙烯（PVC）防水卷材是以聚氯乙烯树脂为主要原料，加入各类专用助剂和抗老化组分，采用先进设备和先进的工艺生产制成的一种性能优异的高分子防水卷材。

（1）类型

按产品的组成分为均质卷材（代号 H）、带纤维背衬卷材（代号 L）、织物内增强卷材（代号 P）、玻璃纤维内增强卷材（代号 G）、玻璃纤维内增强带纤维背衬卷材（代号 GL）。

（2）规格

公称长度规格为 15m、20m、25m。公称宽度规格为 1.00m、2.00m。厚度规格为 1.20mm、1.50mm、1.80mm、2.00mm。其他规格可由供需双方商定。

（3）标记

按产品名称（代号 PVC 卷材）、是否外露使用、类型、厚度、长度、宽度和本标准号顺序标记。

示例：长度 20m、宽度 2.00m、厚度 1.50mm、L 类外露使用聚氯乙烯防水卷材标记为：
PVC 卷材外露 L 1.50mm/20m×2.00m GB 12952—2011。

（4）用途

聚氯乙烯（PVC）防水卷材适用于工业与民用建筑的各种屋面防水，包括种植屋面、平屋面、坡屋面。建筑物地下防水：包括水库、堤坝、水渠以及地下室各种部位防水防渗。隧道、高速公路、高架桥梁．粮库、人防工程、垃圾填埋场、人工湖等。

6. 合成高分子防水卷材—热塑性聚烯烃（TPO）防水卷材

热塑性聚烯烃（TPO）防水卷材是指采用先进的聚合技术将乙丙橡胶与聚丙烯结合在一起的热塑性聚烯烃（TPO）合成树脂为基料，加入抗氧剂、防老剂、软化剂制成的新型防水卷材。

（1）类型

按产品的组分分为均质卷材（代号 H）、带纤维背衬卷材（代号 L）、织物内增强卷材（代号 P）。

（2）规格

公称长度规格为 15m、20m、25m；公称宽度规格为 1.00m、2.00m；厚度规格为 1.20mm、1.50mm、1.80mm、2.00mm。

（3）标记

按产品名称（代号 TPO 卷材）、类型、厚度、长度、宽度和标准号的顺序进行标记。

示例：长度 20m、宽度 2.00m、厚度 1.50mm，P 类热塑性聚烯烃防水卷材标记为：
TPO 卷材 P 1.50mm/20m×2.0m GB 27789—2011。

（4）用途

热塑性聚烯烃（TPO）防水卷材适用于建筑外露或非外露式屋面防水层，易变形的建筑地下防水。尤其适用于轻型钢结构屋面，配合合理的层次设计和合格的施工质量，既达到减轻屋面重量，又有极佳的节能效果，还能做到防水、防结露，是大型工业厂房、公用建筑等屋面的首选防水材料。

（三）防水卷材的选用

1. 注意产品名称及包装标志

按产品标准规定，产品外包装上应标明企业名称、产品标记，生产日期或批号、生产许可证号、贮存与运输注意事项，对于产品标记应严格按材料标准进行，与产品名称一致，决不能含糊其词或标记不全及无生产标记。用户在选择这些产品时，必须注意产品标记，认清产品名称，因为标记代表着该产品的身份。例：用涤棉无纺布—网格布复合胎生产的卷材，只能冠名为沥青复合胎柔性防水卷材或复合胎卷材，而不能冠名 SBS 卷材，其产品标记也只能按复合胎标准标记。

2. 从手撕卷材表面来简单识别材料胎体

一般从产品的断面上进行目测，具体方法可将选购的产品用手将其撕裂，观察断面上露出的胎基纤维，复合胎撕开后断面上有网格布的筋露出，此时就可断定该产品一定是复合胎卷材，是什么样的复合胎卷材需借助物性试验——可溶物含量检验来观察其裸露后的胎基。而单纯的聚酯胎、玻纤胎的卷材撕裂后断面仅有聚酯或玻纤的纤维露出。

三、能力训练

任务情景

你作为某建筑工程施工现场的材料员，在该工程中需使用市面上常见的若干种防水卷材。请你根据进货单对各品种防水卷材进行梳理，并形成材料信息汇总表。

（一）任务准备

1. 进货单（表3-2）准备

进货单

表 3-2

序号	材料名称/标识	材料规格	单位	数量
1	SBS Ⅰ PY M PE 3 10 GB 18242—2008	10000mm×1000mm×3mm	卷	1
2	APP Ⅰ PY M PE 3 10 GB 18243—2008	10000mm×1000mm×3mm	卷	1
3	JL 1-EPDM-20.0m×1.0m×1.2mm	20000mm×1000mm×1.2mm	卷	1
4	PVC 卷材 外露 L 1.50mm/20m×2.00m GB 12952—2011	20000mm×2.00m×1.5mm	卷	1
5	自粘卷材 N Ⅰ PE 2.0 20 GB 23441—2009	20000mm×1000mm×2.0mm	卷	1
6	TPO 卷材 P 1.50mm/20m×2.0m GB 27789—2011	20000mm×2000mm×1.5mm	卷	1

2. 资料准备

《弹性体改性沥青防水卷材》GB 18242—2008；

《塑性体改性沥青防水卷材》GB 18243—2008；

《高分子防水材料第1部分：片材》GB 18173.1—2012；

《聚氯乙烯（PVC）防水卷材》GB 12952—2011；

《自粘聚合物改性沥青防水卷材》GB 23441—2009；

《热塑性聚烯烃（TPO）防水卷材》GB 27789—2011。

3. 量具准备

钢直尺：300～500mm；卷尺：3～5m。将钢直尺、卷尺等量具摆放在相应实训工位上。

安全提示

1. 进入实训场所需遵守实训守则，禁止大声喧哗、打闹嬉戏；

2. 操作前须清空工位，并确认工位范围，避免操作时干扰他人；

3. 操作完成后填写完成相应记录、表格，清理工位，并将卷材等材料及工器具放回至原位，做到工完、料清、场地净。

（二）任务实施

1. 根据进货单，核对各类防水卷材

根据进货单，找出对应的防水卷材—弹性体（SBS）改性沥青防水卷材、塑性体（APP）改性沥青防水卷材、自粘聚合物改性沥青防水卷材、三元乙丙橡胶（EPDM）防水卷材、聚氯乙烯（PVC）防水卷材、热塑性聚烯烃（TPO）防水卷材，并分类堆放。

2. 通过外观、几何尺寸、标识等识别不同种类的防水卷材

通过识读不同防水卷材的标识，辨识出防水卷材的品种、规格、几何尺寸等相关信息。用卷尺、钢直尺等测量工具复核各防水卷材的实际几何尺寸。

3. 查阅技术规范文件、记录汇总

根据标识、量测等结果，查询相应技术规范文件，按照技术文件中对不同防水卷材的描述对各类新型防水卷材的特点、用途等作归纳、记录、汇总。

4. 填写防水卷材信息汇总表（表3-3）

防水卷材信息汇总表

表3-3

序号	名称	规格	产品标识	适用范围	数量	单位
1	弹性体（SBS）改性沥青防水卷材	10000mm×1000mm×3mm	SBS Ⅰ PY M PE 3 10 GB 18242—2008	工业与民用建筑的屋面和地下防水工程	1	卷
2	塑性体（APP）改性沥青防水卷材	10000mm×1000mm×3mm	APP Ⅰ PY M PE 3 10 GB 18243—2008	工业与民用建筑的屋面和地下防水工程	1	卷
3	三元乙丙橡胶（EPDM）防水卷材	20000mm×1000mm×1.2mm	JL 1-EPDM-20.0m×1.0m×1.2mm	工业、民用建筑物、构筑物的防水、防渗、各种地下工程的防水和非外漏部位的防水工程	1	卷
4	聚氯乙烯（PVC）防水卷材	20000mm×2.00m×1.5mm	PVC 卷材 外露 L 1.50mm/20m×2.00m GB 12952—2011	各种屋面防水。水库、堤坝、水渠以及地下室各种部位防水防渗。隧道、高速公路、高架桥梁、粮库、人防工程、垃圾填埋场、人工湖等	1	卷
5	自粘聚合物改性沥青防水卷材	20000mm×1000mm×2.0mm	自粘卷材 N Ⅰ PE 2.0 20 GB 23441—2009	屋面、地下室、游泳池、储水池、市政工程以及地铁隧道的防水等	1	卷
6	热塑性聚烯烃（TPO）防水卷材	20000mm×2000mm×1.5mm	TPO 卷材 P 1.50mm/20m×2.0m GB 27789—2011	建筑外露或非外露式屋面防水层、易变形的建筑地下防水、轻型钢结构屋面等	1	卷
备注						

复核：×××　　　　　　　　　　　　　　汇总：×××

（三）任务评价

任务评价表　　　　　　　　　　　　　　　　　表 3-4

序号	评价内容	评价标准	分值	得分
1	知识与技能	能说出防水材料的主要特征及用途	10	
		能按照防水卷材的特点进行分类	20	
		能正确识别各品种防水卷材的标识	20	
		能根据识读结果说出各防水卷材的适用范围	20	
2	职业素养	能遵守实训守则	7.5	
		能正确穿戴好实训用品	7.5	
		具备对实验室材料分类整理、摆放整齐的习惯	7.5	
		能做到工完、料清、场地净	7.5	
3	合计		100	

四、拓展学习

一种新型防水卷材—反应粘防水卷材

图 3-1　反应粘防水卷材

反应粘防水卷材（图 3-1）的主体防水层是一种叫共聚物树脂类高分子的均质片材。它的制作加工方法就是将拥有蠕变功能的橡胶沥青自粘材料涂抹其表面，再将一种硅油防粘隔离膜均匀覆盖在上面精细加工成的高分子自粘防水卷材。复合织物也可以和高分子片材上重新加工组合成更优性能的高分子防水卷材，也就是反应粘结型高分子湿铺防水卷材，简称为 PCM。它的制作加工方法就是将具备蠕变功能的橡胶沥青自粘材料涂抹在 PCM 强力交叉膜的表面，再将一种硅油防粘隔离膜均匀覆盖在上面经精细加工组合而成。该诞生后的加强版产品完美的体现出 PCM 快速反应粘结技术与性能优越的 PCM 强力交叉膜的组合加工再造。

产品特点：

（1）具有优异的预铺反粘功能，在隧道和冬期施工将变得轻而易举；

（2）阻隔性能强、与基层粘结性强、不会出现渗透水的问题；

（3）不需要过高的基层条件，操作简单方便易上手；

（4）节能环保、安全放心，宽度甚至可以达到 2.2m。

适用范围：

各种各样工程防水操作上（图3-2），在工业、民用等建筑屋面、地下室、隧道、桥梁建设上均可运用到。

注意事项：

（1）基础层面要求：地基需要平坦、坚硬、干净、无油污、紧实、干燥；

（2）节点要求：管道部位在做好不透气处理的基础上再贴好额外的层面，转角施工操作部位均需贴好层，水平与垂直宽度通常不低于0.25m。

图3-2　反应粘防水卷材施工

五、课后练习

（一）单选题

1. 以下不属于防水材料特征的是（　　　）。

A. 自身致密　　　　　　　　　　B. 孔隙率很大

C. 具憎水性　　　　　　　　　　D. 能够填塞封闭建筑缝隙

2. 在矿山法施工的隧道里，结合其施工特点，最合适的防水材料是（　　　）。

A. 石油沥青玻璃纤维胎防水卷材　　B. 玻纤增强聚酯胎APP改性沥青防水卷材

C. 聚酯胎SBS改性沥青防水卷材　　D. 玻纤增强聚酯胎SBS改性沥青防水卷材

（二）填空题

1. 沥青基防水卷材按其涂盖用沥青划分为氧化沥青防水卷材（俗称沥青油毡）和（　　　）防水卷材两大类。

2. 防水卷材的选用时，按产品标准规定，产品外包装上应标明企业名称、（　　　　）、生产日期或批号、生产许可证号、贮存与运输注意事项。

（三）思考题

有一批防水卷材进场，请根据产品进场资料对这批卷材进行资料汇总，编制汇总表。

任务二　编制改性沥青防水卷材的生产工艺

一、学习目标

1. 能根据标识描述弹性体（SBS）及塑性体（APP）改性沥青防水卷材的组分；

2. 能编制改性沥青防水卷材的配料工艺及成型工艺；

3. 能列出改性沥青防水卷材生产工艺中的关键工序质量控制点及特殊过程；

4. 养成爱岗敬业、诚实守信的思想品质。

二、知识导航

改性沥青防水卷材主要包括有弹性体（SBS）改性沥青防水卷材、塑性体（APP）改性沥青防水卷材、自粘改性沥青防水卷材以及其他改性沥青防水卷材等。目前，在防水工程中最常用、占据主导地位的是弹性体（SBS）改性沥青防水卷材和塑性体（APP）改性沥青防水卷材，其次是自粘聚合物改性沥青防水卷材。

（一）弹性体（SBS）改性沥青防水卷材

1. 弹性体（SBS）改性沥青防水卷材的组分

弹性体改性沥青防水卷材通称"SBS 卷材"，一般也称之为 SBS 改性沥青防水卷材，是以聚酯毡或玻璃纤维毡为胎基，丁二烯-丁二烯-丁二烯（SBS）热固性弹性体作改性材料，双面覆以防护原材料所做成的工程建筑防水卷材，商品标识按下列程序流程开展：弹性体改性沥青防水卷材、型号规格、胎基、上表层原材料、薄厚和本标准号，例：3mm厚砂面聚酯胎 I 型弹性体改性沥青防水卷材，标识为 SBSIPYS3GB 18242。

2. 弹性体（SBS）改性沥青防水卷材在工程上的应用

SBS 改性沥青聚酯胎防水卷材广泛用于工业与民用建筑的屋面和地下，也适用于地铁、隧道、桥梁等基础设施工程的防水，在冷热地区均可使用，尤其适用于寒冷地区。

SBS 改性沥青玻纤胎防水卷材适用于结构稳定的一般屋面、地下工程防水。

SBS 改性沥青玻纤增强聚酯胎防水卷材适用于采用机械固定单层屋面系统的防水工程，在冷热地区均使用，尤其适用于寒冷地区。

（二）塑性体（APP）改性沥青防水卷材

1. 塑性体（APP）改性沥青防水卷材的组分

塑性体改性沥青防水卷材通称"APP 防水卷材"，一般也称之为 APP 改性沥青防水卷材，是以聚酯毡或玻璃纤维毡为胎基，无规聚丙烯 APP 或异戊橡胶类高聚物 APAO、APO 作改性材料，双面覆以防护原材料所做成的工程建筑防水卷材，商品标识按下列程序流程开展：塑性体改性沥青防水卷材、型号规格、胎基、上表层原材料、薄厚和本标准号，例：3mm厚砂面聚酯胎 I 型塑性体改性沥青防水卷材，标识为 APPIPYS3GB 18243。

2. 塑性体（APP）改性沥青防水卷材在工程上的应用

塑性体（APP）改性沥青聚酯胎防水卷材适用于工业与民用建筑的屋面和地下防水及地铁、隧道、桥梁等工程的防水，在冷热地区均可使用，尤其适用于炎热地区。

塑性体（APP）改性沥青玻纤胎防水卷材适用于结构稳定的一般屋面、地下，以及桥梁、停车场、水池等做防水层，在冷热地区均可使用，尤其适用于炎热地区的建筑防水工程。

塑性体（APP）改性沥青玻纤增强聚酯胎防水卷材适用于机械固定单层屋面系统防水，但需通过抗风荷载试验，在冷热地区均可使用，尤其适用于炎热地区的建筑工程防水。

（三）改性沥青防水卷材的生产工艺

弹性体（SBS）改性沥青防水卷材和塑性体（APP）改性沥青防水卷材的生产工艺均可分成为配料工艺和成型工艺。

1. 配料工艺

弹性体（SBS）改性沥青防水卷材和塑性体（APP）改性沥青防水卷材的配料工艺包括：将两种不同的沥青按照一定的比例分别称量后进行混合，以下简称沥青计量。沥青计量→加入改性剂→胶体磨研磨→关胶体磨→加填充料、保温→打入储藏→改性沥青涂盖料等主要工序。对于弹性体（SBS）改性沥青防水卷材，在配料时加入 SBS 苯乙烯-丁二烯-苯乙烯热塑性弹性体（图 3-3）；对于塑性体（APP）改性沥青防水卷材，在配料时加入 APP 无规聚丙烯（图 3-4）。

改性剂的加入至胶体磨研磨是整个配料工艺的关键，此道工序质量的好坏将会影响到整个配料工艺质量的优劣及后序工艺的开展。因此，常常把改性剂的加入至胶体磨研磨标记为整个配料工艺的关键工序及质量控制点。

胶体磨研磨至关胶体磨工序为整个配料工艺中的特殊过程，其目的是确保改性剂能与沥青充分混合。

"▲"标记为关键工序质量控制点，"●"为特殊过程。

图 3-3　弹性体（SBS）改性沥青防水卷材配料工艺

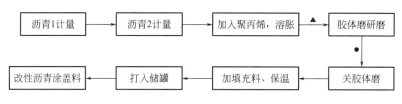

"▲"标记为关键工序质量控制点，"●"为特殊过程。

图 3-4　塑性体（APP）改性沥青防水卷材配料工艺

2. 成型工艺

弹性体（SBS）改性沥青防水卷材和塑性体（APP）改性沥青防水卷材的成型工艺流程均包括：胎基材料开卷（展开台）→粘结（粘结台）→牵引→胎体储存、调整系统（储存胎体的长度大于 150m，以便胎体的续接及处理而不影响正常生产）→纠偏调整设备→胎基烘干→胎基预浸渍、改性沥青涂盖系统→撒布面料（覆膜）→中间冷却（水槽冷却＋辊内冷却水辊冷）→成品储存、调整系统（储存系统兼有卷材再冷却及打包调整储备的作用）→卷材导向辊→卷毡机→包装→检测入库等主要工序（图 3-5）。

配料、胎基浸渍至覆涂盖料及配料后至覆涂盖料质量的好坏均会对最终产品的质量产生影响，因此，在改性沥青防水卷材成型工艺中配料、胎基浸渍至覆涂盖料及配料至覆涂盖料三道工序为整个成型工艺中的关键工序及质量控制的要点。

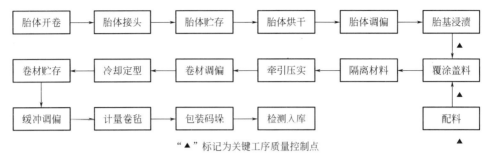

"▲"标记为关键工序质量控制点

图 3-5　成型工艺流程图

三、能力训练

任务情景

你是某防水材料生产企业的技术人员，受客户委托，需生产一批弹性体（SBS）改性沥青防水卷材，请你编制该生产批次防水卷材的生产工艺。

（一）任务准备

1. 收集信息

收集所需生产的弹性体（SBS）改性沥青防水卷材的型号规格、胎基、上表层原材料、薄厚等相关信息。收集信息时要做到认真、仔细、完整。

2. 分析审查

对所需生产的产品工艺进行分析和审查。既要考虑设计上的先进性和必要性，又要考虑工艺上的经济性和可能性。分析审查时应当考虑周全，严谨、缜密。

（二）任务实施

1. 拟定生产工艺

生产工艺是生产的指导文件，在工艺中指明产品的关键工序质量控制点、特殊过程等，规定各项工艺工作应遵循的先后顺序，选择最佳的生产工艺。本产品的生产工艺由配料工艺和成型工艺两大部分所组成。

2. 编制配料工艺

弹性体（SBS）改性沥青防水卷材的配料工艺有：沥青计量→加入改性剂（SBS苯乙烯-丁二烯-苯乙烯热塑性弹性体）→胶体磨研磨→关胶体磨→加填充料、保温→打入储藏→改性沥青涂盖料等主要工序。

关键工序质量控制点：

SBS苯乙烯-丁二烯-苯乙烯热塑性弹性体的加入至胶体磨研磨是整个配料工艺的关键工序质量控制点；胶体磨研磨至关胶体磨工序为整个配料工艺中的特殊过程。

3. 绘制配料工艺流程图

弹性体（SBS）改性沥青防水卷材的配料工艺流程图如图3-3所示。

4. 编制成型工艺

弹性体（SBS）改性沥青防水卷材的成型工艺有：胎基材料开卷（展开台）→粘结

（粘结台）→牵引→胎体储存、调整系统（储存胎体的长度大于150m，以便胎体的续接及处理而不影响正常生产）→纠偏调整设备→胎基烘干→胎基预浸渍、改性沥青涂盖系统→撒布面料（覆膜）→中间冷却（水槽冷却＋辊内冷却水辊冷）→成品储存、调整系统（储存系统兼有卷材再冷却及打包调整储备的作用）→卷材导向辊→卷毡机→包装→检测入库。

关键工序质量控制点：

配料、胎基浸渍至覆涂盖料及配料至覆涂盖料三道工序为整个成型工艺中的关键工序质量控制的要点。

5. 绘制成型工艺流程图

弹性体（SBS）改性沥青防水卷材的成型工艺流程图如图3-5所示。

（三）任务评价（表3-5）

任务评价表　　　　　　　　　　　　　表3-5

序号	评价内容	评价标准	分值	得分
1	知识与技能	能根据标识描述弹性体(SBS)及塑性体(APP)改性沥青防水卷材的组分	10	
		能收集、分析客户委托生产的产品信息	15	
		会编制弹性体(SBS)改性体沥青卷材的配料工艺和成型工艺	15	
		会绘制弹性体(SBS)改性体沥青卷材的配料工艺流程图和成型工艺流程图	20	
		能列出弹性体(SBS)改性体沥青卷材配料工艺和成型工艺中的关键工序质量控制点及特殊过程	10	
2	安全与素养	能遵守操作环境日常安全管理条例	7.5	
		能穿戴好实训防护用品	7.5	
		能做到工完、料清、场地净	7.5	
		具有爱岗敬业、诚实守信的思想品质	7.5	
3	合计		100	

四、拓展学习

"双碳"背景下新型防水卷材的发展

传统的石油沥青防水材料难以满足建筑防水耐用年限的需要，我国从20世纪70年代中期开始研发高聚物改性沥青。在沥青中添加一定量的高聚物改性剂，使沥青自身固有的低温易脆裂，高温易流淌的劣性得以改善，改性后的沥青不但具有良好的高低温性能，而且还具有良好的弹塑性，憎水性和粘结性等。高聚物改性沥青防水卷材与传统的石油沥青防水卷材相比，改性沥青防水卷材的拉伸强度，耐热度与低温柔性均有一定的提高，有较好的不透水性和抗腐蚀性（图3-7）。

高聚物改性沥青防水卷材是新型防水材料中使用比例较高的一类产品，已经成为防水卷材的主导产品之一，属中、高档防水材料，其中以聚酯毡为胎体的卷材使用最广，具有高拉伸强度高延伸率低疲劳强度等特点。

图 3-6　高分子防水卷材

近年来，随着碳达峰、碳中和决策部署，高性能且具有节能、环保效果的 TPO 高分子防水卷材在国内也出现了快速发展的势头。由于它既有三元乙丙橡胶的耐候性，又具有塑料防水卷材的可焊接性，防水效果可靠，耐老化性能突出，因此发展非常迅速。

TPO 高分子防水卷材（图 3-6），即热塑性聚烯烃类防水卷材，是以石油树脂及乙烯、乙酸、乙烯树脂为基料，加入抗氧剂、防老剂、软化剂及表面附以织物纤维、铝膜而制成的新型防水卷材。

但 TPO 防水卷材也并非专为单层屋面而生，以 TPO 为片材，单面覆胶层和特殊颗粒，采用预铺反粘工法施工的 TPO 防水卷材，用于地下室底板的防水工程中同样具有不错的防水效果。

五、课后练习

（一）单选题

1. 在 APP 改性沥青防水卷材配料工艺中，加入聚丙烯溶胀后下一步工艺是（　　　）。

A. 胶体磨研磨　　　　　　　　　B. 沥青

C. 加填充料　　　　　　　　　　D. 改性沥青涂盖料

2. 以下不属于高聚物改性沥青防水卷材生产工艺中卷材成型工艺的是（　　　）。

A. 胎基开卷　　　　　　　　　　B. 浸油

C. 覆膜或撒布　　　　　　　　　D. 打入储罐

（二）判断题

1. 弹性体（SBS）和塑性体（APP）改性沥青防水卷材生产工艺一般由配料工艺和卷材成型工艺组成。　　　　　　　　　　　　　　　　　　　　　　　（　　　）

2. 在弹性体（SBS）改性沥青防水卷材配料工艺中，特殊过程是为了能使改性剂与沥青有充分的混合。　　　　　　　　　　　　　　　　　　　　　　　（　　　）

（三）思考题

编制弹性体（SBS）改性沥青防水卷材的配料工艺及成型工艺，并以流程图的形式分别给予呈现。

<table>
<tr><td>任务三</td><td>改性沥青防水卷材的拉伸强度、延伸率检测</td></tr>
</table>

一、学习目标

1. 能说出改性沥青防水卷材的基本性能及功能；
2. 能按照要求正确检测改性沥青防水卷材的拉伸强度、延伸率；
3. 能应用拉伸强度、延伸率检测数据公式正确计算出检测结果；
4. 养成严谨务实、认真仔细的工作态度。

二、知识导航

高聚物改性沥青防水卷材（图 3-7）即采用改性沥青做浸涂材料制成的可卷曲的片状防水材料。高聚物改性沥青防水卷材能显著提高防水功能、延长使用寿命，在建筑工程中得到了广泛应用。

9.
改性沥青防水卷材的拉力或延伸率检测

图 3-7 高聚物改性沥青防水卷材

高聚物改性沥青防水卷材常用的胎体有玻纤胎和聚酯胎。与原纸胎相比，玻纤胎防潮性能好，但强度低，无延伸性；聚酯毡（长丝聚酯无纺布）力学性能很好（拉伸强度、撕裂强度、断裂伸长、抗穿刺力均高），耐水性、耐腐蚀性也很好，有弹性、容易施工，是各种胎基中最高级的材料，缺点是尺寸稳定性较差。

（一）改性沥青防水卷材的性能

在防水工程中最常用、占据主导地位的是弹性体（SBS）和塑性体（APP）改性沥青防水卷材。

（1）弹性体（SBS）改性沥青防水卷材的力学性能

弹性体（SBS）改性沥青防水卷材应符合《弹性体改性沥青防水卷材》GB 18242—2008 标准要求，主要物理力学性能见表3-6。

《弹性体改性沥青防水卷材》GB 18242—2008 力学性能指标要求　　表 3-6

序号	项目		指标				
			I		D		
			PY	G	PY	G	PYG
1	可溶物含量 /（g/m²） ≥	3mm	2100				—
		4mm	2900				—
		5mm	3500				
		试验现象	—	胎基不燃	—	胎基不燃	—
2	耐热性	℃	90		105		
		≤mm	2				
		试验现象	无流淌、滴落				
3	低温柔性		—20		—25		
			无裂缝				
4	不透水性 30min		0.3MPa	0.2MPa	0.3MPa		
5	拉力	最大峰拉力 /（N/50mm） ≥	500	350	800	500	900
		次高峰拉力 /（N/50mm） ≥	—	—	—	—	800
		试验现象	拉伸过程中,试件中部无沥青涂盖层开裂或与胎基分离现象				
6	延伸率	最大峰时延伸率/% ≥	30		40		—
		第二峰时延伸率/% ≥					15
7	浸水后质量增加/% ≤	PE、S	1.0				
		M	2.0				
8	热老化	拉力保持率/% ≥	90				
		延伸率保持率/% ≥	80				
		低温柔性/℃	—15		—20		
			无裂缝				
		尺寸变化率/% ≤	0.7	—	0.7	—	0.3
		质量损失/% ≤	1.0				
9	渗油性	张数 ≤	2				
10	接缝剥离强度/（N/mm） ≥		1.5				
11	钉杆撕裂强度ª/N ≥		—				300

续表

序号	项目		指标				
			I		D		
			PY	G	PY	G	PYG
12	矿物粒料黏附性[b]/g　　≤		2.0				
13	卷材下表面沥青涂盖层厚度[c]/mm　　≥		1.0				
14	人工气候加速老化	外现	无滑动、流滴、滴落				
		拉力保持率/%　≥	80				
		低温柔性/℃	−15		−20		
			无裂缝				

^a 　仅适用于单层机械固定施工方式卷材。

b 　仅适用于矿物粒料表面的卷材。

c 　仅适用于热熔施工的卷材

（2）塑性体（APP）改性沥青防水卷材的力学性能

塑性体（APP）改性沥青防水卷材的物理性能。应符合《塑性体改性沥青防水卷材》GB 18243—2008 标准要求，其中可溶物含量、矿物粒料、黏附性、卷材下表面沥青涂层厚度与 SBS 改性沥青卷材相同，主要不同是耐热性、延伸率、接缝剥离强度以及老化处理后的延伸率和低温柔性。主要技术性能指标见表 3-7。

《塑性体改性沥青防水卷材》GB 18243—2008 力学性能指标要求　　　　表 3-7

序号	项目		指标				
			I		D		
			PY	G	PY	G	PYG
1	可溶物含量/(g/m²)　≥	3mm	2100				—
		4mm	2900				—
		5mm	3500				
		试验现象	—	胎基不燃	—	胎基不燃	—
2	耐热性	℃	110		130		
		≤mm	2				
		试验现象	无流淌、滴落				
3	低温柔性		−7		−15		
			无裂缝				
4	不透水性 30min		0.3MPa	0.2MPa	0.3MPa		

序号	项目		指标				
			I		D		
			PY	G	PY	G	PYG
5	拉力	最大峰拉力 /(N/50mm) ≥	500	350	800	500	900
		次高峰拉力 /(N/50mm) ≥	—	—	—	—	800
		试验现象	拉伸过程中,试件中部无沥青涂盖展开裂或与胎基分离现象				
6	延伸率	最大峰时延伸率/% ≥	25		40		—
				—		—	
		第二峰时延伸率/% ≥	—		—		15
7	浸水后质量增加/% ≤	PE、S	1.0				
		M	2.0				
8	热老化	拉力保持率/% ≥	90				
		延伸率保持率/% ≥	80				
		低温柔性/℃	—7		—10		
			无裂缝				
		尺寸变化率/% ≤	0.7	—	0.7	—	0.3
		质量损失/% ≤	1.0				
9	接缝剥离强度/(N/mm) ≥		1.0				
10	钉杆撕裂强度[a]/N ≥		—				300
11	矿物粒料黏附性[b]/g ≤		2.0				
12	卷材下表面沥青涂盖层 厚度[c]/mm ≥		1.0				
13	人工气候加速老化	外观	无滑动、流滴、滴落				
		拉力保持率/% ≥	80				
		低温柔性/℃	—2		—10		
			无裂缝				

[a] 仅适用于单层机械固定施工方式卷材。

[b] 仅适用于矿物粒料表面的卷材。

[c] 仅适用于热熔施工的卷材

（二）改性沥青防水卷材的拉伸强度

改性沥青防水卷材拉伸强度指的是卷材的抗拉强度。它的好坏直接影响着防水卷材受力性能的优劣，是评定改性沥青防水卷材质量等级的重要依据。

改性沥青防水卷材的拉伸强度 T_S：

$$T_S = \frac{F_m}{W \times t} \quad \text{MPa} \tag{3-1}$$

式中：T_S——试样拉伸强度值（MPa）；

　　　F_m——试件断裂时的试验荷载值（N）；

　　　W——试件的宽度（mm）；

　　　t——试件的厚度（mm）。

在进行改性沥青防水卷材的拉伸强度检测时，通常会将试件制作成宽度为 50mm，长度一定尺寸的标准试件。在计算时，通常以 N/50mm 的最大拉伸力来表示改性沥青防水卷材的拉伸强度。

（三）改性沥青防水卷材的延伸率

改性沥青防水卷材断裂时的伸长长度与卷材初始长度的差值，与卷材初始长度的比值即为改性沥青防水卷材的延伸率也称之为改性沥青防水卷材的断裂伸长率。

改性沥青防水卷材的延伸率 E_b：

$$E_b = \frac{L_b - L_o}{L_o} \times 100\% \tag{3-2}$$

式中：E_b——试样的断裂伸长率（%）；

　　　L_b——断裂时的拉伸长度（mm）；

　　　L_o——初始试验长度（mm）。

三、能力训练

任务情景

你是某第三方检测机构的材料检测员，要对某建筑公司送检的一批改性沥青防水卷材的拉伸强度、延伸率进行检测，并提供检测结果。

（一）任务准备

1. 仪器准备

（1）拉力试验机（图 3-8）或万能试验机，能够满足材料拉伸检测的加载要求。

（2）裁样机（图 3-9），该设备以商业化的皮革切片机为基础，可适用于切割宽度约为 50mm，厚度不超过 12mm 的胶片。通过调整可切割不同的厚度，并且具有使胶料通过刀具的供料辊。裁刀的刀刃要保持锋利。

（3）钢直尺，量程 0~300mm；精度 1mm。

2. 资料准备

《弹性体改性沥青防水卷材》GB 18242—2008；

《塑性体改性沥青防水卷材》GB 18243—2008；

《建筑防水卷材试验方法 第 8 部分：沥青防水卷材 拉伸性能》GB/T 328.8—2007。

图 3-8 拉力试验机

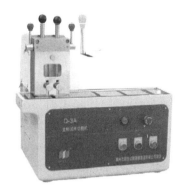

图 3-9 裁样机

安全提示

1. 操作前需要检查拉力试验机，保证没有漏电现象以及具备安全可靠的性能同时要选用具有灵敏可靠的安全装置的拉力试验机，保证其具有反应迅速的行程限位开关。

2. 检测过程中，做好防护，注意安全，检测完成后，及时断开设备电源，盖好防尘盖。

3. 检测过程之后，对所使用的量具或设备上的旋钮开关要及时规整复位，并对场地内产生的垃圾或废料进行分类处理，避免引起事故。

（二）任务实施

1. 试件制作

（1）整个拉伸检测应制备两组试件，一组纵向 5 个试件，一组横向 5 个试件。试件在试样上距边缘 100mm 以上任意截取。区分试样的纵、横向和上、下表面，并且标识清楚。使用裁样机或模板沿卷材宽度方向均匀裁取纵横向各 5 条试件，矩形试件宽度为（50±0.5）mm，长为（300±0.5）mm，裁好的试件依次标记序号和纵横向。

（2）裁剪完成后应确认试件尺寸是否符合要求。若不符合，在该试件相邻位置补裁。

（3）去除试件表面非持久层（矿物粒料和细砂面去除浮沙即可）在试件中部画好标间距线（180±2）mm，先用白色粗的记号笔画线，再用 0.5mm 的签字笔在白色记号笔上画细线。

（4）检测前在（23±2）℃和相对湿度 30%～70% 的条件下至少放置 20h。

2. 试件安装

（1）调整夹具间距，用钢直尺测量夹具间距符合（200±2）mm，测量时注意钢直尺不要倾斜，调完后将下限位块放在横梁下方，上限位块在测量范围之外。

（2）将试件完全穿过上下夹具，夹紧上夹具后，将初始力和位移清零后，再将试件夹入下夹夹紧。

（3）试件长度方向的中线与试验机夹具中心在一条线上。用引伸计法测试时，引伸计应平夹在试件的画线处，夹具不应倾斜（图 3-10）。

（4）选择试验程序，查看程序的设置是否正确，夹具移动的恒定速度是否为（100±10）mm/min。

3. 拉伸检测

（1）按启动按钮开始测试，在整个检测过程中连续监测试验长度和力的变化，精度在2%以内。

（2）注意观察试件中部有无沥青涂盖层开裂或与胎基分离现象，并注意观察上、下夹具是否夹在标线上，如果不在标线上在试件断裂之前应小心随时纠正。

4. 拉伸强度及延伸率数据处理

（1）拉伸强度计算

用拉伸试验中最大试验荷载 N（F_m）除以试件的宽度 mm（W）和试件的厚度 mm（t）的乘数即可得到试样拉伸强度值 MPa（T_S），记录单个试件拉力数值时不修约，精度到个位，小数位直接舍去，最大拉力单位为 N/50mm，以纵、横向五条试件试验结果平均值作为最终结果，拉伸强度的平均值修约到个位。

图 3-10　安装试件

（2）延伸率计算

计算方法用断裂时的拉伸长度（L_b）的数值减去初始试验长度（L_o）后除以初始试验长度（L_o）即可得到试样的断裂伸长率（E_b），用百分比进行表示，记录单个试件延伸率数值时不修约，精度到个位，小数位直接舍去，延伸率用百分比表示，以纵、横向五条试件试验结果平均值作为最终结果，延伸率的平均值修约到1%。

例：对某一弹性体（SBS）改性沥青防水卷材做纵向拉伸强度试验。已知：试件的尺寸均为300mm×50mm，试件的厚度均为3mm，试件的原始长度均为200mm。现先对其一个试件做拉伸强度及延伸率试验，得到试件破坏时最大的拉伸荷载值为800N，试件断裂时的拉伸长度为301mm。问：该试件的拉伸强度值及延伸率各为多少？

解：（1）根据试件拉伸强度公式

$$T_S = \frac{F_m}{W \times t} = 800/(50 \times 3) = 5.33(\text{MPa})$$

（2）根据延伸率计算公式

$$E_b = \frac{L_b - L_o}{L_o} \times 100\% = [(301 - 200)/200] \times 100\% = 32\%。$$

（3）填写试验记录（表3-8）

改性沥青防水卷材拉伸试验检测记录表（样例表）　　　　　　　　　表 3-8

样品名称	弹性体(SBS)改性沥青防水卷材	检验类别	自检
规格型号	PY Ⅰ PE PE 3 10	样品来源	自产
收样日期	××××年××月××日	样品数量	1卷
试验方法	GB/T 328.8—2007	试验环境	23.0℃；50%
试验设备	拉力试验机；裁样机		
状态调节	××月××日×时至××月××日×时在23.0℃；50%下放置24h		

续表

试验日期	××××年××月××日					
试件数量	纵5(个)，横5(个)			试件尺寸		300mm×50mm
检测参数	拉伸强度、延伸率(纵向)					
试件编号	1	2	3	4	5	试验结果
最大拉伸荷载 (N/50mm)	800	815	900	876	890	856
初始长度(L_o)mm	200	200	200	200	200	试验结果
断裂时拉伸长度 (L_b)mm	264	275	280	279	282	
延伸率(%)	32	38	40	40	41	38
检测参数	拉伸强度、延伸率(横向)					
试件编号	1	2	3	4	5	试验结果
最大拉伸荷载 (N/50mm)	794	803	775	810	786	794
初始长度(L_o)mm	200	200	200	200	200	试验结果
断裂时拉伸长度 (L_b)mm	301	285	294	312	288	
延伸率(%)	50	42	47	56	44	48
备注						

审核：×××　　　　　　　　　　　　　　　　试验：×××

（三）任务评价（表3-9）

任务评价表

表3-9

序号	评价内容	评价标准	分值	得分
1	知识与技能	能说出改性沥青防水卷材拉伸强度、延伸率检测数据的计算公式	15	
		会制作改性沥青防水卷材拉伸强度、延伸率试件	15	
		能按照要求完成改性沥青防水卷材的拉伸强度、延伸率检测	25	
		能根据防水卷材拉伸强度、延伸率检测数据计算检测结果	15	
2	职业素养	能遵守实训安全管理条例	7.5	
		实训时能做到严谨务实、认真仔细	7.5	
		能积极配合同组成员共同完成试验及数据处理	7.5	
		实训后能做到工完、料清、场地净	7.5	
3	合计		100	

四、拓展学习

新型防水卷材数字化工厂

融合创新"5G＋工业互联网"赋能新型建材产业高质量发展，利用 5G 实时定位、人工智能、网络虚拟化、北斗应用等技术，使新型建材协同设备实现远程操控，生产现场可实现 5G 数字化覆盖。通过"5G＋工业互联网"推动智能制造、"5S 管理"与精益生产，促进信息技术在研发设计、生产制造、营销服务、经营管理等各方面的深入应用，打造"自动化、数字化、精益化、集成化、智能化"为特征的智能制造生产研发物流基地，实现"增速亦增势，量增质更优"的良性循环。现代新型建材生产以技术创新为驱动力不断突围，推进智能制造，实现生产、运营模式创新，为产品、服务质量护航。

新型防水卷材智能生产线

新型防水卷材智能生产线：新技术新设备赋予新型防水卷材智能化生产线，从上胎基布、开卷、收卷、称重、打包一系列自动化操作，以精良设备和先进仪器架起严密的质量防线。

新型防水卷材智能车间

新型防水卷材智能车间：通过智能装备应用和信息化建设实现配料自动化、高精度计量自动化，确保配方的"完美"实现；TOM 包装机、德国进口哈沃旋转阀口包装机线，及其配套给袋装置、组合线自动完成包装操作；无人叉车，无人穿梭车等运输任务……实现产品智能控制和品质监控，让生产制造的各个方面实现可视化、集成化、协同化，全程自动化，无需人员参与，关灯状态也可保证生产，也称"黑灯"车间。"黑灯"车间是智能车间的一个缩影。

新型防水卷材智能仓储

新型防水卷材智能仓储由改性沥青防水卷材车间全自动码垛入库系统、无胎改性沥青防水卷材自动码垛机器人、水性涂料车间自动码垛机器人、哈沃旋转阀口包装机及配套给带装置、全自动转运设备等构成全智能立体化仓库。智能仓储由 24m 高的两层由钢筋混凝土建筑、立体库货架、巷道堆垛机、穿梭车系统、自动出入库输送系统、自动控制系统、信息识别系统、计算机监控系统、计算机管理系统以及其他辅助设备组建而成。通过机械手臂、昆船 TIMMS 系统、工业无人路由器、模块化 PLC、人机界面、工业平板电脑、变频器、托盘输送设备等工业自动化产品与互联技术的协同工作，大大降低差错，提高仓储运营效率。智能化仓储系统通过计算机运行、调度、统计、分析、管理一体化，从生产线贴标签、扫码入库到成品出库，从车辆叫号到物流跟踪等全过程均实现自动化处理。仅需少量管理人员便可完成整个生产基地的仓储与发货工作。

五、课后练习

(一) 单选题

1. 下列关于试件的准备，说法正确的是（　　　）。

A. 试件应在两端边缘处截取。

B. 使用模板沿卷材宽度方向均匀裁取 10 条试件，纵横向裁取均可。

C. 裁完每条试件后，应确认试件尺寸是否符合要求，若不符合，在试件相邻位置补件。

D. 检测前，试件在 （23±2）℃和相对湿度 30%～70% 的条件下放置 2h。

2. 关于影响拉伸检测结果的因素，说法不正确的是（　　　）。

A. 拉伸试验机的精度应不大于千分之五。

B. 试件在试验前未在标准室温（23±2）℃条件下养护 20h。

C. 试件宽度完全符合（50±0.5）mm 标准要求。

D. 产品在测检测过程中，试件出现滑胎，未出现试件被拉断的现象。

（二）填空题

1. 防水卷材拉伸检测应在卷材纵横向共制备（　　　）试件。其中，一组纵向（　　　）个试件，一组横向 5 个试件。

2. 在进行改性沥青防水卷材拉伸检测时，夹具移动的恒定速度为（　　　）mm/min。

（三）思考题

简述改性沥青防水卷材的拉伸强度、延伸率检测的操作步骤。

任务四　改性沥青防水卷材的耐热性检测

一、学习目标

1. 能说出沥青与改性沥青的特性差异；
2. 能按照国家标准要求，制作试件并进行改性沥青防水卷材耐热性检测；
3. 能根据检测数值，正确评价防水卷材的耐热性；
4. 养成严格遵照国家标准、严谨认真的工作态度。

二、知识导航

沥青具有较好的防水性能，而且资源丰富、成本较低，因此沥青防水卷材的应用在我国占主导地位。但是传统沥青材料有着温度稳定性差、易变形，在大气作用下易老化、使用年限较短等问题。

采用聚合物材料对传统的沥青材料进行改性，则可以改善传统沥青材料温度稳定性差的不足，从而使改性沥青具有高温不流淌、不易变形，在大气作用下不易老化等优异性能（图 3-11）。

改性防水卷材的耐热性

改性沥青防水卷材的耐热性是指改性沥青防水卷材在规定的高温环境下，能保持原有的状态，而不发生滑移、流淌、滴落等现象，即为改性沥青防水卷材的耐热性。

耐热性能直接影响卷材的施工性能。卷材的耐热性能不够时，在施工过程存在一定程度的卷材变形甚至开裂的风险。另外由于沥青卷材本身存在一定程度的流变属性，流变作用于材料的受热能力间存在着紧密的关系。

图 3-11　改性沥青

在卷材质量的评定中，实际而言需要评定的指标为卷材的温度稳定指标，即卷材整体在极限温度的情况下是否会出现较为显著的性质改变，其中包含耐热性的性能评定。

在沥青卷材中，具备较高的耐热性即热稳定性代表卷材在温度较高的情况下不会发生滑动，表面不会产生流淌、滴落等影响到卷材防水性能的变化，且温度升高对卷材的流变属性不会造成较为明显的影响。在高温环境当中卷材的稳定性依然能够得到有效的控制。因此对沥青卷材而言，耐热性能是极为重要的属性指标。

耐热性的测试原理

将防水材料暴露在一定高温环境下并持续一段时间后，观察防水材料表面的涂盖层是否存在有滑移、流淌、滴落等现象的存在，从而对防水材料的高温延性作评价。作用在防水材料表面上的温度越高，持续的时间越久，涂盖层始终不发生滑移、流淌、滴落现象时，说明该防水材料的高温延性即耐热性越好。

从试样裁取的试件，在规定温度分别垂直悬挂在烘箱中。在规定的时间后测量试件两面涂效层相对于胎体的位移。平均位移超过 2.0mm 为不合格。耐热性极限是通过在两个温度结果间插值测定。

三、能力训练

任务情景

你是某第三方检测机构检测员，要对某建筑公司送检的改性沥青防水卷材的耐热性进行检测，并提供检测结果。

图 3-12　鼓风烘箱

（一）任务准备

1. 仪器准备

（1）鼓风烘箱（图 3-12）在检测范围内最大温度波动±2℃。当门打开 30s 后，恢复温度到工作温度的时间不超过 5min。

（2）热电偶：连接到外面的电子温度计，在规定范围内能测量到±1℃。

（3）悬挂装置（如夹子）：至少 100mm 宽，能夹住试件的整个宽度在一条线上，并被悬挂在试验区域。

（4）光学测量装置（如读数放大镜）：刻度至

少 0.1mm，金属圆插销的插入装置内径约 4mm。

(5) 画线装置，画直的标记线。

2. 资料准备

《建筑防水卷材试验方法 第 11 部分：沥青防水卷材 耐热性》GB/T 328.11—2007。

安全提示

1. 使用鼓风烘箱时应穿戴好防护用品，以免烫伤；

2. 制作和拿取试件时谨防烫伤；

3. 烘箱使用完毕后应切断电源。

(二) 任务实施

1. 试样制作

(1) 试件均匀的在试样宽度方向裁取，长边是卷材的纵向。试件应距卷材边缘 150mm 以上，试件从卷材的一边开始连续编号，卷材上表面和下表面应标记。

(2) 在试样宽度方向均匀截取三个试件，试件尺寸为（125±1）mm×（100±1）mm（纵向×横向）。

(3) 将卷材部分上下表面涂盖层用热铲刀除去直接露出胎体，但不损坏胎体。将试件上下表面非持久层去除。

(4) 用两个内径约 4mm 的插销在试件两端裸露去穿过胎体，然后将标记装置放在试件两边，插入插销定位于中心位置。

(5) 在试件表面整个宽度方向沿着直边用记号笔画一条直线，然后再用圆珠笔在白线上画一条细线（线的宽度约 0.5mm）。操作时试件放平，上下表面均需划线。划好标记线后取下划线装置。

2. 耐热性检测

(1) 将烘箱提前调至该型号产品检测规定温度，打开鼓风装置确认鼓风正常，放入试件前，对比水银温度计与烘箱显示温度，查看是否存在误差，以水银温度计温度为准。

(2) 戴好隔热手套将试件放入已经调好的烘箱中，悬挂在烘箱的相同高度，试件间间隔至少 30mm，距烘箱壁至少 50mm，开关烘箱门放入试件的时间不超过 30s，关好烘箱门后在 5min 内确认温度恢复到工作温度；试件的中心与高温箱温度探头在同一水平位置。

(3) 加热结束将试件取出在（23±2）℃垂直悬挂冷却至少 2h。

(4) 冷却后的试件重新装上画线装置，在上、下表面分别用记号笔画第二个标记线，然后用圆珠笔在白线上面画一条细线，画完后取下划线装置。

(5) 用光学测量装置在每个试件的两面测量两个标记底部间最大距离△L，精确到 0.1mm。

3. 检测数据处理

计算卷材每个面三个试件的滑动值的平均值，精确到 0.1mm。在规定温度下卷材上表面和下表面的滑动平均值不超过 2.0mm 认为合格。

4. 填写试验记录（表 3-10）

改性沥青防水卷材耐热性试验记录（样例表）　　　表 3-10

样品名称	弹性体改性沥青防水卷材	试验日期	2021.12.30
品种规格	Ⅰ型 PY 4mm	环境条件	室内，干燥
试验项目	耐热性	环境温度	23.0℃
试验设备	电热鼓风烘箱		
检测标准	GB/T 328.11—2007		
耐热性 90℃受热　2　h	①	②	③
上表层滑动(mm)	0.24	0.20	0.26
下表层滑动(mm)	0.12	0.14	0.12
试验现象	无滴落、流淌	无滴落、流淌	无滴落、流淌
结论	经检测，该样品试验结果为合格		

复核：×××　　　　　　　　　　　　　　试验：×××

（三）任务评价（表 3-11）

任务评价表　　　表 3-11

序号	评价内容	评价标准	分值	得分
1	知识与技能	能说出改性沥青防水卷材耐热性的概念耐热性检测原理	20	
		能正确制作防水卷材耐热性检测的试件	10	
		能按照要求正确检测改性沥青防水卷材的耐热性	25	
		能按照防水卷材耐热性检测现象正确评价检测结果	15	
2	职业素养	能遵守实训安全管理条例	7.5	
		能做好个人防护	7.5	
		养成在检测操作时严格遵守国家标准的习惯	7.5	
		实训后能做到工完、料清、场地净	7.5	
3	合计		100	

四、拓展学习

新型屋面防水卷材—SBS 耐根刺防水卷材

小暑是二十四节气中的第十一个节气，也是夏季的第五个节气，太阳到达黄经 105°。民间有"小暑大暑，上蒸下煮"之说。在小暑时节，我国大部地区气温持续升高，降雨明显增多，而且雨量比较集中。在高温多雨天气我们应该如何选择防水材料呢？

高温多雨似乎成了这个季节的代名词，对于建筑防水工程而言，高温多雨天气对防水材料的要求会更高一些。某品牌最近热销的裂封防水系统中的防水涂料 TGP 自愈型橡胶沥青防水涂料耐热性优异，即使施工中由于天气原因突然降温也是完全没有问题的，因为此款防水材料在低温－25℃的情况下不断裂；与之复合的防水卷材可以根据天气选择耐候性好的 ZZW-307 耐根穿刺防水卷材，具有防水和阻止植物根系穿透的双重功能，在现在提倡绿色建筑的倡导下应运而生的种植屋面的应用中是很受大家青睐的。

ZZW-307 耐根穿刺 SBS 改性沥青防水卷材（图 3-13）是以添加化学阻根剂的 SBS 改性沥青为浸涂材料，以聚酯毡为胎基，以 PE 膜、矿物颗粒、细砂为表面隔离材料，经过精心加工而成的高弹性热熔防水卷材。

图 3-13　ZZW-307 耐根穿刺 SBS 改性沥青防水卷材

而且这款防水卷材具有优异的耐高低温、耐候和耐老化特性，能够在高温时不变形，低温时不脆裂，在－25～105℃的极端气温条件下保持性能稳定；如果是在高温环境下普通的屋面也可以选择 ZZW-304 弹性体 SBS 改性沥青防水卷材，此款防水卷材的耐候性也是非常优异的。

五、课后练习

（一）单选题

1. 沥青防水卷材耐热性，在规定温度分别垂直悬挂烘箱中，在规定时间后测量试件两面涂盖层相对于胎体的位移，平均位移超过（　　）为不合格。

A. 1.0mm　　　　B. 2.0mm　　　　C. 3.0mm　　　　D. 5.0mm

2. 沥青防水卷材耐热性测试所需要的仪器有（　　）。

A. 鼓风烘箱　　　B. 热电偶　　　　C. 悬挂装置　　　D. 光学测量装置

（二）填空题

1. 将防水材料暴露在一定高温环境下并持续一段时间后，观察防水材料表面的涂盖层是否存在有滑移、（　　）、滴落等现象的存在，从而对防水材料的高温延性作评价。

2. 作用在防水材料表面上的温度越（　　），持续的时间越久，涂盖层始终不发生滑移、流淌、滴落现象时，说明该防水材料的高温延性即耐热性越好。

（三）思考题

简述改性沥青防水卷材耐热性检测中试件制作步骤。

▪（二）建筑防水涂料 ▪

建筑防水涂料你知多少？

很多人花费了多年的积蓄去买房，装修好以后搬进去住，结果新房子没住几天就出现墙壁渗水、漏水的现象，令人甚是头痛。其实出现这种情况，是因为装修的时候没有做好防水防漏的工作，防水涂料质量的优劣在防水防漏工作中起着至关重要的作用。下面我们就一起来认识下什么是防水涂料，防水涂料的种类和特性有哪些。

任务一　防水涂料识别与选用

一、学习目标

1. 能说出建筑防水涂料在建筑工程上的作用；
2. 能根据建筑防水涂料的性能、主要成膜物质、固化成型类别，对防水涂料进行分类；
3. 能根据建筑防水涂料的标记、用途识别和选用常用防水涂料；
4. 树立尊重生命、关爱健康的思想意识。

二、知识导航

建筑防水涂料是一种无定形的材料，常温下呈液态，膏状或粉状加水/乳液现场拌合，通过刮涂、刷涂、辊涂或喷涂在基层表面，经溶剂挥发，水分蒸发，组分间的化学反应或反应挥发固化形成一定厚度具有防水能力的涂膜。防水涂料实质上是一种特殊涂料，它的特殊性在于当涂料涂布在防水结构表面后，能形成柔软、耐水、抗裂和富有弹性的防水涂层，隔绝外部的水分子向基层渗透，因此在原料的选择与普通建筑涂料有所不同（图3-14）。

（一）建筑防水涂料的分类

建筑防水涂料按材料性质分为柔性和刚性二类；按主要成膜物质的种类分为合成高分子类、沥青类、聚合物水泥类、水泥基类；按固化成型分反应型、挥发型、反应挥发型和水化结晶渗透型。各类又有细分品种，如图3-15所示。

（二）常用建筑防水涂料

1. 聚氨酯防水涂料

聚氨酯防水涂料（图3-16）是以聚氨酯预聚体为主要成膜物质，化学反应成膜型的防水涂料。聚氨酯防水涂料具有橡胶弹性，延伸性好和拉伸强度高，对基层伸缩或开裂变形的适应能力强，良好的耐高低温性能及一定的耐腐蚀性。几乎满足作为防水材料的全部特性，而且对各种基材均有良好的附着力，属于高档的合成高分子防水涂料。产品执行国家标准《聚氨酯防水涂料》GB/T 19250—2013。

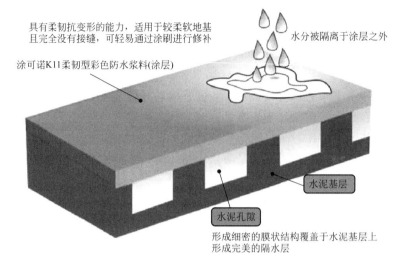

图 3-14　防水涂料功能

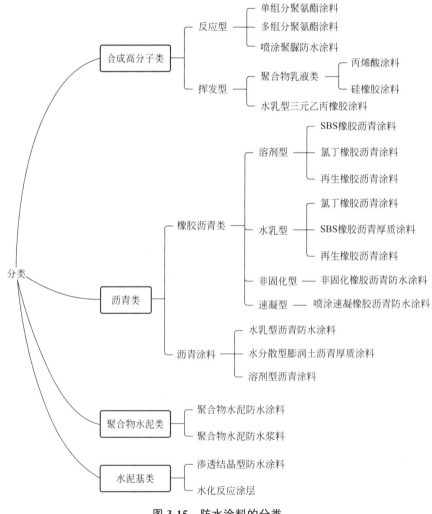

图 3-15　防水涂料的分类

图 3-16　聚氨酯防水涂料

（1）聚氨酯防水涂料的分类

产品按组分分为单组分（S）和多组分（M）两种；产品按基本性能分为Ⅰ型、Ⅱ型和Ⅲ型；产品按是否曝露使用分为外露（E）和非外露（N）；产品按有害物质限量分为 A 类和 B 类。

（2）聚氨酯防水涂料的标记

按产品名称、组分、基本性能、是否曝露、有害物质限量和标准号的顺序标记。

示例：A 类Ⅲ型外露单组分聚氨酯防水涂料标记为：PU 防水涂料 S Ⅲ E A GB/T 19250—2013。

（3）聚氨酯防水涂料的用途

聚氨酯防水涂料有着优异的耐磨性、优良的耐化学品和耐油性、耐高低温性、附着力强等特点，被广泛用作于屋面、墙面的防水、飞机外壁涂料、木器和塑料的涂料等。

2. 聚合物水泥防水涂料

聚合物水泥防水涂料（图 3-17）是由合成高分子聚合物乳液（如聚丙烯酸酯、聚乙烯-

图 3-17　聚合物水泥基防水涂料

醋酸乙烯酯、丁苯橡胶乳液）及各种添加剂优化组合而成的液料和配套的粉料（由特种水泥、级配砂组成）复合而成的双组分防水涂料，是一种既具有合成高分子聚合物材料弹性高、又有无机材料耐久性好的防水涂料。产品执行国家标准《聚合物水泥防水涂料》GB/T 23445—2009。

（1）聚合物水泥防水涂料的分类

产品按物理力学性能分为Ⅰ型、Ⅱ型和Ⅲ型。Ⅰ型适用于活动量较大的基层，Ⅱ型和Ⅲ型适用于活动量较小的基层。

（2）聚合物水泥防水涂料的标记

产品按产品名称、类型、标准号标记。

示例：Ⅰ型聚合物水泥防水涂料标记为：JS防水涂料Ⅰ GB/T 23445—2009。

（3）聚合物水泥防水涂料的用途

聚合物水泥防水涂料一般可在潮湿或干燥的砖石、砂浆、混凝土、金属、木材、硬塑料、玻璃、石膏板、泡沫板、橡胶等基面上施工。因此，对于新旧建筑物及构筑物（例如：房屋、地下工程、隧道、桥梁、水池、水库等）均可使用，同时也可做粘结剂使用。特别适合地下室、地下隧道、卫浴间、水池等，特别潮湿及长期在水中浸泡的条件下使用。

3. 水泥基渗透结晶型防水涂料

水泥基渗透结晶型防水涂料（图3-18）是由硅酸盐水泥、石英砂、特殊活性物质及添加剂组成的无机粉末状防水涂料。与水作用后，硅酸盐活性离子通过载体向混凝土内部扩散渗透，与混凝土孔隙中的钙离子发生化学反应，生成不溶于水的硅酸盐结晶体填充混凝土毛细孔道，从而使混凝土结构致密，实现防水功能。产品执行国家标准《水泥基渗透结晶型防水材料》GB 18445—2012。

图3-18 水泥基渗透结晶型防水涂料

（1）水泥基渗透结晶型防水涂料的分类

水泥基渗透结晶型防水涂料按使用方法水泥基渗透结晶型防水材料分为水泥基渗透结晶型防水涂料（代号C）和水泥基渗透结晶型防水剂（代号A）。

（2）水泥基渗透结晶型防水涂料的标记

产品按产品名称和标准号的顺序标记。

示例：水泥基渗透结晶型防水涂料标记为：CCCW C GB 18445—2012。

（3）水泥基渗透结晶型防水涂料的用途

与高分子类有机防水涂料相比，水泥基渗透结晶型防水涂料具有可以与混凝土组成完整、耐久的整体、可以在新鲜或初凝混凝土表面施工、固化快、可以抵抗海水和其他盐分的化学侵蚀，起到保护混凝土中钢筋的作用。无毒，可用于饮用水工程。

4. 水乳型沥青防水涂料

水乳型沥青防水涂料是指将石油沥青在化学乳化剂或矿物乳化剂作用下，分散于水中，形成稳定的水分散体构成的涂料（图 3-19）。

图 3-19　水乳型沥青防水涂料

（1）水乳型沥青防水涂料的分类

水乳型沥青防水涂料根据产品的性能可将水乳型沥青防水涂料分为 H 型和 L 型两种类型。

（2）水乳型沥青防水涂料的标记

按照水乳型沥青防水涂料产品的类型和标准号的顺序进行标记。

示例：H 型水乳型沥青防水涂料标记为：水乳型沥青防水涂料 H JC/T 408—2005。

（3）水乳型沥青防水涂料的用途

由于沥青本身性能的限制，乳化沥青防水涂料的使用寿命短，抗裂性、低温柔性和耐热性等性能较差，一般适用于防水等级较低的工业和民用建筑的屋面、厕浴间防水层和地下防潮等。

5. 非固化橡胶沥青防水涂料

非固化橡胶沥青防水涂料是指以橡胶、沥青、软化油为主要组分，加入温控剂与填料混合制成的在使用年限内保持黏性膏状体的防水涂料（图 3-20）。

图 3-20　非固化橡胶沥青防水涂料

（1）非固化橡胶沥青防水涂料的标记

非固化橡胶沥青防水涂料按照产品的名称、标准编号的顺序进行标记。

示例：非固化橡胶沥青防水涂料标记为：非固化防水涂料 JC/T 2428—2017。

（2）非固化橡胶沥青防水涂料的用途

非固化橡胶沥青防水涂料对于建筑工程变形缝等特殊部位的防水处理有突出的效果，广泛使用于非外露建筑防水工程。

三、能力训练

任务情景

你是某建筑工程施工现场的材料员。因施工现场管理不善，在进货时，将多种防水涂料混合堆放在了一起。请你根据供货单对不同品种防水涂料的标记、外观等记录，将这些不同品种的防水涂料分类摆放并梳理出各自的用途，并填写防水涂料信息汇总表。

（一）任务准备

1. 防水涂料供货单准备（表 3-12）

防水涂料供货单　　　　　　　　表 3-12

序号	防水涂料名称	防水涂料标记	外观	数量	单位
1	聚氨酯防水涂料	PU 防水涂料 S Ⅲ E A GB/T 19250—2013	有色液体	2	桶
2	聚合物水泥防水涂料	JS 防水涂料 Ⅰ GB/T 23445—2009	有色液体＋粉料	2	桶
3	水泥基渗透结晶型防水涂料	CCCW C GB 18445—2012	粉末	1	桶
4	水乳型沥青防水涂料	水乳型沥青防水涂料 H JC/T 408—2005	黏稠液体	1	桶
5	非固化橡胶沥青防水涂料	非固化防水涂料 JC/T 2428—2017	黏稠液体	1	桶

2. 工具准备

撬盖起子、聚酯布、毛刷、刮板、手套（图 3-21）。

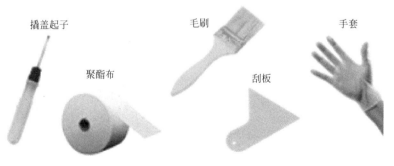

图 3-21　工具

3. 资料准备

《聚氨酯防水涂料》GB/T 19250—2013；

《聚合物水泥防水涂料》GB/T 23445—2009；

《水泥基渗透结晶型防水材料》GB 18445—2012；

《水乳型沥青防水涂料》JC/T 408—2005；

《非固化橡胶沥青防水涂料》JC/T 2428—2017。

安全提示

1. 进入实训场所需遵守实训守则，禁止大声喧哗、打闹嬉戏；

2. 操作前须清空工位，并确认工位范围，避免操作时干扰他人；

3. 操作完成后填写完成相应记录、表格，清理工位，并将材料及工器具放回至原位，做到工完、料清、场地净。

（二）任务实施

1. 核对各类防水涂料及摆放工具

根据供货单，找出对应的防水涂料—聚氨酯防水涂料、聚合物水泥防水涂料、水泥基渗透结晶防水涂料，并进行分类堆放。

将工具摆放在相应的实训工位上。

2. 通过标记、外观识别防水涂料的种类

通过识读各类防水涂料产品上所张贴的标记、观察各类防水涂料的外观，识别出不同类别的防水涂料。

3. 查阅技术规范文件、记录汇总

根据观察、识别的结果，查阅相应技术规范文件，按照技术文件中对不同防水涂料的描述对各类防水涂料的特点、用途等做归纳、记录、汇总。

4. 填写防水涂料信息汇总表（表3-13）。

防水涂料信息汇总表　　　　　　　　　　　表3-13

序号	防水涂料名称	防水涂料标记	外观	适用范围	数量	单位
1	聚氨酯防水涂料	PU 防水涂料 S Ⅲ E A GB/T 19250—2013	有色液体	屋面、墙面	1	桶
2	聚合物水泥防水涂料	JS 防水涂料 Ⅰ GB/T 23445—2009	有色液体＋粉料	房屋、地下工程、隧道、桥梁、水池、水库	1	桶
3	水泥基渗透结晶型防水涂料	CCCW C GB 18445—2012	粉末	饮用水工程	1	桶
4	水乳型沥青防水涂料	水乳型沥青防水涂料 H JC/T 408—2005	黏稠液体	较低防水等级的建筑物屋面、厕浴间防水层和地下防潮等	1	桶
5	非固化橡胶沥青防水涂料	非固化防水涂料 JC/T 2428—2017	黏稠液体	变形缝、非外露建筑防水以及车库顶板、底板	1	桶
备注						

复核：×××　　　　　　　　　　　　　　记录：×××

（三）任务评价（表 3-14）

表 3-14

任务评价表

序号	评价内容	评价标准	分值	得分
1	知识与技能	能说出建筑防水涂料常见种类及在建筑工程上的作用	15	
		能根据防水涂料的性能、主要成膜物质、固化成型类别，对防水涂料进行分类	15	
		会识读不同种类防水涂料的标记	10	
		能根据建筑防水涂料的特性选择合适的应用环境	10	
		能根据防水涂料的功能识别和选用合适的防水涂料	20	
2	安全与素养	能遵守实训守则	7.5	
		能按要求穿戴好实训用品	7.5	
		选用各防水涂料时能体现环保、关爱健康的意识	7.5	
		实训后能做到工完、料清、场地净	7.5	
3	合计		100	

四、拓展学习

防水涂料市场现状分析及发展前景预测

2022 年，Global Info Research（环洋市场咨询）发布一份行业调研报告——《2022 年全球市场防水涂料总体规模、主要企业、主要地区、产品和应用细分研究报告》。这份报告提供了防水涂料市场的基本概况，包括定义，分类，应用和产业链结构，同时还讨论了发展政策和计划以及制造流程和成本结构，分析防水涂料市场的发展现状与未来市场趋势，并从生产与消费两个角度来分析了防水涂料市场的主要生产地区、主要消费地区以及主要的生产商。

防水涂料行业上游原材料主要是沥青、膜类、聚酯胎基、SBS 改性剂、聚醚等石化产品，与石油化工产业息息相关。

石油化工已成为化学工业中的基干工业，在国民经济中占有极重要的地位。根据数据显示，2021 年中国原油产量为 2 亿 t，同比增长 2.1%；原油加工量为 7 亿 t，同比增长 4.3%。

防水涂料行业下游应用领域广泛，包括房屋建筑、道路桥隧、城市轨交、地下管廊和水利设施等。

近年来，我国房地产开发投资额及施工面积呈持续上升的趋势，但增速不断放缓，新开工面积在 2021 年首次出现下滑，并且以往的"年底开工潮"亦不再出现。根据数据显示，2021 年全国房地产开发投资 147602 亿元，同比增长 4.4%，房地产开发企业房屋施工面积 975387 万 m²，同比增长 5.2%，新开工房屋面积为 198895 万 m²（图 3-22）。

根据数据显示，2022 年 1 月全国共发布房地产调控政策达 66 次，同比增长 57%，同

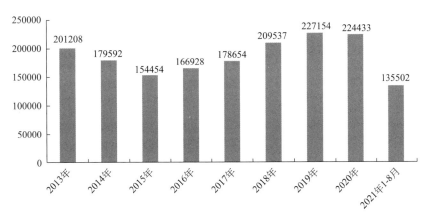

图 3-22　全国房地产开发投资数据

时在 2020～2021 年期间，我国保障性住房实施规模将维持在 100 万套左右，2022 年实施目标或升至 247 万套。由此可见，国家政策有意对房地产市场预期纠偏，同时引导房地产投资与供应进入健康发展的轨道上，防水涂料需求或将逐步释放。

此外，2020 年 7 月，国务院印发《关于全面推进城镇老旧小区改造工作的指导意见》，要求力争在"十四五"末基本完成 2000 年底前建成需改造城镇老旧小区的改造任务。同时，各地加快推进城镇老旧小区改造，多个地方政府于 2021 年发布旧改规划。根据住建部数据，2021 年全国范围内新开工改造的城镇老旧小区数达 5.55 万个，同比增长 37.9%。所以待改造翻新的老旧小区基数较大，并且由于建筑年份较早，防水工程相对并不完善，存在大量建筑防水升级的刚性需求。

五、课后练习

(一) 单选题

1. 以下涂料不宜单独使用的是（　　）。

A. 硅橡胶防水涂料　　　　　　　　　B. 聚合物乳液防水涂料

C. 沥青基防水涂料　　　　　　　　　D. 聚氨酯防水涂料

2. 以下哪种涂料属于无机刚性防水涂料（　　）。

A. 硅橡胶防水涂料　　　　　　　　　B. 水泥基渗透结晶防水涂料

C. SBS 改性沥青防水涂料　　　　　　D. 聚氯乙烯防水涂料

(二) 填空题

1. 非固化橡胶沥青防水涂料按照产品的名称、（　　）的顺序进行标记。

2. 建筑防水涂料按材料性能分为柔性和（　　）。

(三) 思考题

请简述标记"PU 防水涂料 S Ⅲ E A GB/T 19250—2013"所表达的含义。

任务二　编制建筑防水涂料生产工艺

一、学习目标

1. 能说出建筑防水涂料的生产工艺步骤；
2. 能按要求编制单组分聚氨酯防水涂料的生产工艺；
3. 能说出单组分聚氨酯防水涂料的生产关键工序质量控制点；
4. 养成严谨仔细、求真务实的工作作风。

二、知识导航

10.
涂料生产
工艺流程

建筑防水涂料是在常温下呈无固定形状的黏稠状液态高分子合成材料，经涂布后，通过溶剂的挥发或水分的蒸发或反应固化后在基层表面可形成坚韧的防水涂膜的材料。

建筑防水涂料的生产工艺步骤主要包括基料的制备、颜填料的分散研磨、涂料的调配调色、过滤与称量、包装等工艺过程，

防水涂料生产是指在防水涂料生产厂（图 3-23）将备料、拌料、按照配方添加到相应的容器中，经过加温、搅拌和过滤，最后进行密封灌装（图 3-24）。

图 3-23　防水涂料生产厂

图 3-24　密封灌装

1. 建筑防水涂料生产人员要求

操作人员必须经过安监部门安全技术培训（图 3-25）合格后方可上岗，同时应掌握本工种安全知识和技能，对使用的涂料性能及安全措施应有基本了解，并在操作中严格执行劳动保护用品管理制度。

2. 常见建筑防水涂料的生产工艺

（1）聚氨酯防水涂料的生产工艺

聚氨酯防水涂料（图 3-26）分为单组分聚氨酯防水涂料和多组分聚氨酯防水涂料。对

于两者的区分，取决于固体含量。单组分聚氨酯防水涂料对水敏感，在生产过程中需要与水隔绝，产品固化时反应生产二氧化碳，会产生气泡。

图 3-25　技术培训

图 3-26　聚氨酯防水涂料

① 单组分聚氨酯防水涂料

生产单组分聚氨酯防水涂料的原材料有聚醚多元醇（图 3-27）、甲苯二异氰酸酯、溶剂、固化剂、防沉剂、颜填料等。

单组分聚氨酯防水涂料生产工艺大致分为有全部聚醚多元醇、真空脱水、加入甲苯二异氰酸酯、加入溶剂固化剂、加入助剂颜填料等、搅拌降温、出料、取样待检等步骤。具体生产工艺流程图及生产工艺流程示意图如图 3-28、图 3-29 所示。

图 3-27　聚醚多元醇

图 3-28　单组分聚氨酯防水涂料生产工艺流程图

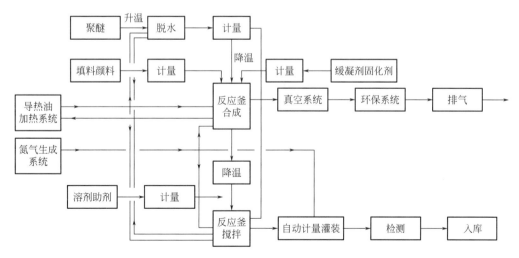

图 3-29　单组分聚氨酯防水涂料生产工艺流程示意图

② 双组分聚氨酯防水涂料

生产双组分聚氨酯防水涂料的原材料有二苯基甲烷、二异氰酸酯、丁二醇、钛白粉、纳米二氧化硅、异丙醇、紫外线吸收剂、防老剂等。

双组分聚氨酯防水涂料的生产工艺流程与单组分聚氨酯防水涂料的生产工艺流程大致相同。

图3-30　聚合物水泥防水涂料

（2）聚合物水泥防水涂料生产工艺

聚合物水泥防水涂料是以高性能的聚合物乳液作为该涂料的液料，以普通的硅酸盐水泥作为粉料，并添加填料和助剂制备而成（图3-30）。

生产聚合物水泥防水涂料的原材料有丙烯酸酯乳液液料、普通硅酸盐水泥粉料、轻质碳酸钙体质填料、TEXANOL酯醇成膜助剂、P-731分散剂、邻苯二甲酸二丁酯增塑剂、H_2O稀释剂少许。

聚合物水泥防水涂料的生产大致包含有原料准备、称量、粉料分散、液料搅拌、包装、成品检测入库等步骤。具体生产工艺流程示意如图3-31所示。

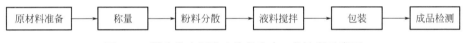

图3-31　聚合物水泥防水涂料生产工艺流程示意图

三、能力训练

任务情景

你是某防水涂料生产企业的生产技术员。受客户委托需生产一批单组分聚氨酯防水涂料，请你编制该涂料生产工艺。

（一）任务准备

1. 生产设备检试

对生产与测试防水涂料所需的液料搅拌罐、犁刀式混合机、液/粉混合搅拌器、干燥箱、低温冰箱、拉力试验机、不透水仪、水泥标准养护箱、砂浆渗透试验议等等进行检试运作，确保正常的生产能有序进行。

2. 原材料准备

乳液、水、水泥、填料等。

3. 配料工艺

根据原材料的质量情况计算工艺配方并配料。

4. 资料准备

《防水涂料工艺管理办法》SHYH/QI-JS020。

（二）任务实施（图 3-32）

1. 液料制备工艺

水、助剂、乳液按配比称重→开启搅拌，低俗搅拌状态→投料→高速搅拌 30～45min→停止搅拌→液料装罐。

2. 粉料制备工艺

水泥、助剂、填料按配比称重→投料→混合搅拌→加入助剂混合搅拌 100～120 秒→停止搅拌→粉料装袋。

3. 取样待检工艺、成品包装、成品入库

当液料观察外观无杂质、无凝胶均匀液体后停止搅拌出料包装；当粉料观察无杂质、无结块的粉末后出料包装。粉料先装入内衬袋，后装入外包装袋；液料为桶状包装，内衬塑料袋。密封包装完成后转入库房。JS 聚合物水泥Ⅱ型产品液粉比为 10：12，按配比取样待检。

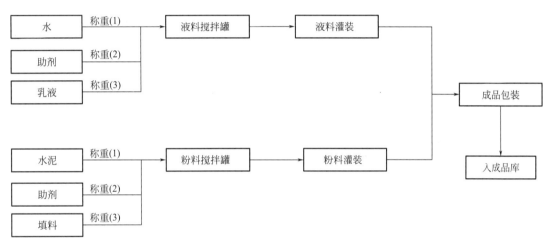

图 3-32　制备工艺

关键工序质量控制点：

1. 原材料质量：乳液选择 VAE 乳液或丙烯酸乳液及其质量，水泥标号、助剂质量等对防水涂料产品性能影响较大。

2. 搅拌的均匀程度：粉料液料的搅拌速率、时间将影响均匀程度，JS 水性涂料生产工艺简单，充分搅拌可以防止原料分离，保证施工时反应平稳进行。

（三）任务评价（表 3-15）

任务评价表　　　　　　　　　　　　　　　　　　　　表 3-15

序号	评价内容	评价标准	分值	得分
1	知识与技能	能说出建筑防水涂料的生产工艺步骤	15	
		能编制聚氨酯防水涂料生产过程的真空脱水工艺	15	
		能说出生产单组分聚氨酯防水涂料关键工序质量控制点	20	
		能编制单组分聚氨酯防水涂料生产工艺	20	

续表

序号	评价内容	评价标准	分值	得分
2	职业素养	能遵守实训守则，穿戴好实训用品	7.5	
		实训时能做到严谨仔细、求真务实	7.5	
		能互相积极配合，同组成员能共同完成实训任务	7.5	
		实训后能做到工完、料清、场地净	7.5	
3	合计		100	

四、扩展学习

防水行业奠基人——黄培栋

图 3-33　黄培栋像

提到建筑防水业，很多人就会自然地想到这样一个人，那就是黄培栋老先生。黄培栋（图 3-33）是项城贾岭镇闫老寨行政村祁庄自然村人，自 20 世纪六七十年代，他就利用沥青防水技术，为贾岭粮管所做防水防止小麦霉变。后来，黄培栋带领徒弟转战四方做防水防潮，掀开了项城历史上，乃至全国现代建筑防水防潮业施工的新篇章。

就这样，徒弟传徒弟、邻居带邻居、亲戚连亲戚、朋友帮朋友，一传十、十传百，乡里乡亲、十里八村，都被带出去"搞沥青"，很快，防水技术就传遍了项城，并扩散到邻近的平舆县、临泉县、上蔡县、商水县、沈丘县等地，最后传遍全国各地，成为建筑领域的一个新兴产业—建筑防水业。项城先后被授予"中国建设工程防水之乡""中国建筑防水之都""全国建筑劳务示范基地"等荣誉称号。

老一代防水人都以无私奉献，忘我工作的拼搏精神，给我们树起了学习榜样，激励和鼓舞了几代防水人。在经济建设突飞猛进，科技发展日新月异的如今，防水人要把"有条件要上，没有条件创造条件也要上"的精神当作是我们投身防水事业的不竭动力。

作为新时代防水人，我们不但要感恩黄培栋先生给我们开辟的一条光明致富道路，还要感谢他给我们无私传授的干事创业技术和经验，更应该继承和发扬黄培栋先生"干一行爱一行，钻一行精一行"的敬业精神，继续做大做强防水产业，为实现中华民族伟大复兴的中国梦，做出新的更大贡献。

五、课后练习

（一）选择题

1. 分辨双组聚氨酯防水涂料和单组聚氨酯防水涂料，需要观察（　　）。

A. 固含量　　　　B. 真空度　　　　C. 黏度　　　　D. 温度

2. 下列动作中哪一项不是：防水涂料生产中的基础操作（　　）。

A. 搅拌　　　　　B. 加热　　　　　C. 过滤　　　　　D. 加入催化剂

（二）填空题

1. 防水涂料生产过程中，聚合温度过高，支化反应和交联反应容易发生，造成黏度（　　　），温度过低，反应时间较长，耗能较高。

2. 防水涂料生产过程中水分的控制非常重要，水分的存在不仅消耗了一部分异氰酸酯，而且生成交联物，导致体系黏度（　　　），为了提高产物的稳定性，水分的含量必须减少到 0.1% 以下。

（三）思考题

编制单组分聚氨酯防水涂料的生产工艺。

任务三　防水涂料粘结强度检测

一、学习目标

1. 能说出防水涂料粘结强度的含义及在建筑装修中的作用；
2. 能应用黏度强度检测原理正确检测防水涂料的粘结强度；
3. 能根据检测数据正确计算防水涂料的粘结强度；
4. 养成操作规范、安全意识高的习惯。

二、知识导航

粘结强度是指单位粘结面上承受的粘结力，是保证粘结牢固程度的性能指标。粘结强度不够时，就会使被粘物脱落。若是墙面装饰，被粘物会掉下来，不仅影响装饰质量，有时会造成伤人事故。粘结强度主要包括胶层的内聚强度和胶层与被粘面间的粘结强度。

11.
涂料涂
膜制作

（一）影响粘结强度的因素

（1）稳定性

稳定性指粘结试件在指定介质中于一定温度下浸渍一段时间后其强度变化程度。如耐水性、耐油性等。常用实测强度表示或用强度保持率表示。对于要粘结地面、外墙面或浴室、厕所等处的饰面材料的胶粘剂，要有很好的稳定性。

（2）耐久性（或耐老化性）

粘结层随着使用时间的增长，其性能会逐渐老化，直至失去粘结强度，这种性能称耐久性。因为现在用量最大的胶粘剂是以合成树脂或合成橡胶为主的有机高分子材料，在使用过程中易老化变质，使粘结层失去效力而脱落。

（3）耐温性

耐温性是指胶粘剂在规定温度范围内的性能的变化情况。包括耐热性（在高温环境条件下）、耐寒性（在低温环境条件下）及耐高低温变化性能。这些温度的变化会使胶粘剂的成分也发生改变，从而使粘结强度降低，直至使胶粘层脱落。

（4）耐候性

针对暴露于室外的粘结件，其能够耐气候，如雨水、阳光、风雪及水湿等性能，称为耐候性。耐候性也反映了粘结件在自然条件的长期作用下，粘结层耐老化的性能。同样也是因为这些自然因素会导致粘结层性能变质，影响粘结强度。

（5）耐化学性

大多数合成树脂胶粘剂及某些天然树脂胶粘剂，在化学介质的作用下会发生溶解、膨胀、老化或腐蚀等不同变化，从而引起粘结强度的下降。

（二）粘结强度的检测原理

在规定的温度、湿度环境下，将粘有拉伸夹具的试件安装在试验机上，保持试件表面垂直方向的中线与试验机夹具中心在一条线上，以规定的速度拉伸至试件破坏，记录试件的最大破坏荷载。试件单位面积上所能承受的最大破坏荷载即为该试件的粘结强度。

粘结强度按下式计算

$$\sigma = F/(a \times b) \tag{3-3}$$

式中：σ——粘结强度，单位为兆帕（MPa）；

　　F——试件的最大拉力，单位为牛顿（N）；

　　a——试件粘结面的长度，单位为毫米（mm）；

　　b——试件粘结面的宽度，单位为毫米（mm）。

根据《建筑防水涂料试验方法》GB/T 16777—2008 的规定，在进行粘结强度检测时有 A 法和 B 法两种检测方法。本教材中详细介绍采用 A 法测定涂料的粘结强度。

三、能力训练

任务情景

你是某第三方检测公司材料检测员。受客户委托需对一批防水涂料进行粘结强度检测，并填写检测记录表。

（一）任务准备

1. 设备准备

（1）拉伸试验机（图 3-34）：测量值在量程的 15%～85% 之间，示值精度不低于 1%拉伸速度（5±1）mm/min。

（2）电热鼓风烘箱（图 3-35）：控温精度 ±2℃。

2. 工具准备

（1）拉伸专用金属夹具：上夹具、下夹具、垫板。

（2）高强度胶粘剂：难以渗透涂膜的高强度胶粘剂，推荐无溶剂环氧树脂。

3. 试件准备

水泥砂浆块：尺寸 70mm×70mm×20mm。采用强度等级 42.5 的普通硅酸盐水泥，将水泥、中砂按照质量比 1:1 加入砂浆搅拌机中搅拌，加水量以砂浆稠度 70～90mm 为准，倒入模框中振实抹平，然后移入养护室，1d 后脱模，水中养护 10d 后再在（50±

2)℃的烘箱中干燥（24±0.5）h，取出在标准条件下放置备用，去除砂浆试块成型面的浮浆、浮砂，灰尘等，同样制备五块砂浆试块。

图 3-34　拉伸试验机

图 3-35　电热鼓风烘箱

4. 资料准备

《建筑防水涂料试验方法》GB/T 16777—2008。

安全提示

（1）使用电热鼓风烘箱高温烘烤物品后，不能立即关掉总开关，应打开风扇开关让热量散发出去后方可关机，以免烤箱局部受热变形；

（2）操作前需要检查拉力试验机，保证没有漏电现象以及安全装置稳定运行；

（3）对所使用设备上的旋钮开关要及时规整复位。

（二）任务实施

1. 试样制作

（1）准备好试验用品、样品并对样品外观进行检查，应在标准试验条件温度（23±2)℃和相对湿度50%±10%环境下放置24h。

（2）调节天平使指示液泡居中、根据样品正常配比的比例分别称取 AB 组分样品（单组分聚氨酯无需配料）。

（3）多组分在混合样品时应记录时间。搅拌时，玻璃圆棒应紧贴试杯的内壁进行搅拌，在不混入气泡的情况下充分搅拌 5min，再静置 2min。

（4）采用上述 70mm×70mm 砂浆块 5 块，用 2 号砂纸清除表面浮浆，用毛刷清理干净。在砂浆块的成型面上涂抹准备好的涂料，然后涂覆。使涂膜厚度达到 0.5～1.0mm（可分两次涂覆，间隔不超过 24h），涂覆后间隔 5min 轻轻刮去表面气泡，制备五个试件。

2. 粘结强度测试

（1）将制得的试件按标准要求进行养护7d，不需脱膜。

（2）将试件养护7d后水平放置，在涂膜面上均匀涂覆高强度胶黏剂。将拉伸用的上夹具与涂料面粘结密实，除去周边溢出的胶黏剂，在标准试验条件下水平放置24h。

（3）沿试件上粘结的上夹具边缘用刀切割涂膜至基板，确保试验面积为40mm×40mm。

（4）用下夹具和垫板将试件安装在拉伸试验机上，保持试件表面垂直方向的中线与试验机夹具中心在一条线上，缓慢提升试验机的横梁，使粘结在试件上的上夹具能缓慢套入试验机的上部夹头套筒内，当试验机上部夹头套筒上的空心圆与试件上夹具的空心圆重合时，立即用插销固定。以（5±1）mm/min的速度拉伸至试件破坏，记录试件的最大拉力。

3. 检测结果计算

去除表面未被粘住面积超过20%的试件，粘结强度以剩下的不少于3个试件的算术平均值表示，不足三个试件应重新试验，结果精确到0.01MPa。

4. 填写检测记录（表3-16）

防水涂料粘结强度测试记录表（样例表） 表3-16

样品名称	聚合物水泥防水涂料			检验类别	送检
规格型号	Ⅰ型			样品来源	供货商
收样日期	××××-××-××			样品数量	1桶
试验方法	GB/T 16777—2008			试验环境	23.0℃；52%
试验设备	拉伸试验机				
状态调节	××月××日××时至××月××日××时在23.0℃；50%湿度环境下放置24h				
试验时间	××日××时××分至××日××时××分				
试件数量	5个			试件尺寸	70mm×70mm
检测参数	检测数据				
试件编号	1	2	3	4	5
最大拉力（N）	1135	1190	1240	1200	1178
粘结面长度（mm）	40	40	40	40	40
粘结面宽度（mm）	40	40	40	40	40
粘结强度（MPa）	0.71	0.74	0.78	0.75	0.74
破坏形态	未被粘贴面积未超过20%	未被粘贴面积未超过20%	未被粘贴面积未超过20%	未被粘贴面积未超过20%	未被粘贴面积未超过20%
平均值（MPa）	0.74				
备注					

复核：××× 试验：×××

（三）任务评价（表 3-17）

任务评价表　　　　　　　　　　　　　　　　表 3-17

序号	评价内容	评价标准	分值	得分
1	知识与技能	能说出防水涂料粘结强度的含义及在建筑装修中的作用	15	
		能说出影响防水涂料粘结强度的因素	15	
		能应用粘结强度的检测原理正确检测防水涂料的粘结强度	25	
		能根据粘结强度的计算公式正确计算防水涂料的粘结强度	15	
2	职业素养	能遵守实训安全管理条例，科学使用仪器	7.5	
		具有较高的安全意识及规范操作的习惯	7.5	
		能积极配合同组成员共同完成试验	7.5	
		能做到工完料清场地净	7.5	
3	合计		100	

四、拓展学习

防水界领军人物第一人——王裕岱

图 3-36　王裕岱

防水的重要性，众所周知，但要做好也是防水界探讨的难题，王裕岱与员工一直在努力研制新型的防水技术。王裕岱（图 3-36），一个不怕挫折，愈挫愈勇的退伍军人，他喜读名人传记，喜欢寻觅商机，喜欢刨根问底，喜欢不断超越进取……从 1992 年复员回家创业开始，十多年里一心扑在建筑防水领域，攻克了一个个难关，取得了令人瞩目的成绩，先后被评为"泰安市十大杰出青年""优秀共产党员""帮贫济困先进个人"。他所创办的山东天宇特种防水公司，也成了国内隐形防水企业的领头雁。主要产品有：防水王（防水抗渗精），JS168高弹型防水胶、改性膏体 SBS. 快速堵漏王、防污乳胶漆涂料外衣，高弹性纳米渗透型彩色防水涂料及新型建筑模板隔离剂等，都通过了国家建设部门的鉴定，畅销国内南北市场。

随着国家一系列环保政策的出台，那种有污染或浪费的防水材料及工作方法被慢慢淘汰，王裕岱就在这时萌生创办一家特种防水公司的想法。

2000 年的一天，他偶然看到一篇文章说："未来建筑防水行业将是一个朝阳产业。"于是他暗下决心，要全身心地投入这个行业。当时，他既无技术，资金也不雄厚，也不懂行情，纯粹一个门外汉。亲戚和朋友对他也多有劝阻，但王裕岱认定的事就是十头牛也拉他不回，他一方面查找有关的资料，把从部队带来的化工技术都用上，一边借钱办厂，2000 年创办了山东东平天宇特种防水材料厂，生产特种防水材料。为了打开知识的宝藏实现梦想，毅然决定自己搞科研—既适合国情又符合国家建筑环保要求的新型防水材料。他查阅上千册图书、资料，做了一次又一次的反复研究实验，历经千辛万苦，皇天不负有心人，"防水王"终于研制成功。这项发明技术不仅淘汰传统的"三油两毡"，取代了传统的 SBS 等，在防水补漏方面获得巨大成果，而且是为用户降低成本，提高效率、质量和经济效益的换代产品，还填补了国内的空白。

防水抗渗精使用简单，只需按一定比例兑水后用低压喷雾器直接喷涂在干燥的建筑物上即可迅速渗入其内部，产生交联反应，形成肉眼看不见的分子层而立刻防水。根据需要及建筑物材质的差异，该液只要渗入建筑物基体多深，就会形成多厚的隐形防水层，雨水飘洒在建筑物上就像落在荷叶上一样自然滚落，滴水不渗。凭借此技术，天宇防水在当地一炮打响，承接了当地多项大工程。之后王裕岱又承接了新泰市综合开发公司的防水工程，没想到在施工中遇到了难题。因为地下室泛水，"防水王"对大的裂缝力有不逮，工程没法进行，王裕岱根据自己的多年防水施工经验，仔细观察地面表层渗水情况，又查阅多种技术资料，改进技术配方，采用最新的施工方法，经过几天的反复试验，终于攻克了这个难题，也因为这个工程，让他发明了带水补漏，灌浆防水技术，此技术省时、省工、省力，施工时无危险，适用于各种建筑物的地下室及车库泛水，屋面、地下室、卫生间、空调外机、水池、粮库等都可以用此技术，另外让人神奇的是用此技术做完防水工程后，外表上基本看不到变化，还可以在房顶上种植花草，防尘，这一技术称得上是防水技术上的一次革命。

五、课后练习

（一）选择题

1. 检测防水涂料粘结强度检测不需要用到的仪器设备（　　　）。

A. 拉伸试验机

B. 电热鼓风烘箱

C. 拉伸专用金属夹具

D. 钢尺

2. 防水涂料粘结强度计算公式（　　　）。

A. $\sigma = F / (a \times b)$　　　　　　　　　B. $\sigma = F / (a + b)$

C. $\sigma = F \times (a \times b)$　　　　　　　　D. $\sigma = F \times (a + b)$

（二）填空题

1. 建筑防水涂料粘结黏度检测中用到的砂浆试块尺寸是（　　　）。

2. 使用电热鼓风烘箱高温烘烤物品后，不能立即关掉总开关，应打开风扇开关让热量散发出去后方可关机，以免烤箱局部（　　　）变形。

（三）思考题

请阐述建筑防水涂料粘结强度的检测原理及检测步骤。

任务四　防水涂料不透水性检测

一、学习目标

1. 能说出影响防水涂料不透水的因素；
2. 能按照要求正确检测防水涂料不透水性；
3. 能根据不透检测现象评定检测结果；
4. 培养对待事务认真仔细、一丝不苟的工作态度。

二、知识导航

防水涂料不透水性是指防水涂料在一定水压（静水压或动水压）和一定时间内不出现渗漏的性能，是防水材料满足防水功能要求的主要质量指标。

（一）不透水性检测原理

将防水涂料按照规定的要求制作成具有一定几何尺寸的试件。将试件放置在透水盘上，再在试件上加一相同尺寸的金属网，盖上规定的 7 孔盘，慢慢把试件夹紧在盘上，用布或压缩空气干燥试件的非迎水面。慢慢加压至规定的水压，达到规定压力后，保持一定的时间。试验时，观察试件的透水情况（水压突然下降或在试件的非迎水面上出现有渗水现象）。

（二）影响防水涂料不透水的因素

1. 防水涂料劣质化

由于市场上防水涂料价格竞争，导致许多国内涂料生产厂商在防水涂料生产上偷工减料，这将使防水涂料本身的物性下降，导致防水失败。

2. 底层有水气

由于防水涂料以油性防水涂料居多，所以在施工前必须确认底层是否干燥，否则当防水涂料涂抹后，水气被包裹在内，经日照转换成水蒸气后，会造成剥离的现象，出现漏（渗）水现象。

3. 底层未清洁干净

因为在防水施工之前，需将底层清理干净，且尽量不要有粉尘与松动物质，否则当防水涂料抹覆后就会出现与底层黏结不牢固的现象，致使起不到防水的效果。

4. 防水涂料防水层过薄

防水涂料涂抹后须达到一定的防水层厚度才能起到防水的效果。倘若防水涂料涂抹过薄，防水层厚度不足，经过连日的滂沱大雨，雨水透过防水层底部，经由好天气的日照，仍会在底部产生水蒸气，造成防水层剥离，从而导致防水涂料不防水的现象产生。

三、能力训练

任务情景

你是某质量检测机构的检测员，现需要对某涂料公司生产的一批防水涂料做不透水性检测，并提供检测结果。

（一）任务准备

1. 设备准备

（1）不透水仪（图 3-37），试验压力范围为 0～60kPa。

（2）电热鼓风烘箱（图 3-38），控温精度±2℃。

图 3-37　不透水仪

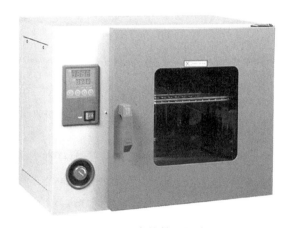

图 3-38　电热鼓风烘箱

2. 工具准备

（1）螺丝刀，用于调节压力限定值。

（2）钢直尺、水杯、裁刀等。

3. 资料准备

《建筑防水涂料试验方法》GB/T 16777—2008。

安全提示

（1）操作前需要检查不透水仪是否通电，并且做好工位安全防护；

（2）在使用前首先根据试件的试验条件要求把压力表调整好；

（3）每次试验完毕，要把透水盘的各个零件擦干净，涂抹防锈油脂；

（4）使用电热鼓风烘箱高温烘烤物品后，不能立即关掉总开关，应打开风扇开关让热量散发出去后方可关机，以免烤箱局部受热变形。

（二）任务实施

1. 试件制作

（1）准备好试验用品、样品，并对样品外观进行检查。应在标准试验条件下温度（23±2）℃和相对湿度 50%±10% 环境下放置 24h。

（2）调节天平使指示液泡居中、根据样品的比例分别称取各原料，经搅拌后混合成防水涂料。

（3）将搅拌好的样品倒在聚四氟乙烯板上，用涂膜器进行涂覆，表面应光滑平整无气泡、杂质。制备好的试件在标准条件下养护96h后脱模。

（4）将脱模后试样反面向上（丙烯酸酯涂料无此要求），放入（40±2）℃干燥箱中烘48h。

（5）将养护完的试样平铺在密封的干燥器隔板上冷却至室温，丙烯酸酯产品放置4h以上，并记录放置时间。

（6）成型后的涂膜应表面光滑平整，无明显气泡、杂质。涂膜厚度应在（1.5±0.2）mm。

2. 不透水性测试

（1）将养护好试样距边缘20mm，选取厚度均匀且无气泡裂口位置裁取直径为150mm的圆形三个试件。

（2）向不透水检测仪装置中注水，排除装置中空气（排水管水流成一条直线为空气排空）。

（3）空气排空后将放水阀关闭，再分别拧开三个透水盘的阀门，将透水盘充满水直至溢出。然后将灌水口拧紧。

（4）将试件与透水盘沿相切方向滑动直到放置在透水盘上，再在试件上加一相同尺寸的孔径为0.2mm的金属网，盖上七孔圆盘，慢慢夹紧直到试件夹紧在盘上。

（5）用螺丝刀将压力表调至该试件规定的压力，调节完毕后，被测试件需在该压力下保持30min。

（6）然后打开开关加压，到压力上限自动停止加压。观察试件的透水情况。

（7）待试件保持压力到规定的时间后，关掉加压开关。由于初期压力较大会导致喷溅，所以先缓慢打开防水阀，将水排出。待压力下降为0后，再拧开注水口盖。

（8）拧开夹紧在盘上的封盘，拿掉试件上的七孔盘及金属网。查看试件的透水情况。

3. 检测结果判定

试件在试验过程中无水压突然下降或规定时间内非迎水面无透水现象，三个试件在规定时间内均无透水现象为合格。

4. 填写试验记录（表3-18）

防水涂料不透水性检测记录表（样例表） 表3-18

样品名称	聚合物水泥防水涂料		检验类别	送检
规格型号	Ⅰ型		样品来源	供货商
收样日期	××××-××-××		样品数量	1桶
试验方法	GB/T 16777—2008		试验环境	23.0℃；50%
试验设备	不透水检测仪			
状态调节	××月××日××时至××月××日××时在23.0℃；50%下放置24h			
试验时间	××日××时××分至××日××时××分			
试件数量	3个	试件尺寸		ϕ150mm

续表

压板类型	■七孔板； □十字开缝板			
检测参数	检测数据			
试件编号	1	2	3	试验结果
压力 MPa	0.3	0.3	0.3	合格
保持时间	30min	30min	30min	
不透水性	√	√	√	
备注	1. "√"：试件不透水、无渗漏，"×"：试件透水、渗漏。 2. 所有试件在规定时间不透水认为不透水性试验通过			

复核：×××   试验：×××

（三）任务评价（表 3-19）

任务评价表   表 3-19

序号	评价内容	评价标准	分值	得分
1	知识与技能	能说出影响防水涂料不透水的因素	15	
		能按照要求制作防水涂料不透水性检测试件	15	
		能按照要求正确检测防水涂料的不透水性	25	
		能根据不透水性检测现象评价检测结果	15	
2	职业素养	能遵守实训室安全管理条例	7.5	
		能穿戴好实训用品	7.5	
		实训时能做到认真仔细、一丝不苟	7.5	
		实训后能做到工完、料清、场地净	7.5	
3	合计		100	

四、拓展学习

纳米技术助力防水涂料新发展

现代化建筑对防水和密封技术提出了越来越高的要求，纳米防水技术的发展将为之提供重要的技术保障。同时，以新材料、新技术为先导，发展绿色防水材料，保护环境，保护生态，是世界建筑防水材料发展的趋势，也是我国防水材料发展的趋势。

一、纳米膨润土改性防水材料

用膨润土防水的优点有，良好的自保水性、能永久发挥其防水能力、施工简单、工期短、对人体无害、容易检测和确认以及容易维修和补修、补强。

纳米膨润土防水产品主要有膨润土防水毯、防水板、密封剂、密封条等。纳米防水毯是将钠膨润土填充在聚丙烯织物和无纺布之间，将上层的非织物纤维通过针压的方法将膨润土夹在下层的织物上而制成的。膨润土防水板是将钠膨润土和土工布（HDPE）压缩成型而制成的，具有双重防水性能，施工简便，应用范围更广泛。膨润土改性丙烯酸喷膜防水材料，有更好的保水性和较大的对环境相对湿度的适应范围。蒙脱土纳米复合防水涂料的力学性能很好。

二、纳米聚氨酯防水涂料

纳米聚氨酯防水涂料有良好的悬浮性、触变性、抗老化性及较高的黏结强度。主要品种有纳米聚氨酯防水涂料、纳米沥青聚氨酯防水涂料、双组分纳米聚醚型聚氨酯防水涂料、羟丁型聚氨酯防水涂料等。

三、纳米粉煤灰改性防水涂料

由于粉煤灰的价格低，因此纳米粉煤灰改性防水涂料的附加值较高，有明显的价格优势。

用粉煤灰、漂珠、废聚苯乙烯泡沫塑料等废弃物和高科技产品纳米材料配合使用，优势互补，可实现防水涂料高性能、低成本的生产运作，并可形成既有共性、又各有特点的系列产品。为粉煤灰、漂珠高附加值的开发利用开辟了新的道路。

四、水泥混凝土外加剂

水泥混凝土外加剂是一种细化的纳米材料，它的诞生使混凝土有了质的飞跃。纳米外加剂在防水领域中的应用有喷射混凝土领域、灌注浆领域、动水堵漏、核电站的三废处置等。

五、纳米粒子改性水乳胶

纳米 ZnO 粒子、纳米 TiO_2 粒子具有较强的屏蔽紫外线的功能，应用于乳胶中（图 3-39），覆盖引起防水涂料老化的 $320\sim340nm$ 范围波长的紫外线，能较好地提高防水涂料的光老化性能。

图 3-39 纳米粒子改性水乳胶

六、三元乙丙橡胶（EPDM）基防水材料

以纳米 $CaCO_3$ 等为配合剂，通过调整配方，能得到物理力学性能稳定、老化性能优异的 EPDM 橡胶基防水材料。随着纳米 CaCOR 添加量的增加，拉伸强度逐步上升，断裂伸长率基本保持稳定。

五、课后练习

（一）选择题

1. 聚氨酯防水涂料的不透水性现行标准要求为（　　）。

A. 0.3MPa，30min，不透水　　　　B. 0.3MPa，120min，不透水

C. 0.3MPa，60min，不透水　　　　D. 0.3MPa，90min，不透水

2. 依据《聚合物水泥防水涂料》GB/T 23445—2009 标准，实验室试验条件为：（　　　）。

A. 温度（25±2）℃，相对湿度（40±10）％

B. 温度（23±2）℃，相对湿度（45±10）％

C. 温度（23±2）℃，相对湿度（50±10）％

D. 温度（20±2）℃，相对湿度（50±10）％

（二）填空题

1. 影响防水涂料不透水的因素有（　　　）、（　　　）、（　　　）、（　　　）。

2. 防水涂料不透水性检测前，涂料成型后的涂膜应表面（　　　），无（　　　）。涂膜厚度应在（　　　）。

（三）思考题

聚氨酯防水涂料的不透水性试验中，一个试件在规定时间内无透水现象是否合格？

■（三）建筑防水密封材料■

防水密封材料你知多少？

想一想为什么在建筑防水中除了有防水材料以外还需要密封材料呢？建筑防水材料与建筑密封材料的异同点又在哪呢？让我们一起来了解吧。

任务一　建筑密封材料识别与选用

一、学习目标

1. 能说出建筑密封材料在建筑上的作用；

2. 能根据建筑密封材料的特点对其进行分类；

3. 能根据建筑密封材料的功能识别和选用常用建筑密封材料；

4. 能养成积极思考，善于总结、归纳的好习惯。

二、知识导航

建筑防水密封材料是指嵌填于建筑物的接缝、裂缝、门窗框、玻璃窗周边、管道接头以及结构的连接处，起水密、气密作用的材料。

（一）建筑密封材料的分类

建筑防水密封用材料按材料外观、形态分为不定型防水密封材料和定型防水密封

材料。

不定型防水密封材料有各种弹性或塑性密封胶，定型防水密封材料如皮革、麻或石棉绳，软金属、橡胶或塑料密封条、密封垫，包括埋入接缝内部的刚性或柔性止水环、止水带等。

不定型防水密封材料按性能分为有低弹高模量密封材料、高弹性密封材料、橡塑态密封材料。弹性密封材料按组分分为单组分、多组分。橡塑态密封材料分为粘塑性和粘弹性。

定型防水密封材料分有低弹性密封材料和弹性密封材料。常见的定型防水密封材料有橡胶、合成橡胶及橡胶沥青。

建筑防水密封材料按材质可分为合成高分子密封材料和改性沥青密封材料。从产品用途上有混凝土接缝密封材料（屋面、墙面、地下之分）、建筑结构密封材料和非结构密封材料及道路、桥梁等密封材料。

以上各类在建筑防水工程中常用的品种归纳如图 3-40 所示。

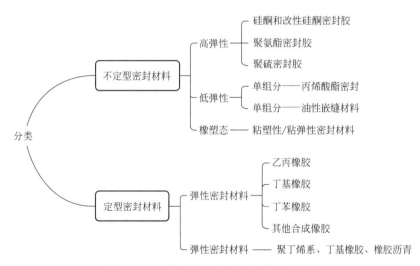

图 3-40 建筑防水工程常用品种密封材料

（二）常用建筑密封材料

1. 聚硫密封胶

（1）聚硫密封胶的简介

聚硫密封胶（图 3-41）是以液态聚硫橡胶为主体材料，配合以增黏树脂、硫化剂、促进剂、补强剂等制成的密封胶。此类密封胶具有优良的耐燃油、液压油、水和各种化学药品性能以及耐热和耐大气老化性能。

（2）聚硫密封胶的特点

① 此类密封胶具有优良的耐燃油、液压油、水和各种化学药品性能以及耐热和耐大气老化性能。

② 具有良好的柔软性、低温挠曲性及电绝缘性。

③ 对大部分材料都有良好的黏附性。

（3）聚硫密封胶的适用范围

图 3-41　聚硫密封胶

聚硫密封胶适用于中空玻璃密封、金属、混凝土幕墙接缝、地下工程（如隧道、洞涵等）、水库、蓄水池等构筑物的防水密封，以及公路路面，飞机跑道等伸缩缝的伸缩密封、建筑物裂缝的修补恢复密封。

2. 油性嵌缝膏

（1）油性嵌缝膏的概念

油性嵌缝膏（图 3-42）是由天然或合成的油脂等为基料，同碳酸钙、滑石粉等矿物掺合，形成高黏度的塑性膏状物，一般在氧化后表面成膜并随时间延续氧化深入内部而逐渐硬化。团块膏状物，具有明显塑性，可用手或刮刀嵌填腻缝。

图 3-42　油性嵌缝膏

（2）油性嵌缝膏的特点

产品主要技术特性包括保油性、下垂性、操作性、龟裂等。技术要求见表 3-20 所列。

油性嵌缝膏技术特性表　　　　　　　　　　　　　表 3-20

序号	测试项目	指标	
		1类	2类
1	含水率(%)	0.6	1.0
2	附着力(Pa)	2.84×10^4	1.96×10^4
3	针入度(mm)	15	15
4	下垂度(mm)(60℃)	1	1
5	结膜时间(h)	3~7	3~7
6	龟裂试验(80℃)	不龟裂、无裂纹、不脱框	不龟裂、无裂纹、无明显脱框
7	耐寒性(−30℃)	不开裂、不脱框	
8	操作性	不明显粘手,操作时容易做到光滑平整	

（3）油性嵌缝膏的适用范围

成本低，施工方便，主要用于建筑防水接缝填充和在钢、木门窗玻璃镶装中接缝位移不明显、耐候要求不高、对油脂渗透污染装饰面无要求的场合。

3. 乙丙橡胶

（1）乙丙橡胶的简介

乙丙橡胶（图 3-43）是以乙烯、丙烯为主要单体的合成橡胶，依据分子链中单体组成的不同，有二元乙丙橡胶和三元乙丙橡胶之分，前者为乙烯和丙烯的共聚物，以 EPM 表示，后者为乙烯、丙烯和少量的非共轭二烯烃第三单体的共聚物，以 EPDM 表示。两者统称为乙丙橡胶，即 ethylene propylene rubber（EPR）。广泛应用于汽车部件、建筑用防水材料、电线电缆护套、耐热胶管、胶带、汽车密封件、润滑油添加剂及其他制品。

图 3-43　乙丙橡胶

（2）乙丙橡胶的特点

① 低密度高填充性

乙丙橡胶是密度较低的一种橡胶，其相对密度为 0.87。加之可大量充油和加入填充剂，因而可降低橡胶制品的成本，弥补了乙丙橡胶生胶价格高的缺点，并且对高门尼值的乙丙橡胶来说，高填充后物理机械性能降低幅度不大。

② 耐老化性

乙丙橡胶有优异的耐天候、耐臭氧、耐热、耐酸碱、耐水蒸气、颜色稳定性、电性能、充油性及常温流动性。乙丙橡胶制品在120℃下可长期使用，在150～200℃下可短暂或间歇使用。加入适宜防老剂可提高其使用温度。以过氧化物交联的三元乙丙橡胶可在更苛刻的条件下使用。三元乙丙橡胶在臭氧浓度50pphm、拉伸30％的条件下，可达150h以上不龟裂。

③ 耐腐蚀性

由于乙丙橡胶缺乏极性，不饱和度低，因而对各种极性化学品如醇、酸、碱、氧化剂、制冷剂、洗涤剂、动植物油、酮和脂等均有较好的抗耐性；但在脂属和芳属溶剂（如汽油、苯等）及矿物油中稳定性较差。在浓酸长期作用下性能也要下降。

④ 耐水蒸气性能

乙丙橡胶有优异的耐水蒸气性能并优于其耐热性。在230℃过热蒸气中，近100h后外观无变化。而氟橡胶、硅橡胶、氟硅橡胶、丁基橡胶、丁腈橡胶、天然橡胶在同样条件下，经历较短时间外观发生明显劣化现象。

⑤ 耐过热水性能

乙丙橡胶耐过热水性能亦较好，但与所用硫化系统密切相关。以二硫代二吗啉、TMTD为硫化系统的乙丙橡胶，在125℃过热水中浸泡15个月后，力学性能变化甚小，体积膨胀率仅0.3％。

⑥ 电性能

乙丙橡胶具有优异的电绝缘性能和耐电晕性，电性能优于或接近丁苯橡胶、氯磺化聚乙烯、聚乙烯和交联聚乙烯。

⑦ 弹性

由于乙丙橡胶分子结构中无极性取代基，分子内聚能低，分子链可在较宽范围内保持柔顺性，仅次于天然橡胶和顺丁橡胶，并在低温下仍能保持。

⑧ 粘结性

乙丙橡胶由于分子结构中缺少活性基团，内聚能低，加上胶料易于喷霜，自粘性和互粘性很差。

（3）乙丙橡胶的适用范围

因乙丙橡胶分子主链为饱和结构而呈现出卓越的耐候性、耐臭氧、电绝缘性、低压缩永久变形、高强度和高伸长率等宝贵性能，其应用极为广泛，消耗量逐年增加。根据乙丙橡胶的不同系列和分子结构方面的特点，乙丙橡胶应用种类有通用型、混用型、快速硫化型、易加工型和二烯烃橡胶并用型等不同应用类型。从实际应用情况分析，乙丙橡胶在非轮胎方面得到了广泛的应用。

三、能力训练

任务情景

你是某建筑工程现场材料员。因工程需要，需采购一批建筑密封材料。请你按照请购单上的需求，核对材料的品种、规格、适用范围后，完成材料信息汇总后进行采购。

（一）任务准备

1. 请购单填写（表 3-21）

请购单

表 3-21

序号	材料名称	要求	数量	单位
1	聚硫密封胶	1kg/支；胶状物	3	桶
2	油性嵌缝膏	1kg/袋；油性膏状物	5	袋
3	乙丙橡胶	1000mm×16000mm×1mm	2	卷

2. 工具准备

钢直尺、游标卡尺、角度尺、直角尺等（图 3-44）。

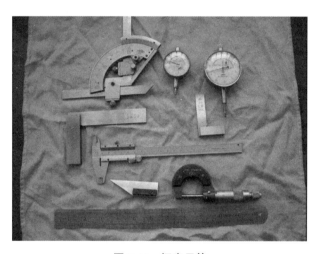

图 3-44　钢直尺等

将需要使用的工具摆放在相应实训工位上。

3. 资料准备

《聚硫建筑密封胶》JC/T 483—2006；

《建筑防水沥青嵌缝膏》JC/T 207—2011；

《动态全硫化热塑性弹性体（TPV）三元乙丙橡胶》HG/T 4903—2016。

安全提示

1. 进入实训场所需遵守实训守则，禁止大声喧哗、打闹嬉戏；

2. 操作前须清空工位，并确认工位范围，避免操作时干扰他人；

3. 操作完成后填写完成相应记录、表格，清理工位，并将材料及工器具放回至原位，做到工完、料清、场地净。

（二）任务实施

1. 核对各类建筑密封材料信息

根据请购单所提供的信息，找出对应的建筑密封材料：聚硫密封胶、油性嵌缝膏、乙丙橡胶。

2. 通过外观、色泽、状态等识别建筑密封材料种类

根据不同建筑密封材料的特征正确识别各类建筑密封材料的种类。

3. 查阅技术规范文件、记录汇总

根据观察、识别的结果，查阅相应技术规范文件，按照技术文件中对不同建筑密封材料的描述对各类建筑密封材料的特点、用途等做归纳、记录、汇总。

4. 填写建筑密封材料信息汇总表（表 3-22）

建筑密封材料信息汇总表 表 3-22

序号	材料名称	材料规格/特点	适用范围	数量	单位
1	聚硫密封胶	1kg/支；透明胶状物	中空玻璃密封、地下工程、水库、公路路面、飞机跑道等伸缩缝的伸缩密封、建筑物裂缝的修补恢复密封	3	桶
2	油性嵌缝膏	1kg/袋；油性膏状物	建筑防水接缝填充和在钢、木门窗玻璃镶装中接缝	5	袋
3	乙丙橡胶	1000mm×16000mm×1mm；黑色硫化橡胶；片卷状	塑胶运动场、防水卷材、房屋门窗密封条、玻璃幕墙密封、卫生设备和管道密封件等	2	卷
备注					

复核：×××   记录：×××

（三）任务评价（表 3-23）

任务评价表 表 3-23

序号	评价内容	评价标准	分值	得分
1	知识与技能	能说出建筑密封材料在建筑上的作用及常用建筑密封材料	15	
		能正确叙述不定型、定型密封材料的分类	15	
		能识别出不同品种的建筑密封材料并说出它们的特点	15	
		能根据不同的环境正确选用合适的建筑密封材料	25	
2	职业素养	能遵守实训室安全管理守则，穿戴好安全用品	7.5	
		能积极配合同组成员共同完成好实训任务	7.5	
		能乐于思考，善于归纳、总结	7.5	
		能做到工完、料清、场地净	7.5	
3	合计		100	

四、拓展学习

建筑密封材料的历史

不定型密封材料有着久远的历史，近代干性玻璃腻子（图 3-45）大约已有近百年的历史，而广泛利用密封材料处理各种建筑构配件接缝的施工法则是从第二次世界大战后才得到发展。起初的密封胶、剂几乎都是天然材料配制的，其外形为胶泥状，没有多少弹性，耐候性也很差（图 3-49）。到 20 世纪 40 年代前后，欧美等国在密封技术中开始使用第二代不定型密封胶——油性嵌缝 S 膏，这是一种以天然和合成油脂以及树脂之类胶粘成分和矿物填料为主要成分的膏状防水接缝材料。这类嵌缝胶用来填塞建筑物构配件和框格的接缝，以及修补各类裂缝，其使用目的是为了杜绝雨水和湿气的渗透。在现代建筑工程中，为了加快建筑速度，节约辅助材料和节省时间，20世纪50年代开始世界各国的高层建筑越来越多地采用装配式预制件混凝土构件，但不论在设计上多么认真，施工上多么精细，施工装配时各种预制混凝土构件之间难免会出现许多接缝，而且有的接缝还是为了适应混凝土构件胀缩变形需要特意设置的，为了防止接缝处漏水，必须采用合适的嵌缝材料将接缝的孔隙填充密封住，防水密封材料则能达到其预期的效果。防水密封材料在国际上发展较早的是在20世纪40年代由美国研制和生产的产品，美国是最早研制和生产建筑密封胶的国家之一，1954年美国用建筑密封胶重新嵌填纽约Lever House的外墙接缝标志着密封胶被认可用于现代建筑工程。日本的建筑密封胶最早出现于20世纪50年代初，从1951年开始引进油性嵌缝膏，当时市场上供应的是来自美国进口的产品，1955年日本自产了第一种油性嵌缝膏，由于其生产技术和设备较简单，一批中、小企业纷纷上马，几年后就完成了日本国自产而不依赖进口的过程，质量上很快超过了进口产品，1956年日本在南极考察时，在越冬营房中已使用了本国产品。

图3-45　干性玻璃腻子

20世纪60年代以后油性密封胶的性能已不能满足多功能建筑的使用要求，国外的建筑有向超高层化和轻质化发展的趋势，于是各种以合成橡胶为中心的新型密封胶应运而生。弹性密封胶于20世纪50年代末面世，1960年，日本由美国进口聚硫系弹性密封胶，1963年开始自产，不久即有十余家公司开始生产，另一些公司则分别自产醋酸型硅酮系和丁基系弹性密封胶，1967年出现了日本自产的丙烯酸系和双组分聚氨酯系弹性密封胶，以后又于1969年、1970年和1972年分别生产出单组分聚氨酯系、双组分硅酮系和丁苯系弹性密封胶，1978年，随着改性硅酮系的出现，日本已能生产世界市场上所有的各类弹性密封胶。弹性密封胶在整个不定型密封材料中所占的比重逐年增加，据日本密封材料工业会报道，日本1967年油性密封胶的月产量为400t，而以聚硫橡胶为中心的弹性密封胶的月产量仅为60t，油性密封胶占压倒优势，但仅仅5年后，由于新材料的不断开发，加上轻板结构的推广普及和建筑物不断高层化，弹性密封胶产量猛增，到1973年弹性密封膏的产量与油性密封膏并驾齐驱，年产量达到24000多吨。

为了从事密封材料的研制、应用和制订标准等方面的工作，各国都成立了各种专业组织，美国有密封胶和防水材料协会、粘合剂和密封胶协会，日本有日本密封膏工业联合会、日本密封施工团体联合会等，英国、加拿大等均有研究机构。此外各国还成立了制订有关性能、测试和应用标准的专门机构，美国材料试验协会 ASTM 成立了 C-24 "建筑密封胶和密封" 委员会，从事研究和标准制订工作。1960 年美国公布了第一个密封胶标准 ASAA116.1，到 1984 年 "建筑密封胶和密封" 委员会就公布了 50 多份有关标准，1982 年，美国参加国际标准化组织 59 技术委员会 8 分会（ISO/TC59/SC-8）成为制订国际标准的正式会员国。除 ASTM 标准外，美国还有联邦政府标准，有些大公司还分别制定了本公司的产品标准。日本于 1966 年公布了第一个建筑密封胶标准 JISA5751《建筑用油性嵌缝膏》，之后又陆续公布了一系列有关标准，1979 年公布的 JISA5758 为·评定标准，各厂可根据该规定，建立符合不同类别密封胶技术要求的生产体系。此外日本建筑学会制定的 JASS8《日本建筑学会防水工程规范》中有一节密封胶施工规范（第五节）。

建筑用密封条的种类很多，美国最早利用密封条作为建筑物的密封材料。日本从 1960～1962 年间引进外国技术，1965 年进入实用阶段，日本有关单位在玻璃和金属框格厂商的协助下，反复进行了耐风压、耐渗透、耐震、耐热、隔声等动态试验，从而在超高层建筑中能结合本国气象风土实情使用各种定形密封材料，经过 10 年左右的实践才稳定地达到今天的状况。现在日本生产定形密封条的厂家分软质氯乙烯和合成橡胶两大系列。

五、课后练习

（一）选择题

1. 以下属于定性密封材料的有（　　）。

A. 橡胶沥青油膏 　　　　　　　　　　B. 聚氯乙烯胶泥

C. 聚硫橡胶密封材料 　　　　　　　　D. 橡胶止水带

2. 聚硫密封胶具有优良的耐燃油、液压油、水和各种化学药品性能以及（　　）和耐大气老化性能。

A. 耐寒 　　　　　B. 耐热 　　　　　C. 耐冻 　　　　　D. 耐腐蚀

（二）填空题

1. 建筑密封材料是嵌入建筑物_____、_____、_____部位以及_____，能承受位移且能达到_____、_____的目的的材料，又称嵌缝材料。

2. 不定型密封材料分为_____和_____。

（三）思考题

请简述如何区分聚硫密封胶、油性嵌缝膏、乙丙橡胶这三种建筑密封材料。

任务二　建筑密封胶的密度检测

一、学习目标

1. 能说出密度的物理意义及常用的测定方法；

2. 能应用建筑防水密封胶密度检测原理正确检测防水密封胶的密度；

3. 能够正确处理建筑防水密封胶密度检测数据；

4. 培养认真负责、严谨仔细的工作作风。

二、知识导航

密度是指在规定温度下把某种物质单位体积内所含物质的质量数即同种物质质量和体积的比值。以 kg/m^3 或 g/cm^3 表示。物体间在同种质量下体积越小密度就越大体积越大密度就越小。

12. 建筑密封材料的密度检测

密度是一个物理量用来描述物质在单位体积下的质量。密度的物理意义在于它是物质的一种特性，不随质量和体积的变化而变化只随物态温度、压强变化而变化。

（一）影响密度因素

同种物质组成的物体，当外界条件改变时，密度也会改变，如物体有热胀冷缩的性质，那么物体受热后，体积变大，质量不变，密度就减小。

温度能够改变物质的密度。在我们常见的物质中，气体的热胀冷缩最为显著，它的密度受温度的影响也最大；一般固体、液体的热胀冷缩不像气体那样显著，因而密度受温度的影响比较小。

另外压强、物质的状态都会影响到同一物体的密度。

（二）常用密度测量的方法

1. 称量法

对于具有规则几何形状的固体，通常可以采用该法来量测该物质的密度。用天平或其他衡器称取出物体的质量 m。量取物体的几何尺寸 L，计算出其体积 V。其质量 m 与体积 V 的比值即为该物质的密度 ρ。

2. 比重杯（瓶）法

比重杯（瓶）法较适合测定液体的密度。在一定的温度下先用天平称量出烧杯或比重瓶的质量 m_1。在向烧杯或比重瓶中注满水，在天平上称出容器和水的总质量 m_2。容器和水的总质量 m_2 与容器的质量 m_1 的差值即为水的质量 m_3。按照一定温度下水的质量和密度 ρ 之间的换算关系，得出烧杯或容量瓶的体积 V。将容器中的水倒净、擦干后，将待测液体倒入该烧杯或容量瓶后称取容器及液体的总质量 m_4。容器及液体的总质量 m_4 与容器质量 m_1 之间的差值即为液体的质量 m_5。把液体的质量 m_5 与容器的体积 V 之比即为待测液体的密度 ρ。

3. 阿基米德定律法

阿基米德定律法比较适合测定松散颗粒物质的密度。先用天平称量出松散颗粒材料的质量 m。在容量瓶中注入一定体积的水 V_1。将松散颗粒物质许许倒入容量瓶中，容量瓶中水的体积由先前的 V_1 变为现在的 V_2。容量瓶中前后的体积差 V 即为松散颗粒物质排开水的体积。将松散颗粒物质的质量 m 与物体排开水的体积 V 之间的比值即为该松散颗粒物质的密度 ρ。

（三）防水密封胶密度的测试原理

在金属环中填充密封胶制成试件，填充前后分别称量金属环，以及试件在空气中和在试验液体中的质量，计算密封胶的密度。

密封胶密度按下式计算：

$$D = \frac{m_3 - m_1}{(m_3 - m_4) - (m_1 - m_2)} \times D_w \tag{3-4}$$

式中：D——23℃时密封胶的密度，单位为克每立方厘米（g/cm³）；

m_1——填充密封胶前金属环在空气中称量的质量，单位为克（g）；

m_2——填充密封胶前金属环在试验液体中称量的质量，单位为克（g）；

m_3——试件制备后立即在空气中称量的质量，单位为克（g）；

m_4——试件制备后立即在试验液体中称量的质量，单位为克（g）；

D_w——23℃时试验液体的密度，单位为克每立方厘米（g/cm³）。

三、能力训练

任务情景

你是某第三方检测机构的检测员，受客户委托需对一批送检的建筑密封胶进行密度检测，并出具检测结果。

（一）任务准备

1. 环境准备

标准试验条件为：温度（23±2）℃；相对湿度50%±5%。

2. 设备准备

（1）耐腐蚀的金属环（图3-46），尺寸为内径（30±1.0）mm，高（10±0.1）mm。每个环上设有吊钩，以便称量时用不吸水的丝线悬挂，金属环形状及尺寸。

（2）密度天平（图3-47），分度值为0.0001g，能称量试件在试验液体中的质量和在空气中的质量。

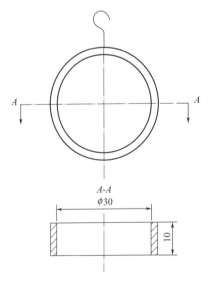

图 3-46 金属环（单位为毫米）

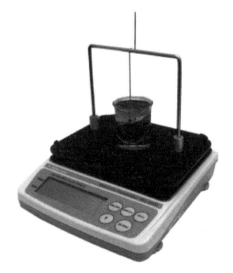

图 3-47 密度天平

3. 工器具准备

（1）防粘材料（图 3-48），用于制备金属环试件，如潮湿的滤纸。

图 3-48　防粘材料

（2）试验液体，含量低于 0.25％（质量分数）的低泡沫表面活性剂水溶液。对于水溶性或吸水性等水敏感性密封胶，应采用密度为 0.69g/mL 的化学纯三甲基戊烷（异辛烷）。

4. 状态调节

检测前，待测样品及所用试验器具和材料应在标准试验条件下放置至少 24h。

5. 资料准备

《建筑密封材料试验方法 第 2 部分：密度的测定》GB/T 13477.2—2018；

《建筑密封材料试验方法 第 1 部分：试验基材的规定》GB/T 13477.1—2002。

安全提示

1. 操作前需要检查仪器和材料是否完好，并做好相应的安全防护；

2. 在使用天平前，应先注意天平放置是否水平，若无要先调水平；

3. 在使用天平时，应轻拿轻放，以免影响到称量结果及损坏天平；

4. 天平使用后应做好防尘、防潮等保养措施。

（二）任务实施

1. 密度检测

（1）用密度天平称量每个金属环在空气中的质量 m_1 和在试验液体中的质量 m_2。

（2）制备三个试件，将金属环表面附着的试验液体擦拭干净后放在防粘材料上，然后将已处理好的密封胶试样填满金属环。嵌填试样时应注意下列事项：

① 避免形成气泡；

② 将密封胶在金属环的内表面上压实，确保充分接触；

③ 修整密封胶表面，使之与金属环的上缘齐平；

④ 立即从防粘材料上移走金属环试件，以使密封胶的背面齐平。

（3）立即称量已填满试样的金属环试件在空气中的质量 m_3 和在试验液体中的质量 m_4，且应在 30s 内完成。对于水敏感性密封胶，在异辛烷中的称量应在表干后立即进行。

2. 检测结果计算

检测结果以 3 个试件的算术平均值表示，精确至 0.01g/cm³。每个试件的密度（D）

应以式（3-4）来计算。

3. 填写检测记录（表 3-24）

建筑密封材料的密度检测记录表（样例表）　　　　　表 3-24

样品名称	硅酮密封胶		检验类别	送检
规格型号	35HM		样品来源	供货商
收样日期	××××-××-××		样品数量	1 支
试验方法	GB/T 13477.2—2018		试验环境	23.0℃；50%
试验设备	密度天平、试验环			
状态调节	××月××日×时至××月××日×时在 23.0℃；50%环境下放置 24h			
试验时间	××日××时××分至××日××时××分			
试件数量	3 个	试件尺寸		$\phi 30 \times 10mm$
检测参数	检测数据			
试件编号	1	2		3
金属环在空气中的质量（g）	56.2402	56.5991		56.9598
金属环在试验液体中的质量（g）	51.0128	51.3307		51.7366
试件制备后空气中的质量（g）	66.9134	67.8865		67.9661
试件制备后在试验液体中的质量（g）	56.8412	57.2294		57.5487
试验液体密度（g/cm³）	0.69	0.69		0.69
密封胶密度（g/cm³）	1.52	1.45		1.46
平均值（g/cm³）	1.48			
备注				

复核：×××　　　　　　　　　　　　　试验：×××

（三）任务评价（表 3-25）

任务评价表　　　　　表 3-25

序号	评价内容	评价标准	分值	得分
1	知识与技能	能说出密度的物理意义和密度检测方法	15	
		能按要求制作建筑防水密封胶密度检测试件	15	
		能应用防水密封胶密度检测原理正确检测防水密封胶密度	25	
		会正确计算建筑防水密封胶密度值	15	
2	职业素养	能遵守实训日常安全管理条例并穿戴好实训用品	7.5	
		能认真负责、严谨仔细地开展实训任务	7.5	
		能积极配合同组成员共同完成试验	7.5	
		实训后能做到工完、料清、场地净	7.5	
3	合计		100	

四、拓展学习

塔斯 PVDF 超耐候新型氟碳膜防水材料

在国家"双碳"目标及"十四五"规划下，推出一系列政策措施，包括积极推动建筑光伏产业的发展，而目前全国碳排放总量中，建筑运行碳排放占到总量的 20％以上，因此，提供清洁能源的建筑光伏，也成为能源发展的重点，分布式光伏迎来巨大发展机遇，光伏相关产业进入发展黄金赛道，但一旦发生漏水情况，维修时需要将光伏设备全部拆除后才能翻修，而光伏屋面一体化程度高，屋面技术复杂，施工维修难度大，后期翻修会产生极大的维修成本，光伏系统的防水因此就成为影响整个光伏系统使用寿命的重中之重，不但关系到整个系统的使用寿命，更是会直接影响到工厂厂房生产的正常进行。

某材料科研团队，与国内外先进技术研发企业公司深度合作，研发的 PVDF 氟碳膜防水材料（图 3-49），具有良好的室外耐久性、抗溶性、粉化性、持久防腐、耐酸碱、耐高温、抗氧化、超耐候性、耐腐蚀性粉尘、隔热保温、降噪效果明显，防火等级高；表面氟膜，在雨天更是能实现自动清洁，不易沾灰尘，预防屋面生锈腐蚀，防腐性能良好，具有超长达 30 年以上的使用生命周期。

图 3-49　PVDF 氟碳膜防水材料

氟膜防水胶带，氟膜防水卷材、氟膜彩钢瓦，具有良好的可塑性，施工安装方便，可塑为任何形状，无须火烤，无须焊接，直接粘即可，即使后期其他原因造成渗漏点，只需用防水胶带粘贴即可，维护成本极低，可广泛应用于厂房屋顶、分布式光伏系统、建筑墙面，粮库、地铁、防水工程等场所。

五、课后练习

（一）选择题

1. 建筑密封材料密度标准试验时，试件需要准备（　　　）。

A. 1 个　　　　　　　　　　　　B. 2 个

C. 3 个　　　　　　　　　　　　D. 4 个

2. 建筑密封材料密度检测所采用的原理方法是（　　　）。

A. 体积法　　　　　　　　　　　B. 比重瓶法

C. 阿基米德定律法　　　　　　　D. 称重法

（二）填空题

1. 检测建筑密封材料的密度标准试验条件为：温度＿＿＿＿＿℃、相对湿度＿＿＿＿＿％，检测前，模具、工具、涂料应在标准试验条件下放置_____以上。

2. 建筑密封材料密度检测结果以 3 个试件的算术平均值表示，精确至_____ g/cm³。

(三) 思考题

简述建筑防水密封胶密度的测试步骤。

模块四

新型建筑装饰材料

Chapter 04

13.
新型建筑
装饰材料
及应用

（一）新型建筑装饰涂料

装饰涂料你知多少？

涂料是指涂敷于物体表面，能与物体表面粘结在一起，并能形成连续性涂膜，从而对物体起到装饰、保护或使物体具有某种特殊功能的材料。

建筑装饰涂料是指主要起装饰作用，并起到一定保护作用或使建筑物具有某些特殊功能的建筑涂料。建筑装饰涂料具有色彩鲜艳、造型丰富、质感与装饰效果好，品种多样，可满足各种不同要求；此外，建筑装饰涂料还具有施工方便、易于维修、造价较低、自身重量小、施工效率高，可在各种复杂的墙面上施工等优点。因而建筑装饰涂料是一种很有发展前途的装饰材料。

任务一　新型建筑装饰涂料识别与选用

一、学习目标

1. 能根据涂料的主要成膜物质、性能、使用部位、涂抹状态对其进行分类；
2. 能说出涂料产品的命名方式；
3. 能根据建筑物使用部位归纳出内外墙涂料、地面涂料的基本性能和特点；
4. 能按照工程场景要求选用合适的建筑装饰涂料；
5. 养成科学使用互联网做好个人信息保护的习惯与意识。

二、知识导航

涂料是指涂敷于建筑物表面，如外墙面、内墙面、顶棚、地面和门窗等，并能与表面基材很好粘结，形成完整薄膜的材料。在建筑物表面干结成薄膜，这层膜称为涂层，由于早期的涂料工业主要原料是天然植物油脂和天然树脂，如亚麻油、桐油、松香、生漆等，因此涂料旧称油漆，形成的涂膜亦称漆膜。

涂料的品种繁多，功能各异，内部的组成成分也比较复杂，一般是由几种甚至几十种物质经混合、溶解、分散等生产工艺而制成的。按涂料中各组分所起的作用，一般可分为主要成膜物质、次要成膜物质、稀释剂和辅助材料。

（一）涂料的组成

1. 主要成膜物质

主要成膜物质包括胶粘剂、基料和固化剂，其作用是将涂料中的其他组分粘结成一个整体，并能牢固地附着在基层的表面、形成连续均匀的坚韧保护膜。

涂料中的主要成膜物质品种有各种合成树脂、天然树脂和植物油料。目前我国建筑涂料所用的成膜物质主要以合成树脂为主。如：聚乙烯醇系缩聚物、聚醋酸乙烯及其共聚物、丙烯酸酯及其共聚物、氯乙烯-偏氯乙烯共聚物、环氧树脂、聚氨酯树脂等。此外，还有氧化橡胶、水玻璃、硅溶胶等无机胶结材料。天然树脂有松香、虫胶、沥青等。植物油料有干性油（亚麻仁油、桐油、苏籽油、锌油等）、半干性油（大豆油、向日葵油）和不干性油（麻油、椰子油）。由于植物油料受自身的缺陷和资源量的影响，现在使用得比较少。

2. 次要成膜物质

次要成膜物质是指涂料中所用的颜料和填料，它们也是构成涂膜的组成部分，其作用是使涂膜呈现颜色和遮盖力，增加涂膜硬度，防止紫外线的穿透，提高涂膜的抗老化性和耐候性。次要成膜物质不能离开主要成膜物质而单独组成涂膜。

（1）颜料：颜料在涂料中除赋予涂膜以色彩外，还起到使涂膜具有一定的遮盖力及提高膜层机械强度、减少膜层收缩、提高抗老化性等作用。

建筑涂料中的颜料主要用无机矿物颜料，有机染料使用较少，其中常用的无机颜料如红丹（Pb_3O_4）、锌铬黄（$ZnCrO_4$）、氧化铁红（Fe_2O）和铝粉等，也有用有机颜料（人工合成的有机染料）。

颜料的品种很多，按产源可分为人造颜料与天然颜料；按作用可分为着色颜料、防锈颜料和体质颜料（即填料）。

颜料的颜色有红、黄、白、蓝、黑、金属色泽以及中间色等。常用的品种可参见表 4-1。

颜料颜色常用的品种　　　　　　　　　　　　　　　　　　　　　　表 4-1

颜料颜色	化学成分	品种
黄色颜料	有机颜料	铅铬黄（铬酸铅 $PbCrO_4$）、铁黄[$FeO(OH)\cdot nH_2O$]
	无机染料	耐晒黄、联苯胺黄等
红色颜料	有机颜料	铁红（Fe_2O_3）、银朱（HgS）
	有机染料	甲苯胺红、立索尔红等
蓝色颜料	有机颜料	铁蓝、钴蓝、群青
	有机染料	酞菁蓝等
黑色颜料	无机颜料	炭黑（C）、石墨（C）、铁黑（Fe_3O_4）等
	有机染料	苯胺黑等
绿色颜料	无机颜料	铬绿、锌绿等
	有机染料	酞菁绿等
白色颜料	无机颜料	钛白粉（TiO_2）、氧化锌（ZnO）、立德粉（$ZnO+BaSO_4$）
金属颜料		铝粉、铜粉等

（2）填料：填料的主要作用在于改善涂料的涂膜性能，降低生产成本，填料主要是一些碱土金属盐、硅酸盐和镁、铝的金属盐等，如重晶石粉（$BaSO_4$）、碳酸钙（$CaCO_3$）、滑石粉（$3MgO\cdot 4SiO_2\cdot H_2O$）、云母粉（$K_2O\cdot Al_2O_3\cdot 6SiO_2\cdot H_2O$）、瓷土（$Al_2O_3\cdot 2SiO_2\cdot 2H_2O$）、石英砂等，多为白色粉末状的天然材料或工业副产品。

3. 稀释剂

稀释剂又称溶剂，是一种能溶解油料、树脂，又易于挥发，能使树脂成膜的有机物质，是溶剂性涂料的一个重要组成部分。它将油料、树脂稀释，并能把颜料和填料均匀分散，调节涂料的黏度，使涂料便于涂刷、喷涂，在基体材料表面形成连续薄层。溶剂还可增加涂料的渗透力，改善涂料和基体材料的粘结能力，节约涂料用量等。

常用的稀释剂有松香水、酒精、200号溶剂汽油、苯、二甲苯和丙醇等，这些有机溶剂都容易挥发有机物质，对人体有一定的影响。而乳胶性涂料，是借助具有表面活化的乳化剂，以水为稀释剂，不采用有机溶剂。

4. 辅助材料

有了上述主要成膜物质和次要成膜物质中的颜料和填料以及溶剂，就构成了涂料。但为了改善涂料的性能，诸如涂膜的干燥时间、柔韧性、抗氧化、抗紫外线作用及耐老化性能等，通常在涂料中加入一些辅助材料。辅助材料又称助剂，它们的掺量很少，但种类很多，且作用显著，是改善涂料使用性能不可忽视的重要方面。常用的辅助材料有增塑剂、催干剂、固化剂、抗氧剂、紫外线吸收剂、防霉剂、乳化剂以及特种涂料中的阻燃剂、防虫剂、芳香剂等。

(二) 涂料的分类

1. 按主要成膜物质的化学成分分类

按构成涂膜物质的化学成分，可将建筑涂料分为有机涂料、无机涂料、复合涂料三类。

(1) 有机涂料

有机涂料按成膜物质和稀释剂的不同分成溶剂性涂料、水溶性涂料和乳胶涂料三种类型。

① 溶剂性涂料是以有机高分子合成树脂为主要成膜物质，有机溶剂为稀释剂，加入适量的颜料、填料（体质颜料）及辅助材料，经研磨而成的。此类涂料形成的涂膜细腻光洁而坚韧，有较好的硬度、光泽和耐水性、耐候性，气密性好、耐酸碱，对建筑材料有较好的保护作用，使用温度最低可达零度。主要缺点是：易燃，溶剂挥发对人体有害，施工时要求基层干燥，涂膜透气性差。

② 水溶性涂料是以水溶性合成树脂为主要成膜物质，以水为稀释剂，加入适量的颜料、填料及辅助材料，经研磨而成的。这类涂料的水溶性好，可直接溶于水中，与水形成单相的溶液。它的耐水性较差，耐候性不强，耐擦洗性差，一般只用于内墙。

③ 乳胶涂料又称乳胶漆，它是由合成树脂借助乳化剂的作用，用 $0.1\sim0.5\mu m$ 的极细微粒子分散于水中构成乳液，并以乳液为主要成膜物质，加入适量的颜料、填料、辅助材料经研磨而成。由于省去了价格较贵的有机溶剂，以水为稀释剂，故价格较为便宜且无毒、阻燃，对人体无害，有一定的透气性，涂刷时不需要基层很干燥，涂膜固化后的耐水、耐擦洗性能较好，可作为建筑内外墙的涂料。施工温度一般应在10℃以上，用于潮湿部位时易发霉，需要添加防腐剂。

(2) 无机涂料

无机涂料是在传统无机抹灰材料（如石灰水、大白浆和可赛银等，但是这类涂料的使用性能较差，易产生起粉、剥落等现象）的基础上发展起来的，与有机涂料相比较，无机涂料具有如下特点。

① 生产工艺较简单，资源丰富，价格低廉，节约能源，对环境污染小。

② 粘结力较强，对基层处理要求不是很严，适用于混凝土、砂浆及木材等不同的基层。

③ 耐久性好，涂盖性与装饰性好。

④ 温度适应性好，碱金属硅酸盐系列的涂料可在较低的温度条件下施工，双组分固化成膜，受气温影响不大。

⑤ 储存稳定性，颜色均匀，且不易褪色。具有良好的耐热性，且遇火不燃、无毒。

无机涂料是一种很有发展前途的建筑涂料。目前无机涂料的品种主要有以碱金属硅酸盐为主要成膜物质的无机涂料和以胶态二氧化硅为主要成膜物质的无机涂料。

（3）复合涂料

不论是有机涂料还是无机涂料，本身都存在一定的使用限制。为克服各自缺点，出现了有机和无机复合而成的涂料。如使用已有多年的聚乙烯醇水玻璃内墙涂料，就比单纯使用聚乙烯醇有机涂料的耐水性好；以硅酸胶、丙烯酸系列复合的外墙涂料在涂膜的柔韧性及耐候性方面更能适应气温的变化。

2. 按涂料的性能分类

按涂料使用功能，可将涂料分为防火涂料、防水涂料、保温涂料、防腐涂料、抗静电涂料和幻彩涂料等。

3. 按建筑物使用部位分类

按建筑物使用部位，可将涂料分为外墙建筑涂料、内墙建筑涂料、顶棚涂料、地面涂料和屋面涂料等。

4. 按涂料的涂抹状态分类

按涂料的涂膜状态（质感）分类，可将涂料分为薄质涂料、厚质涂料和复层涂料。

（三）涂料产品的命名

根据国家标准《涂科产品分类和命名》GB/T 2705—2003 对涂料命名作了如下规定。

1. 命名原则

涂料全名一般是由颜色或颜料名称加上成膜物质名称，再加上基本名称（特性或专业用途）而组成。对于不含颜料的清漆，其全名一般是由成膜物质名称加上基本名称而组成。

2. 颜色的描述

颜色名称通常由红、黄、蓝、白、黑、绿、紫、棕、灰等颜色，有时再加上深、中、浅（淡）等词构成。若颜料对漆膜性能起显著作用，则可用颜料的名称代替颜色的名称，例如铁红、锌黄、红丹等。

3. 名称的简化

命名时，对涂料名称中的成膜物质的名称应作适当简化。例如：聚氨基甲酸酯简化成聚氨酯；硝酸纤维素简化为硝基等。如果漆基涂料中含有多种成膜物质时，则选取起主要作用的一种成膜物质命名。选取两或三种成膜物质命名，主要成膜物质名称在前，次要成膜物质名称在后，例如红环氧硝基磁漆。

4. 基本名称

基本名称表示涂料的基本品种、特性和专业用途，例如清漆、磁漆、底漆、锤纹漆、罐头漆、甲板漆、汽车修补漆等。

5. 专业用途和特性的标明

在成膜物质名称和基本名称之间，必要时可插入适当词语来标明专业用途和特性等，例如白硝基球台磁漆、绿硝基外用磁漆、红过氯乙烯静电磁漆等。

6. 干燥方式的注明

需烘烤干燥的漆，名称中（成膜物质名称和基本名称之间）应有"烘干"字样，例如银灰氨基烘干磁漆、铁红环氧聚酯酚醛烘干绝缘漆。如名称中无"烘干"词，则表明该漆是自然干燥，或自然干燥、烘烤干燥均可。

7. 组分的标识

凡双（多）组分的涂料，在名称后应增加"（双组分）"或"（三组分）"等字样，例如聚氨酯木器漆（双组分）。

注：除稀释剂外，混合后产生化学反应或不产生化学反应的独立包装的产品，都可认为是涂料组分之一。

（四）常用建筑涂料的特点

1. 内墙涂料

内墙涂料也可做顶棚涂料，其主要功能是装饰和保护内墙墙面和顶棚面，使其美观整洁。内墙涂料特点：

（1）色彩丰富、质地平滑细腻、色调柔和。

（2）耐碱性、耐水性好，且不易粉化。

（3）良好的透气性和吸湿排湿性，否则，室内常会因湿度变化而结露。

（4）涂刷方便、重涂性好。

内墙涂料通常有合成树脂乳液内墙涂料、水溶性内墙涂料和特殊内墙涂料等。

2. 外墙涂料

外墙涂料的功能主要是装饰和保护建筑物的外墙面。其不仅使外墙面美观悦目，达到美化环境的目的，而且具有保护外墙不受介质侵蚀，达到延长使用寿命的目的。外墙涂料特点：

（1）装饰性良好。

（2）耐水性良好。

（3）耐候性良好。

（4）耐沾污性好。

（5）经济合理。

3. 地面涂料

地面涂料的功能是装饰和保护地面，使之与室内墙面及其他装饰部位相适应，为人们创造一种温馨优雅的生活和工作环境，地面涂料一般直接涂覆在水泥砂浆地面基层上，根据其装饰部位的特点，地面涂料应具备以下特点：

（1）耐碱性强，能适应水泥砂浆地面基层带有的碱性。

（2）与水泥砂浆基层有良好的粘结强度。

（3）良好的耐水性和耐擦洗性。

（4）良好的耐磨性，不易被经常走动的人流磨损破坏。

（5）良好的抗冲击性，能够承受重物冲击而不开裂、脱落。

（6）施工方便，重涂性好。

4. 功能性涂料

功能性建筑涂料是指除了具备一般建筑涂料的装饰功能或不以装饰功能为主外，主要具有其他某些特殊功能的涂料，如防水、防火、防腐、保温隔热、吸声隔声等功能。功能性建筑涂料一般也称为特种涂料。常用的建筑功能性涂料有防火涂料、防水涂料、防腐涂料等。

三、能力训练

任务情景

你是某建筑工程施工现场技术人员，请你根据设计交底对进场的一批涂料（油漆、溶剂型涂料、合成树脂乳液涂料、水溶性涂料）进行品种、规格、特点及适用范围等进行核验，核验后完成这批涂料的施工交底。

（一）任务准备

1. 资料准备

《水溶性内墙涂料》JC/T 423—1991；

《外墙无机建筑涂料》JG/T 26—2002；

《建筑内外墙用底漆》JG/T 210—2018；

《涂料产品分类和命名》GB/T 2705—2003；

《建筑涂料水性助剂的分类与定义》GB/T 21088—2007。

2. 工具准备

钢直尺、直角尺等。

安全提示

（1）进入实训场所需遵守实训守则，禁止大声喧哗、打闹嬉戏。

（2）实训时应穿戴好必要的劳防用品，谨防受伤。

（3）实训完成后，应将现场清理干净后，将工具放回原位。

（二）任务实施

1. 规范查阅、资料搜集

根据设计交底登录相关搜索网站查询相关信息。浏览、下载建筑装饰涂料相关技术标准，并通过网站搜集建筑装饰涂料的特点及应用等相关资料，并对搜集来的资料进行分类整理。

2. 资料分类及整理

针对搜集的相关资料，进行分类整理，找出相关要点，进一步细化梳理。

3. 总结归纳各类涂料的特点及适用范围

从分类出的相关要点资料中，遴选出最常见新型装饰涂料性能特点，针对各自不同的特点总结归纳其各自的适用范围。

4. 信息汇总表填写（表4-2）

涂料施工交底汇总表（样表）　　　　　　　　　　　　　　　　　　　　　　表4-2

序号	材料名称	特点	用途
1	油漆	防腐、防水、防油、耐化学品、耐光、耐温；不同材质涂上涂料，可得到五光十色、绚丽多彩的外观，起到美化人类生活环境的作用等	一般用于装修方面（内墙漆，外墙漆）
2	溶剂型涂料	涂膜细腻光洁而坚韧，有较好的硬度、光泽和耐水性、耐候性，气密性好，耐酸碱，对建筑材料有较好的保护作用，使用温度最低可达零度	目前主要用于大型厅堂、室内走廊、门厅等部位
3	合成树脂乳液涂料	成膜速度快、遮蔽性强、干燥速度快、耐洗刷性、绿色环保	一般用于室内墙面装饰，但不宜用于厨房、卫生间、浴室等潮湿墙面，也适用于外墙装饰
4	水溶性涂料	这类涂料的水溶性好，可直接溶于水中，与水形成单相的溶液。它的耐水性较差，耐候性不强，耐擦洗性差	一般只用于内墙

交底人：×××　　　　　　　　　　　　　被交底人：×××

日期：××××-××-××

（三）任务评价（表4-3）

任务评价表　　　　　　　　　　　　　　　　　　　　　　　　表4-3

序号	评价内容	评价标准	分值	得分
1	知识与技能	能根据涂料的主要成膜物质、性能、使用部位、涂抹状态对其进行分类	20	
		能说出涂料产品的命名方式	10	
		能按照标准正确对涂料命名和分类	10	
		能根据建筑物使用部位归纳出内外墙涂料、地面涂料的基本性能和特点	20	
		能准确根据工程场景选用合适的装饰涂料	10	
2	职业素养	进入实训场所能遵守实训守则	7.5	
		能积极配合同组成员共同完成查询数据处理	7.5	
		有科学使用互联网做好个人信息保护的习惯和意识	7.5	
		实训后能做到工完、料清、场地净	7.5	
3	合计		100	

四、拓展学习

新型建筑涂料发展趋势

建筑涂料（图4-1）直接关系到人类的健康和生存环境，代表着人们的生活水平。随着现代生活文化和社会经济的发展，人类对建筑涂料的发展有更高的要求，未来建筑涂料的发展必然与这种要求相一致。

图4-1 建筑涂料

1. 向水性化、生态化方向发展

当今世界人类赖以生存的环境越来越多地受到人们的关注。随着人们环保意识的提高和对健康的重视，建筑涂料与环境存在的矛盾日益突显，其污染问题日益引起社会的重视。随着装饰装修市场的繁荣和快速发展，装饰装修给室内环境带来的空气污染已成为全社会关注的焦点。据国际有关组织调查统计资料表明，世界上30％的新建和重建建筑物中，都发现了有害健康的室内空气污染，它已列入对公众健康危害最大的5种环境因素之一。国际上一些室内环境专家提醒人们，在经历了工业革命带来的煤烟型污染和光化学烟雾型污染之后，我们已经进入以室内空气污染为标志的第三污染期。空气污染主要体现在3方面，即化学性污染、生物性污染（即微生物、真菌的污染）和放射性污染。在近期国家卫生、建设、环保等部门联合对室内装饰市场进行的一次调查中发现，存在有毒气体污染的室内装饰材料占68％，这些材料中含挥发性有机化合物高达300多种。而在这些有机化合物中，对人体产生明显感觉的有毒、有害有机化合物包括甲醛、苯、氨等。

因而，新型建筑涂料向功能型、环保型、绿色化方向发展已刻不容缓。涂料的品种结构应向减少VOC含量、环保化产品发展。由于室内装饰装修中建筑装饰装修材料给室内带来的污染已经引起了各界的关注，自2001年开始，有关部门就着手制定相关标准。国家对室内装饰装修材料的10项标准于2003年1月1日起强制性执行，其中有两项是关于涂料的。

2. 向功能化发展

科研工作者除了研究开发各类功能性涂料，包括防火涂料、防水涂料、防腐涂料、防霉涂料、碳化涂料、隔热涂料、保温涂料等，还应加紧研究和解决建筑装饰中其他难题以满足各类建筑对不同功能涂料的需求。

3. 向高性能、高档次发展

科研工作者应该重点研究有机硅改性丙烯酸树脂涂料、水性聚氨酯涂料以及氟碳树脂水性化涂料，以适应和满足我国高层和公共建筑外装饰涂料的需求。

4. 提高涂料配制技术

提高涂料配制技术主要包括优质颜填料的生产和选用、各类助剂的配套应用和色浆的配制、纳米材料及超细粉料配制中的应用技术，以此满足提高涂料功能的要求。

另外，有机硅改性丙烯酸树脂涂料由于具有优良的耐候性、耐污染性、耐化学品性，是中国建筑涂料发展的重要方向。粉末涂料由于无毒、安全性能好，也将是高档建筑涂料的主要发展方向。

五、课后练习

（一）填空题

1. 根据国家标准《涂料产品分类和命名》GB/T 2705—2003，涂料全名＝_____＋_____＋_____。

2. 涂料按构成涂膜物质的化学成分，可将建筑涂料分为_____、_____、_____三类。

（二）单选题

1. 以下代表船舶漆的代号是（　　）。

A. 30-38　　　　　　B. 40-49　　　　　　C. 50-59　　　　　　D. 60-99

2. 黑色颜料颜色常用的品种有（　　）。

A. Fe_2O_3　　　　　　　　　　　B. $FeO（OH）·nH_2O$

C. Fe_3O_4　　　　　　　　　　　D. ZnO

（三）思考题

外墙涂料、内墙涂料各有什么特点，你是怎样识别各涂料的？

任务二　建筑装饰涂料的外观检测

一、学习目标

1. 能说出建筑装饰涂料质量检测的主要检测项目；

2. 能说出涂料流挂性、涂膜目视比色、涂膜光泽的定义；

3. 能按照要求正确进行涂料流挂性、涂膜目视比色、涂膜光泽度的测定；

4. 能认真、实事求是地填写测定数据，养成尊重客观事实，不弄虚作假，诚实守信的良好品质。

二、知识导航

建筑装饰涂料的质量检测主要分为外观检测和物理性能检测。在涂料的外观检测中主要有涂料的流挂性、涂膜目视比色、涂膜光泽度等项目的检测。在涂料的物理性能检测中主要有表干时间、固含量、密度等项目的检测。

在实际应用时，涂料在涂刷时不仅需要满足一定的工作性能，在涂刷后还需满足一定的美观要求。因此，涂料的外观质量检测就显得尤为重要。

（一）涂料的流挂性

涂膜上留有漆液向下流淌痕迹的现象叫作流挂。多出现于垂直面或棱角处。一般出现在垂直面的为垂幕状流挂，出现在棱角处的为泪痕状流挂。涂刷的漆膜太厚或油漆调得过稀，都会出现流挂现象。要避免涂漆出现气泡，醇酸漆必须用水性底漆或与水性的漆相匹配的底漆把木质基材的孔隙封闭。施工涂装要选用水性木器涂料专用的涂装工具。搅拌水性涂料后，要在搅拌时产生的大量机械泡完全消失后，方可涂装施工。如果搅拌的水性涂料难消泡，要适当加入消泡剂。要坚持轻刷薄涂的原则，从而达到理想的效果。涂膜产生流挂往往是加水太多稀释导致的，涂装施工时，一次喷涂量太大，使涂膜太厚，或使用不良刷子，形成涂膜厚薄不匀，造成涂膜产生流挂，涂料使用不良防沉剂或抗流挂剂，或这种助剂用量不足，也容易使涂膜产生流挂。

（二）涂膜目视比色

涂膜比色是指用目视比色的方法，将试样与标准样品作比较，从而对样品的色泽作出客观的评价。

通常在规定的照明条件和观察条件下观察待比较的色漆涂膜颜色，可以在自然日光下或人造光源下进行。

如果在人造光源下进行比色，则要使用比色箱。一般应在比色箱内涂以亮度系数为15%（如孟赛尔系统的 $N_4 \sim N_5$）的中性灰色平光漆。对于浅色和接近白色的比色，其内部涂漆的亮度系数应等于或高于30%（如孟赛尔系统的 N_6）。如果主要用于暗色的比色，内部则可涂以黑色平光漆。为保证有适宜的比色环境，比色箱内的桌面应当盖一层中性灰板，其亮度系数应与被比色的试板相近似。

（三）涂膜光泽度

涂膜光泽度是涂膜表面的一种光学性质，以其反射光的能力来表示。

涂膜表面越是光泽，光源照射在涂膜上反射光也就会越多，涂膜的光泽感就会越明显。反之，涂膜表面越发粗糙，光源照射在涂膜上，光线会朝各向漫射，被反射的光线就会越少，涂膜的光泽感就会越低。

测定时采用固定角度的光电光泽计，在同一条件下，分别测定从涂膜表面来的正反射光量与从标准板表面来的正反射光量，涂膜光泽度以两者之比的百分数表示。

三、能力训练

任务情景

你是某第三方检测机构材料检测员，要对某建筑公司送检的装饰涂料进行外观检测，并填写检测记录。

（一）涂料流挂性检测

1. 任务准备

（1）仪器准备

① 带刻度的流挂涂布器（图 4-2），为了得到适当厚度的条状涂层，该涂布器符合以下规格：涂布器内间隙凹槽宽度应是统一的并且该宽度应限制在 6.00～6.35mm 之间，容许偏差为±0.25mm；涂布器内间隙凹槽之间的间隔应是统一的，应为间隙凹槽宽度的25%，容许偏差为±0.25mm；从涂布器的一端到另一端，间隙凹槽深度应呈均匀的阶梯式变化。

② 喷涂装置：根据涂料施涂需要，可选用无气喷涂装置或有气喷涂装置。

③ 湿膜厚度测定仪：有合适的范围。

④ 搅拌器。

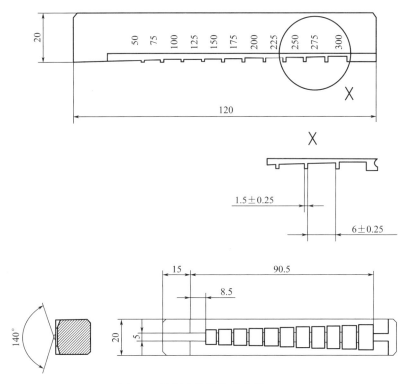

图 4-2　带刻度的流挂涂布器刀口

⑤ 试板

试板 200mm×120mm×（2～3）mm 的表面平整光滑的玻璃板。

（2）资料准备

《色漆、清漆和色漆与清漆用原材料取样》GB/T 3186—2006。

《色漆和清漆 抗流挂性评定》GB/T 9264—2012。

2. 任务实施

（1）水平放置试板，并使之固定在置于牢固表面的一张纸上。

（2）将带刻度的流挂涂布器放在水平试板的一端，其间隙缺口向下。

（3）进行商定的预剪切，立即将足够的涂料对着刮涂器靠近各间隙缺口的边缘处倒下，避免形成气泡。确保有足够的涂料可使刮涂器刮拉至少 100mm 长距离而形成合适的漆膜条带，将过量的涂料刮到试板的底端和下面的纸上。

（4）必要时使用导向板，立即以恒定的速度和稳定的向下压力使刮涂器拉过湿涂料，以清楚地形成互相分开的湿漆条带。如果湿漆条不直或没有形成清晰明确的边缘，弃去该试板，并用新试板重复施涂。

（5）立即把试板垂直放置，漆条呈水平，并且使最小涂膜厚度的条带在最上面。

（6）在第二块试板上重复施涂程序。

（7）用第三块试板重复施涂程序，保持刮涂用力和速度恒定，并使试板仍然处于水平位置，测量每个漆条的中心的湿膜厚度。

（8）检测结果显示

如果允许涂膜闪干，通过识别每块试板上没有流挂的最下面（最厚）的漆条来评定抗流挂性。评定仅以施涂涂料的中间部分为准，弃去条带在刮涂开始和终了的部分（正常为10mm），在第三块试板上进行湿膜厚度测量测定没发生流挂的流挂涂布器的最大间隙深度处对应的实际涂膜厚度。

（9）检测记录填写（表4-4）

涂料流挂性检测记录样例表　　　　　　　　　表4-4

样品名称	丙烯酸防水涂料			检验类别	自检
规格型号	1kg/桶			样品来源	自产
收样日期	××××年××月××日			样品数量	1
试验方法	GB/T 9264—2012			试验环境	温度:23℃
试验设备	流挂涂布器				湿度:50%
试验时间	××××年××月××日				
检测参数	检测数据				
漆条	1	2	3	试验结果	
湿膜厚度	225μm	250μm	250μm	250～275μm	
备注					

复核：×××　　　　　　　　　　　　　　　试验：×××

（二）涂料目视比色的检测

1. 任务准备

（1）仪器准备

① 试板和参照标准板

试板和参照标准板都应当是平整的，尺寸不应小于120mm×50mm。当从500mm距离处观察120mm长的试板时，两眼视线夹角约为10°，试板为玻璃板。

② 参照标准板

只有色牢度高的标准板，才能用作参照标准板，参照标准板应与试板的底材及尺寸相同，并且在光泽和表面结构上非常接近。

③ 试板的处理和涂漆

按规定或商定的方法涂漆。

④ 试板干燥

试板在规定的条件下，按产品标规定的时间进行干燥。除另有规定外，至少在温度23±2℃，相对湿度50±5%条件下进行状态调节16h，状态调节期间，空气自然循环并且不受日光直接照射。

⑤ 漆膜厚度

测定干燥漆膜的厚度，以微米表示。

（2）资料准备

《漆膜一般制备法》GB/T 1727—2021。

《色漆和清漆 漆膜厚度的测定》GB/T 13452.2—2008。

《色漆、清漆和色漆与清漆用原材料取样》GB/T 3186—2006。

《色漆和清漆 标准试板》GB 9271—2008。

《色漆和清漆 色漆的目视比色》GB/T 9761—2008。

2. 任务实施

（1）观察准备

对观察者必须经过仔细选择。因为很多人的色视觉有缺陷，用色盲图表只能查出严重的色视觉缺陷，对于标准比色观察者的检查应更为严格，可采用色盲检查镜对其进行检查。如果观察者戴有眼镜以矫正视力，则镜片必须在整个可见光谱内有均匀的光谱透过率。

为了避免眼睛疲劳的影响、在看了强烈的色彩之后，不要立即看淡色或补色。在对明亮的饱和色进行比色时，如不能迅速作出判定，观察者应在旁边的中性灰色上看上几秒钟，之后再进行比色。如果观察者连续工作，目视比色的质量将严重下降，需经常休息几分钟，在休息期间，不应再试图比色。

（2）常规法检测

对两块试板的比色或试板与参照标准的比色，可在自然日光条件下或在比色箱的人造日光条件下进行。

将试板并排放置，使相应的边互相接或重叠，比色时，眼睛至样板的距离约为500mm，为改善比色精度，试板位置应时时互换。对于某些面漆（如闪光面漆），比色方法应根据有关双方一致意见进行。对于光泽差别很大的漆膜，比色方法应按照下面比色原则进行：

① 在自然日光下进行观察

为了限制光泽差别的影响，可在一定方向观察试板，例如以接近于直角方向进行观察，这样，镜面反射就不会进入人眼。

② 在比色箱中进行观察

使照光以 0°角入射，人眼以 45°角观察。

（3）仲裁方法检测

在有争议的情况下，比色应在符合 CIE 标准光源 D_{65} 的人造日光条件下进行，如选用其他光源，应由有关双方商定。

（4）条件配色性的评定

如果标准与试样含有不同料组成，它们可能在某一标准光源下是等色的，而在另种光源下就不是等色了，这种现象称之为条件配色性。

如果需要对条件配色性进行目视评定，可将试板分别置于 CIE 标准光源 D_{65} 及 A（钨丝灯）下进行观察。

（5）检测记录填写（表 4-5）

涂料目视比色测试记录样例表 表 4-5

样品名称	水性乳胶漆色漆			检验类别	自检
规格型号	5L/桶			样品来源	自产
收样日期	××××年××月××日			样品数量	1桶
试验方法	目视比色法			试验环境	温度:23℃ 湿度:50%
状态调节	××月××日×时至××月××日×时在 23.0℃;50%下放置 16h				
试验时间	××××年××月××日				
检测参数	检测数据				
测试样品	1	2	3	4	5
目视比色	符合色差板	符合色差板	符合色差板	符合色差板	符合色差板
备注					

复核:×××   试验:×××

（三）涂膜光泽度的测定

1. 任务准备

（1）仪器准备

① 玻璃板：250mm×200mm×（2～3）mm；

② 光泽度计：如图 4-3 所示。

③ 试样准备

试样规格 250mm×200mm。试样涂饰后，应在温度不低于 15℃空气流通的环境里放置 7d 后进行试验。试样表面平整，无鼓泡、划痕、褪色、皱皮等缺陷。在试验前试样应在温度为 20℃±2℃，相对湿度为 60%～70% 的环境中预处理 24h。

（2）资料准备

图 4-3 光泽度计

《涂料与辅料材料使用安全通则》AQ 5216—2013。

《漆膜一般制备法》GB/T 1727—2021。

《家具表面漆膜理化性能试验 第六部分：光泽测定法》GB/T 4893.6—2013。

《漆膜颜色的测量方法 第一部分：原理》GB 11186.1—1989。

《漆膜颜色的测量方法 第二部分：颜色测量》GB 11186.2—1989。

《合成树脂乳液内墙涂料》GB/T 9756—2018。

安全提示

（1）操作前需要检查光泽计，每次开电源开关，都要进行"校零"和"校标"的步骤。

（2）对实验数据及时记录并做好现场的检核校对，完成计算。

（3）对所使用的量具或设备上的旋钮开关要及时规整复位，并对场地内产生的垃圾或废料进行分类处理。

2. 任务实施

（1）零点校准

使用零参照标准板校验，如果读数不在 0±0.1 范围内，测量读数需要减去零点读数。

带自动调零的光泽计,省略此步骤。

（2）校准

用镜面光泽值接近 100 的工作参照标准板,将光泽计调节至标准值。

接着取第二个（光泽值较低）工作参照标准板,进行测量。当读数在标准值的 1 个标度分度之内,则可进行测定。

（3）测量

光泽计校准后,用擦镜纸擦净试样表面,在距试样边缘 50mm 内的不同的位置或不同方向进行测定,每测定 3 个数据,用较高光泽的工作参照标准板进行校准,以保证仪器无漂移,共测定 6 个数据。

（4）检验结果判定

如果 6 个数据的极差小于 10GU 或平均值的 20％,则记录该平均值和这些值的范围,否则,重新取样测定。

（5）检测记录填写（表 4-6）

涂膜光泽度检测记录样例表   表 4-6

样品名称	内外墙涂料				检验类别	自检
规格型号	1kg/桶				样品来源	自产
收样日期	××××年××月××日				样品数量	1
试验方法	GB/T 4893.6—2013				试验环境	温度:23.0℃ 湿度:50％
试验设备	光泽度计					
状态调节	××月××日×时至××月××日×时在 20.0℃;65％下放置 24h					
试验时间	××××年××月××日					
检测参数	检测数据					
测试次数	1	2	3	4	5	6
光泽度(GU)	72	70	72	71	70	71
平均值	71					
极差	2					
检验结果判定	极差 2GU 小于 10GU 和平均值的 20％符合要求					
备注						

复核:×××　　　　　　　　　　　　　　　试验:×××

（四）任务评价（表 4-7）

任务评价表   表 4-7

序号	评价内容	评价标准	分值	得分
1	知识与技能	能说出建筑装饰涂料质量检测的主要检测项目	10	
		能说出涂料流挂性、涂膜目视比色、涂膜光泽度的定义	10	
		能按照要求进行涂料流挂性、涂膜目视比色、涂膜光泽度的检测	30	
		能客观填写检验表,准确计算出试验数据	10	
		能根据试验结果评价装饰涂料的外观质量	10	

序号	评价内容	评价标准	分值	得分
2	职业素养	能遵守实训室日常安全管理条例	7.5	
		能正确穿戴好实训防护用品	7.5	
		具备尊重客观事实,不弄虚作假,诚实守信的良好品质	7.5	
		实训后能做到工完、料清、场地净	7.5	
3	合计		100	

四、拓展学习

纳米科技在内外墙涂料中的应用

内外墙涂料已成为内外墙装饰的主流,随着人们生活水平的提高,对内外墙涂料提出了更高的要求,开发一种集装饰性与功能性于一体的内外墙涂料日益成为必要。科学技术的迅猛发展,纳米材料和纳米技术异军突起,成为当今新材料研究领域中最富活力、对未来经济和社会发展有着重要影响的研究对象,同时伴随着研究的深入,纳米科技已经渗透到很多领域。纳米科技的应用为改造传统产业注入高科技含量提供了新的机遇。纳米科技应用到涂料中是两者完美的结合。纳米科技为人们开发新型涂料开辟了一条新的途径。

纳米科技是研究由尺寸在 $0.1\sim100nm$ 之间的物质组成的体系的运动规律和相互作用以及可能的实际应用中技术问题的科学技术。纳米科技主要包括:纳米体系物理学、纳米材料学、纳米化学、纳米加工学、纳米生物学、纳米力学等。纳米科技在内外墙涂料中的应用主要包括纳米加工学以及纳米材料两个方面。

纳米材料分为两个层次,即纳米超微粒子与纳米固体材料。纳米超微粒子是指粒子尺寸为 $1\sim100nm$ 的超微粒子。纳米固体是指纳米超微粒子制成的固体材料。纳米材料具有表面效应、小尺寸效应、光学效应、量子尺寸效应、宏观量子尺寸效应等特殊性质,下面介绍如何利用纳米材料的这些特性来为内外墙涂料所用。

(一) 纳米材料的光学特性及应用

由于纳米粒子粒径小、表面分散率高,对不同波长的光线会产生不同的吸收、反射、散射等作用。纳米粒子粒径远远小于可见光的波长（400~750nm）,具有透过作用,从而保证纳米复合涂层具有较高的透明性。不同粒径的纳米材料对光的散射和反射效应不同,可产生随入射光角度不同的变色效应。粒度小于300nm的纳米材料具有可见光反射和散射能力,它们在可见光区是透明的,但对紫外光具有很强的吸收和散射能力,当然吸收能力还与材料的构造有关,与纳米材料的表面催化特性相结合,赋予纳米 SiO_2、TiO_2、ZnO 等填充的涂料以消毒杀菌和自清洁作用。用于外墙涂料可提高耐候性和抗污染能力。某些粒径小于100nm的纳米材料对放射性 α、γ 射线具有吸收和散射作用,可提高涂层防辐射的能力,在内墙涂料中可起到防氡气的作用。

（二）纳米材料的表面活性及应用

纳米材料极大的表面积和近似于大分子水平的粒径决定其具有很高的表面活性。

纳米材料高活性的巨大表面积与成膜物和溶剂形成强大的相互作用力。纳米 SiO_2 以及硅酸盐为主的纳米改性膨润土可极大地改良涂料的流变性，提高其开罐性能防沉降和良好的触变性和施工性能防流挂。随着粒度进入纳米尺度，材料表面活性中心的增多提高其化学催化和光催化的反应能力，在紫外线和氧的作用下给予涂层的自清洁能力。表面活性中心与成膜物质的官能团可发生次化学键结合，极大增加涂层的刚性和强度，从而改良涂层的耐划伤性。高表面能的纳米材料表面经过改性可以获得同时憎水和憎油的特性。这样的材料用于内外墙涂料可以显著提高涂层的抗污性。

（三）纳米材料的小体积效应及应用

纳米级的颜料和填料可以极大地减少涂料中颜料与成膜物之间的自由体积，协同得到增强的成膜物质与纳米填料的结合力从而大大提高填充比，改良涂层的机械强度，减少毛细管而提高涂层的屏蔽作用。将纳米材料用在底漆中，可以加固底漆与基层的粘结作用，底漆微细颗粒渗透到基层中使之连成一个整体，其机械强度的提高是不言而喻的。纳米级的颜填料与底漆的强作用力及填充效果有助于改良底漆-涂层的界面结合。同样，纳米材料在面漆中起到表面填充和修饰作用，提高面漆的光泽，减少阻力。纳米二氧化硅添加到外墙涂料中可提高涂料的耐擦洗性。纳米碳酸钙可提高聚氨酯的强度、硬度等。

五、课后练习

（一）填空题

1. 涂膜产生流挂往往是加水太多稀释导致的，涂装施工时，一次喷涂量＿＿＿＿＿＿，使涂膜＿＿＿＿＿＿，或使用不良刷子，形成涂膜厚薄＿＿＿＿＿＿，造成涂膜产生流挂，涂料使用不良防沉剂或抗流挂剂，或这种助剂用量＿＿＿＿＿＿，也容易使涂膜产生流挂。

2. 涂膜光泽度的测定时，结果取三点读数的算术平均值。各测量点读数与平均值之差，不大于平均值的＿＿＿＿＿＿。

（二）选择题

1. 如果在人造光源下进行比色，则要使用比色箱。一般应在比色箱内涂以亮度系数为（　　）的中性灰色平光漆。

A. 10%　　　　B. 15%　　　　C. 20%　　　　D. 25%

2. 涂料目视比色的检测时，试板在规定的条件下，按产品标准规定的时间进行干燥。除另有规定外，至少在温度（23±2）℃，相对湿度（50±5）%条件下进行状态调节（　　），状态调节期间，空气自然循环并且不受日光直接照射。

A. 12h　　　　B. 14h　　　　C. 16h　　　　D. 18h

（三）思考题

叙述建筑装饰涂料流挂性、涂膜目视比色、涂膜光泽度的测试方法。

■（二）新型建筑陶瓷砖 ■

陶瓷你知多少？

瓷器是从陶器发展过来的。它们的区别一是做工的粗劣或精细，瓷器的每一道工序都有很严格的要求，譬如火候，材质的坚硬程度、纯度；再另一个很重要的区别就是瓷器一定要使用釉药。陶器最早在新石器时代被发现，这时的陶器以黑红两色调为主，以黄褐色为底色，再画上黑色图案，这就是"彩陶"。在一些地区也流行"黑陶"。到了殷代，还有"白陶"。

半陶质器估约出现在汉代，上面已经施有釉药，釉色是青黄的，这就是青瓷。青瓷不单指青色，包括黄、绿、青色。因为古人对这三种颜色分辨不清，一概统称"青色"，这种错误的叫法一直沿用至今。补充一句，自认为青是指紫色。到了唐代，瓷器有了比较成熟的模型，南方有著名的绍兴"越窑"，胎质坚硬而且较薄，轻巧，釉色光泽而纯粹。"越窑"还有一种用来进贡的"秘色瓷器"则更加精致，釉色翠碧光润。宋朝的龙泉县出产的"龙泉窑"瓷器工艺与"越窑"不相上下，以粉色和翠绿色为最佳。从战国到元代，主要的瓷器是"青瓷"明清始色釉和花纹绘制广泛流行，瓷的颜色复杂起来，这一时期一般叫"彩瓷时代"。"青瓷"和"彩瓷"是中国瓷器史上的两大阶段。

任务一　建筑陶瓷砖识别与选用

一、学习目标

1. 能说出陶瓷砖的概念。
2. 能根据不同的分类方法归纳出建筑陶瓷砖的种类及用途。
3. 能根据各建筑陶瓷砖的特点在工程场景选用合适的建筑陶瓷砖。
4. 具有建筑材料成本意识和质量意识，在工程中初步形成团队合作意识。

二、知识导航

陶瓷砖是由黏土和其他无机非金属原料，经成型、烧结等工艺生产而成的板状或块状陶瓷制品。

（一）建筑陶瓷砖的分类

陶瓷砖按成型方法的不同，可分为有干压成型砖及挤压成型砖。干压成型砖是指将混合好的粉料经压制成型的陶瓷砖。挤压成型砖是指将可塑性坯料以挤压的方式成型生产的陶瓷砖。

陶瓷砖按吸水率的不同分为有低吸水率砖（Ⅰ类）、中吸水率砖（Ⅱ类）和高吸水率砖（Ⅲ类）。

其中，釉面内墙砖、陶瓷墙地砖、陶瓷锦砖等是建筑装饰工程中常用的陶瓷类装饰砖材料。

陶瓷砖的分类及代号见表4-8。

陶瓷砖分类及代号 表 4-8

按吸水率 (E)分类		低吸水率(Ⅰ类)				中吸水率(Ⅱ类)				高吸水率(Ⅲ类)	
		$E \leqslant 0.5\%$ (瓷质砖)		$0.5\% < E \leqslant 3\%$ (炻瓷砖)		$3\% < E \leqslant 6\%$ (细炻砖)		$6\% < E \leqslant 10\%$ (炻质砖)		$E > 10\%$ (陶质砖)	
按成型 方法分类	挤压转(A)	AⅠa 类		AⅠb 类		AⅡa 类		AⅡb 类		AⅢ 类	
		精细	普通	精细	普通	精细	普通	精细	普通	精细	普通
	干压砖(B)	BⅠa 类		BⅠb 类		BⅡa 类		BⅡb 类		BⅢ 类	
		BⅢ类仅包括有釉砖									

（二）釉面内墙砖

釉面内墙砖简称釉面砖、内墙砖或瓷砖，是以烧结后呈白色的耐火黏土、叶腊石或高岭土等为原材料制成坯体，面层为釉料，经高温烧结而成的。

1. 釉面内墙砖的种类及特点

釉面砖是用于建筑物内墙面装饰的薄片状精陶建筑材料，其结构由坯体和表面釉彩层两部分组成。它具有色泽柔和、典雅、美观耐用、表面光滑洁净、耐火、防水、抗腐蚀、热稳定性能良好等特点，是一种高级内墙装饰材料（表4-9）。用釉面砖装饰建筑物内墙，可使建筑物具有独特的卫生、易清洗和装饰美观的效果。

釉面砖的主要种类及特点 表 4-9

种类			特点
白色釉面砖			色纯白,釉面光亮、清洁大方
彩色釉面砖	有光彩色釉面砖		釉面光亮晶莹,色彩丰富雅致
	无光彩色釉面砖		釉面半无光,不晃眼,色泽一致、柔和
装饰釉面砖	花釉砖		是在同一砖上施以多种彩釉经高温烧成;色釉互相渗透,花纹千姿百态,装饰效果良好
	结晶釉砖		晶化辉映,纹理多姿
	斑纹釉砖		斑纹釉面,丰富生动
	仿大理石釉砖		具有天然大理石花纹,颜色丰富,美观大方
图案砖	白色图案砖		是在白色釉面砖上装饰各种图案经高温烧成;纹样清晰
	色地图案砖		是在有光或无光的彩色釉面砖上装饰各种图案,经高温烧成;具有浮雕、缎光、绒毛、彩漆等效果
字画釉面砖	瓷砖画		以各种釉面砖拼成各种瓷砖画,或根据已有画稿烧制成釉面砖,拼装成各种瓷砖画;清晰美观,永不褪色
	色釉陶瓷字		以各种色釉、瓷土烧制而成;色彩丰富,光亮美观,永不褪色

2. 釉面内墙砖的形状与规格

釉面内墙砖按形状可分为通用砖（正方形砖、矩形砖）和异形砖（配件砖）。通用砖一般用于大面积地面的铺贴；异形砖多用于墙面阴阳角和各收口部位的细部构造处理。通用砖的常用外形如图 4-4 所示，异形砖的常用外形如图 4-5 所示。釉面内墙砖的常见规格见表 4-10。

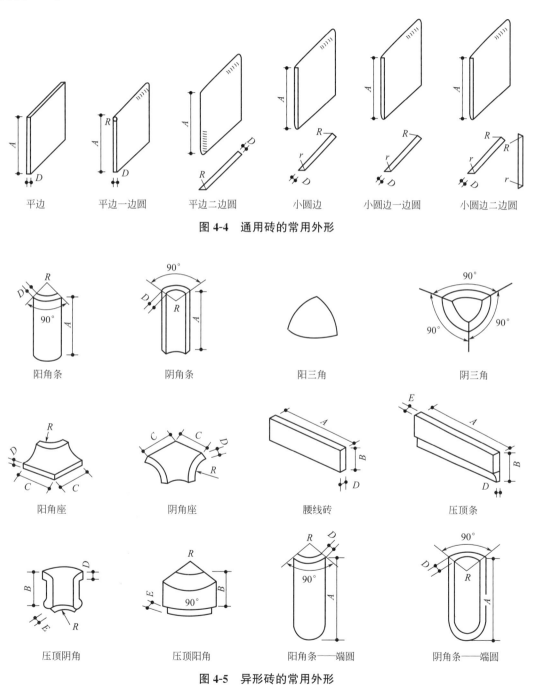

平边　平边一边圆　平边二边圆　小圆边　小圆边一边圆　小圆边二边圆

图 4-4　通用砖的常用外形

阳角条　阴角条　阳三角　阴三角

阳角座　阴角座　腰线砖　压顶条

压顶阴角　压顶阳角　阳角条——端圆　阴角条——端圆

图 4-5　异形砖的常用外形

釉面砖的常用规格表（单位：mm）　　　　　　表 4-10

长	宽	厚	长	宽	厚
152	152	5	152	76	5
108	108	5	76	76	5
152	75	5	80	80	4
300	150	5	110	110	4
300	200	5	152	152	4
300	200	4	108	108	4
300	150	4	152	75	4
200	200	5	200	200	4
300	200	6	200	200	5

3. 釉面内墙砖的用途

釉面内墙砖具有许多优良性能，它不仅强度较高、防潮、耐污、耐腐蚀、易清洗、变形小，具有一定的抗急冷急热性能，而且表面光亮细腻、色彩和图案丰富、风格典雅，具有很好的装饰性。故它主要用作厨房、浴室、厕所、盥洗室、实验室、医院、游泳池等场所的室内墙面和台面的饰面材料。釉面砖的吸水率为 10%～20%，属于多孔精陶制品，施工时多采用水泥砂浆铺贴。如釉面砖长期处在潮湿的环境中，陶质坯体会吸收大量的水分而产生膨胀现象，产生内应力。由于釉层结构致密，吸湿膨胀系数小，当坯体因湿膨胀对釉层的拉应力超过釉层的抗拉强度时，釉层会发生开裂。当釉面砖受到一定温差的冻融循环时，釉层的开裂会更严重，故釉面砖不宜用于室外装饰。在地下走廊、运输巷道、建筑墙柱脚等特殊部位和空间，最好选用吸水率低于 5% 的釉面砖。

（三）釉面外墙砖

1. 釉面外墙砖的特点

釉面外墙砖是一种在表面经过釉料处理的陶瓷砖，它经过高温烧制，表面釉料形成坚硬的保护层，能够抵御长期暴露在风雨中的侵蚀。它能够耐受极端温度变化、紫外线辐射和酸雨侵蚀等自然环境因素。釉面外墙砖表面光滑平整，不易吸附灰尘和污垢，并且容易清洁。即使长时间暴露在大气中，也能保持良好的外观。釉面外墙砖可以通过添加不同颜色的釉料来实现各种色彩效果。釉面外墙砖的表面可以设计成各种纹理和质感，如仿木纹、仿石纹等。这些质感可以增加建筑物的立体感和美观度。

2. 釉面外墙砖的用途

釉面外墙砖在建设工程领域有广泛的应用，釉面外墙砖可以作为建筑物外墙的装饰材料，为建筑赋予美观的外观。其丰富的色彩和质感选择，可以满足不同风格和设计需求。具有较好的耐候性和耐污性，可以作为建筑物外墙防水保温层的一部分。其表面光滑平整，不易吸附水分，能够有效防止雨水渗透到建筑内部。同时，釉面外墙砖还能够提供一定程度的保温效果，减少能源消耗。除了用于建筑物外墙装饰，釉面外墙砖还可以应用于室内空间的装饰。例如，在商业综合体、办公楼、酒店等场所，可以使用釉面外墙砖来装饰大厅、走廊、会议室等公共区域，营造出高档、时尚的氛围。釉面外墙砖的表面平整且色彩鲜艳，非常适合用于广告标识的制作。在商场、商铺等场所的外墙上，可以使用釉面外墙砖制作各种广告标识，增加宣传效果和品牌形象。美观性和耐候性使其成为城市景观建设的理想材料之一。可以应用于公园、广场、街道等公共空间的建筑物外墙装饰，为城市增添艺术氛围和视觉效果。对于一些历史建筑的修复和保护工程，釉面外墙砖也有重要的作用。其材质和工艺能够与传统建筑风格相匹配，同时具备现代化的耐候性能，能够在保持原有风貌的基础上提供更好的保护。

（四）陶瓷墙地砖

陶瓷墙地砖为陶瓷外墙面砖和室内、室外陶瓷铺地砖的统称。它是由黏土和其他无机非金属原料，经成型、烧结等工艺生产的板状或块状陶瓷制品。

1. 陶瓷墙地砖的种类及性能

陶瓷墙地砖根据不同的生产方法，包括布料工序尤其是二次布料工序、墙地坯体压制成型工序、煅烧成型工序的不同，陶瓷墙地砖可分为有表面无釉外墙面砖（墙面砖）、表面有釉外墙面砖（彩釉砖）、线砖、外墙立体面砖（立体彩釉砖）等品种。

陶瓷墙地砖在生产时通常是在室温下通过干压、挤压或其他成型方法成型，然后干燥，在一定温度下烧制而成。因此，陶瓷墙地砖质地较密实，强度高，吸水率小，热稳定性、耐磨性及抗冻性均较好。

2. 陶瓷墙地砖的用途

建筑外墙由于受风吹日晒、冷热冻融等自然因素的作用较严重。因此，在装饰时，不仅要求其装饰砖具有一定的装饰功能外，而且还需要满足一定的抗冻性、抗风化能力和耐污染性能。建筑物地面通常需要供行人、车辆、搬运货物等使用。因此，装饰地面的用砖就要求具有较强的抗冲击性和耐磨性。陶瓷墙地砖其优异的性能既能满足建筑外墙装饰的需要，又能满足建筑地面装饰的需求。因此，人们常常把陶瓷墙地砖称为墙地砖。它的种类、性能及用途见表4-11。

外墙贴面砖的种类、性能及用途　　　　　　　　表4-11

种类		性能	用途
名称	说明		
表面无釉外墙面砖（墙面砖）	有白、浅黄、深黄、红、绿等色	质地坚硬，吸水率小，色调柔和，耐水抗冻，经久耐用，防火，易清洗等	用于建筑物外墙，作为装饰及保护墙面之用
表面有釉外墙面砖（彩釉砖）	有红、蓝、绿、金砂釉、黄、白等色		
线砖	表面有凸起线条，有釉，并有黄绿等色		
外墙立体面砖（立体彩釉砖）	表面有釉，做成各种立体图案		

（五）陶瓷锦砖

陶瓷锦砖又名马赛克，它是用优质瓷土坯料经半干压成形，窑内焙烧成的锦砖，可拼贴成联的或可单独铺贴的小规格陶瓷砖。烧成后，一般做成18.5mm×18.5mm×5mm、39mm×39mm×5mm的小方块，或边长为25mm的六角形等。这种制品出厂前已按各种图案反贴在牛皮纸上，每张大小约30cm见方，称作一联，其面积约0.093m^2，每40联为一箱，每箱约3.7m^2。施工时将每联纸面向上，贴在半凝固的水泥砂浆面上，用长木板压面，使之粘贴平实，待砂浆硬化后洗去皮纸，即显出美丽的图案。

1. 陶瓷锦砖的分类及形状与拼花

陶瓷锦砖按表面性质分为有釉锦砖和无釉锦砖；按照《陶瓷马赛克》（JC/T 456—2015），陶瓷马赛克按颜色分为单色、混色、和拼花三种；按尺寸允许偏差和外观质量分为优等品和合格品两个等级（表4-12），外观质量应符合表4-13的规定。

单块陶瓷锦砖尺寸允许偏差 表4-12

项目	允许偏差	
	优等品	合格品
边长/mm	±0.5	±1.0
厚度/%	±5	±5

陶瓷马赛克外观质量要求 表4-13

表示方法	缺陷允许范围				要求
	优等品		合格品		
	正面	背面	正面	背面	
—	不允许				—
—	不明显		不严重		—
斜边长/mm	<1.0	<2.0	2.0～3.5	4.0～5.5	正背面缺角不允许在同一角部。正面只允许缺角1处
深度/mm	不大于砖厚的2/3				
长度/mm	<2.0	<4.0	3.0～5.0	6.0～8.0	正背面缺边不允许出现在同一侧面。同一侧面边不允许有2处缺边；正面只允许2处缺边
宽度/mm	<1.0	<2.0	1.5～2.0	2.5～3.0	
深度/mm	<1.5	<2.5	1.5～2.0	2.5～3.0	
翘曲/mm	不明显				—
大小头/mm	0.6		0.8		

目前，市场上陶瓷锦砖常见形状有正方形、长方形、对角、六角、半八角和长条对角等几种常见的形状。陶瓷锦砖的拼花图案（图4-6）也种类繁多。

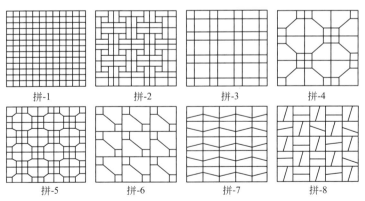

拼-1　　拼-2　　拼-3　　拼-4

拼-5　　拼-6　　拼-7　　拼-8

图4-6　陶瓷锦砖的拼花图案（一）

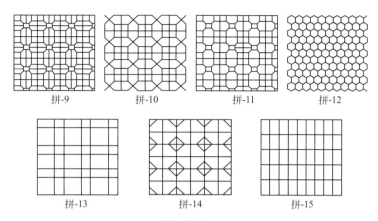

图 4-6　陶瓷锦砖的拼花图案（二）

2. 陶瓷锦砖的用途

锦砖与铺贴衬材的粘结，不允许有脱落。正面贴纸锦砖的脱纸时间不大于 20min。锦砖铺贴成联后不允许铺贴纸露出。对于联内、联间锦砖色差，优等品目测应基本一致，合格品目测应稍有色差。

陶瓷锦砖具有质地坚实、色泽图案多样、吸水率极小、耐酸、耐碱、耐磨、耐水、耐压、耐冲击、易清洗、防滑的特点。陶瓷锦砖色泽美观稳定，可拼出风景、动物、花草及各种图案。陶瓷锦砖在室内装饰中，可用于浴厕、厨房、阳台、客厅、起居室等处的地面，也可用于墙面。在工业公共建筑装饰工程中，陶瓷锦砖也被广泛用于内墙、地面，也可用于外墙。

三、能力训练

任务情景

某建筑工程施工需使用几种常用类型的建筑陶瓷砖，作为施工现场的施工技术人员的你，根据设计交底（材料）的要求，在核对材料的品种、规格、适用范围后，完成建筑陶瓷砖的信息汇总。

（一）任务准备

1. 设计交底（材料）（表 4-14）

设计交底（材料）　　　　　　　　　　　　　　　　　　　表 4-14

序号	材料品种	材料规格	单位	数量	适用范围
1	釉面砖	152mm×152mm	块	30	建筑物内墙面装饰、地面铺贴
2	通体砖	300mm×300mm	块	30	广泛使用于厅堂、过道和室外走道等装修项目的地面；一般较少会使用于墙面
3	抛光砖	400mm×400mm	块	30	除洗手间、厨房以外的多数室内空间中使用

序号	材料品种	材料规格	单位	数量	适用范围
4	玻化砖	400mm×400mm	块	30	地面铺贴
5	马赛克	20mm×20mm	块	30	室内小面积地、墙面及室外大小幅墙面和地面

2. 资料准备

《建筑陶瓷砖模数》JG/T 267—2010。

《陶瓷砖》GB/T 4100—2015。

3. 量具准备

钢直尺：300～500mm；卷尺：3～5m；游标卡尺：0～200mm。

安全提示

1. 进入实训场所需遵守实训守则，禁止大声喧哗、打闹嬉戏。

2. 操作前需清空工位，并确认工位范围，避免操作时干扰他人。

3. 操作完成后填写完成相应记录、表格，清理工位，并将材料及工器具放回至原位，做到工完、料清、场地净。

（二）任务实施

1. 陶瓷砖及工器具的整理

根据设计交底（材料）的要求，找出对应的建筑陶瓷砖—釉面砖、通体砖、抛光砖、玻化砖、马赛克，并分类堆放。

将钢直尺、卷尺等量具摆放在相应实训工位上。

2. 外观识别各类陶瓷砖

根据不同建筑陶瓷砖的特征（如：颜色、形状、大小、尺寸等），正确识别出各类陶瓷砖。

3. 填写各陶瓷砖信息汇总表（表4-15）

各陶瓷砖信息汇总表　　　　　　　　　　　　　　　　　　　表 4-15

序号	材料品种	材料规格	适用范围	数量	单位
1	釉面砖	152mm×152mm	建筑物内墙面装饰、地面铺贴	30	块
2	通体砖	300mm×300mm	广泛使用于厅堂、过道和室外走道等装修项目的地面；一般较少会使用于墙面	30	块
3	抛光砖	400mm×400mm	除洗手间、厨房以外的多数室内空间中使用	30	块
4	玻化砖	400mm×400mm	地面铺贴	30	块
5	马赛克	20mm×20mm	室内小面积地、墙面及室外大小幅墙面和地面	30	块
备注					

复核：×××　　　　　　　　　　　　汇总：×××

日期：××××年××月××日

（三）任务评价（表 4-16）

任务评价表

表 4-16

序号	评价内容	评价标准	分值	得分
1	知识与技能	能说出陶瓷砖的概念	10	
		能完整叙述建筑陶瓷的分类	10	
		能正确说出建筑陶瓷砖的种类	10	
		能正确简述各陶瓷砖的用途	5	
		能根据各陶瓷砖的特点在工程场景中选用适合的建筑陶瓷砖	25	
		能准确填写各陶瓷砖信息汇总表	10	
2	职业素养	能严格遵守实训室日常安全管理条例	7.5	
		能具有建筑材料成本意识和质量意识，在工程中初步形成团队合作意识	7.5	
		能积极配合同组成员共同完成试验	7.5	
		实训后能做到工完、料清、场地净	7.5	
3	合计		100	

四、拓展学习

陶瓷 3D 打印技术发展现状

陶瓷 3D 打印有诸多优点，例如：复杂的生产程序变得简单化，极大减少了人力和物力的投入，缩短了产品制造的时间，节约了材料，降低了成本，解决结构复杂零件难以加工的问题。目前，陶瓷 3D 打印的市场需求主要包括以下 3 个方面：

（1）与传统陶瓷工艺相结合，实现陶瓷制品的快速生产。一般陶瓷制品如日用陶瓷产业，须应对多样化的市场需求，应加快产品的开发、生产速度，满足客户的定制要求。传统陶瓷制造工艺周期长，后期再加工工艺繁琐，且在制作特殊形状制品时需要不同的模具，无法同时满足定制客户对于时间及式样的双重需求。陶瓷 3D 打印满足市场发展需要，有望在陶瓷工业的升级转型中脱颖而出。

（2）生物陶瓷制品的制造。生物陶瓷主要应用于医学方面，生物陶瓷特有的可降解性使其主要应用于医用支架等。生物陶瓷 3D 打印将带动高端医疗领域的突破发展。

（3）高性能陶瓷功能零件（图 4-7）。陶瓷具有优良的化学性能、物理性能和力学性能，例如高强度、高硬度、耐磨、耐高温、耐腐蚀、防潮、良好的绝缘性、一定的抗急冷急热等。高性能陶瓷零件在航空航天、高端武器、船舶、汽车、电子等领域具有良好的应用前景，如可在航天飞机上应用的耐高温陶瓷片等，陶瓷 3D 打印技术的应用将使陶瓷零件在高精尖领域具有极大的发展前景。

目前，陶瓷 3D 打印技术、陶瓷 3D 打印设备、材料的研究及其应用已受到了国内外学者和产业界的广泛关注，发展迅速，涉及诸多陶瓷材料体系和应用领域。新兴的 3D 打

图 4-7　特种陶瓷涡轮叶片、天线罩等

印在高性能陶瓷的成型制造领域具有巨大的发展潜力，3D打印有望突破传统陶瓷加工和生产的技术瓶颈，3D打印为陶瓷关键零部件的应用开辟新的途径，为解决传统制造问题和挑战提供了全新3D打印的可能性。

同时，陶瓷3D打印的产业化应用还未全面成型，比如在实现其高效率、高品质和高致密度的大型复杂零件的制造也是亟待解决的问题。近年来我国对增材制造的发展愈加重视，实现陶瓷3D打印开展大规模产业化应用将是我国乃至世界的发展目标。

3D打印陶瓷市场当前最大的客户群体来源都来自航空航天和国防高新技术行业，两者均对陶瓷制品，例如航天器的隔热瓦（图4-8）有着大量的需求；其次就是生物健康医疗领域，这个领域陶瓷多被应用于制造像假牙、手术器械、人体假肢、植入体等医疗产品，因为通过3D打印技术可以准确地为患者定制符合自身人体构造的医疗用品，生物兼容性非常好。

图 4-8　陶瓷隔热瓦

由于3D打印的陶瓷浆料制备难度较大，陶瓷粉体与结合剂的比例、pH值、颗粒尺度和浆料的流变性等都对陶瓷制品的性能有着很大的影响，因此陶瓷3D打印技术的应用成熟度还需进行有效提升。陶瓷3D打印技术有着传统技术所无可替代的优势，相信随着该技术的不断提升，3D打印技术在陶瓷领域的应用会越来越深入与广泛。

五、课后练习

（一）填空题

1. 陶瓷是陶器与瓷器的统称。指以黏土、长石、石英等为主要原料（与玻璃、水泥的原料基本相同）和其他天然矿物按照一定的比例配比，经过_____、_____、_____等工序而制成的各种制品。

2. 陶瓷砖按吸水率的不同分为有_____（Ⅰ类）、_____（Ⅱ类）、_____（Ⅲ类）。

（二）选择题

1. 锦砖与铺贴衬材的粘结，不允许有脱落。正面贴纸锦砖的脱纸时间不大于（　　）。

A. 15min　　　　　B. 20min　　　　　C. 40min　　　　　D. 60min

2. 釉面砖的吸水率为（　　），属于多孔精陶制品，施工时多采用水泥砂浆铺贴。如釉面砖长期处在潮湿的环境中，陶质坯体会吸收大量的水分而产生膨胀现象，产生内应力。

A. 10%～20%　　　B. 15%～25%　　　C. 20%～30%　　　D. 25%～35%

（三）思考题

请简述釉面内墙砖、陶瓷墙地砖、陶瓷锦砖的特点及用途。

任务二　编制建筑陶瓷砖的生产工艺

一、学习目标

1. 能根据对陶瓷的描述说出陶与瓷的基本性能和特点；
2. 能说出陶瓷在工业中使用的原料种类及用途；
3. 能根据陶瓷砖的生产工艺绘制出陶瓷砖的生产工艺图；
4. 树立起团结协作、合作包容的思想意识。

二、知识导航

陶瓷是以黏土为主要原料以及各种天然矿物经过粉碎混炼、成型和煅烧制得的材料以及各种制品。陶瓷是陶器和瓷器的总称。

陶，是以黏性较高、可塑性较强的黏土为主要原料制成的，不透明、有细微气孔和微弱的吸水性，击之声浊。

瓷，是以黏土、长石和石英制成，半透明，不吸水、抗腐蚀，胎质坚硬紧密，叩之声脆。

（一）陶瓷的性能

1. 力学性能：

陶瓷的弹性模量比金属高，硬度高，抗压强度高，但脆性大，抗拉强度低，塑性和韧性也很小。

2. 热性能：

陶瓷的熔点很高；绝大多数陶瓷低温下热容小，高温下热容大（随温度的变化而变，原因是气相对热容有较大影响）；热膨胀系数和导热系数较小（靠原子的热振动，没有自由电子传热）；热稳定性好，但抗热振性较差（用急冷到水中破裂所能承受的最高温度表示）。

3. 电性能：

陶瓷一般是优良绝缘体，个别特殊陶瓷具有导电性与导磁性。

4. 化学性能：

陶瓷的化学性能非常稳定，耐酸、碱、盐等的腐蚀，不老化，不氧化。

（二）陶瓷原料

陶瓷工业中使用的原料品种很多，从它们的来源来分，一种是天然矿物原料，另一种是通过化学方法加工处理的化工原料。一般按原料的工艺特性划分为可塑性原料、瘠性原料、熔剂性原料和功能性原料四大类。

1. 可塑性原料

可塑性原料的矿物成分主要是黏土矿物，它们均属层状构造的硅酸盐，其颗粒一般属于显微粒度以下（小于 $10\mu m$），并具有一定可塑性的矿物。如高岭土、多水高岭土、膨润土、瓷土等。可塑性原料在生产中主要起塑化和结合作用，它赋予坯料可塑性和注浆成形性能，保证干坯强度及烧后的各种使用性能如机械强度、热稳定性、化学稳定性等，它们是成形能够进行的基础，也是黏土质陶瓷的成瓷基础。

2. 瘠性原料

瘠性原料的矿物成分主要是非可塑性的硅、铝的氧化物及含氧盐。如石英、蛋白石叶蜡石、黏土煅烧后的熟料、废瓷粉等。瘠性原料在生产中起减黏作用，可降低坯料的黏性；烧成后部分石英溶解在长石玻璃中，提高液相黏度，防止高温变形，冷却后在瓷坯中起骨架作用。

3. 熔剂性原料

熔剂性原料的矿物成分主要是碱金属、碱土金属的氧化物及含氧盐。如长石、石灰石、白云石、滑石、锂云母、花岗岩等。它们在生产中起助熔作用，高温熔融后可以溶解一部分石英及高岭土分解产物，熔融后的高黏度玻璃可以起到高温胶结作用。常温时也起减黏作用。

4. 功能性原料

除上述三大类原料以外的其他原料及辅助原料统称为功能性原料。如氧化锌、锆英石、色料、电解质等。它们在生产上不起主要作用，也不是成瓷的必要成分，一般是少量加入即能显著提高制品某些方面的性能，有时是为了改善坯釉料工艺性能而不影响到制品的性能，从而有利于生产工艺的实现。

（三）陶瓷砖的生产工艺

1. 配料

将钾长石、钠长石、黏土、高温砂、高铝石、石英等各种原料按照定的比例配合，采用喂料机将配合好的原料投入球磨机进行球磨。

2. 球磨

为了使物料颗粒均匀细滑，并使各物料实现充分混合，将物料颗粒送至球磨机内球磨成均匀细粉，采用湿法球磨，球磨过程中球磨机水与物料（干重）比例为 1∶2，球磨机是依靠球磨石的旋转、抛落及相对滑动，对物料进行撞击和研磨，使物料达到粒度要求，球磨石在旋转抛落过程中被消磨掉，球磨机内球磨石需要定期补加。

3. 料浆除铁及过筛

由于原料里含有一些过粗物质和微量的铁元素，容易导致产品出现溶洞及黑点的缺陷。将球磨好的浆料先经过除铁器去除铁磁性杂质再进行过滤，以防止影响产品表面的色泽，提高原料品位；浆料过滤的目的主要是筛分浆料，将球磨过程中未能磨制到规定要求粒度的大块颗粒筛选出来，满足粒度要求的浆料送至下一工序加工，过滤出的大块颗粒送至球磨机重新磨制。浆料除铁率为 90％。

过滤过程采用固定筛过滤球磨后的浆液，固定筛工作时，柱塞泵产生推进力，迫使泥状物料受压力而周期性向前推进，从而完成物料筛分作业。滤渣产生量约为过筛量的万分之五（干重）。

4. 喷干制粉

将陈腐后的浆料进行脱水处理，采用喷雾干燥的方式进行浆料脱水造粒处理。将过滤后的滤液打入高位塔暂存，后将泥浆送到一个高速转动的离心盘上，靠离心力的作用，泥浆被均匀分布在离心盘周边的槽式喷孔分裂成微滴，并以极高的线速度离开离心盘称为雾状细滴，雾状细滴与热烟气逆流且充分接触，在极短的时间内干燥成块状、颗粒或粉状固态产品。具有稳定颗粒级配的产品连续地由干燥塔底部输出，细粉由旋风分离器底口输出（收集）。废气则从干燥塔下部管道由风机排空。根据干燥塔设计参数，干燥塔进塔热风温度约为 400℃，项目物科干燥后含水率约为 8％，干燥过程中收料效率约为 99％。喷雾干燥塔采用链条炉为热源。

5. 粉料陈腐

经喷雾干燥后的物料送至料仓陈腐 24h。该工序陈腐的主要作用：①使坯料中水分的分布更加均匀；②在水和电解质的作用下，黏土颗粒充分水化和离子交换，使非可塑性矿物发生水解变为黏土物质，从而使坯料可塑性提高；③使黏土中的有机质发酵或腐烂，变成腐殖酸类物质，提高坯料可塑性。陈化可提高坯体成形合格率及坯体的强度，减少烧成时的变形机会。项目陈腐时间控制在 24h 左右，效果较为理想。

6. 粉料过筛及除铁

喷干后的粉料需再次过筛除铁，有助于进一步提高产品品相。先经除铁器除铁后，进入振动筛过筛，满足粒度要求的粉料送至压制工序，筛余的大块颗粒送至球磨机重新磨制。采用除铁器处理；过筛过程采用振动筛处理。粉料除铁率为 90％。筛余物产生量约为过筛量的万分之五（干重）。

7. 压制

将干燥完毕的粉料沿传送带输送至压机顶部，采用压机将原料粉料压制成砖坯。压机内安装有模具，粉料由上部输送管送至压机后，由铺料装置将粉料平铺在模具中，然后压机压制装置启动，采用液压油缸产生的压力将粉料压制成型。

压制工序对压机进行密闭，密闭罩内设置吸尘装置，吸尘后废气送至布袋除尘器，出砖口底部安装接尘装置。

8. 烧成前干燥

压制后的地砖需进行干燥，去除地砖施釉及施底浆过程增加的水分，为烧成阶段作准备。将压制成型的砖坯由输送带传送至干燥窑进行干燥，烧成前干燥窑利用余热烟气干燥的方法进行。

9. 进窑烧成

烧成是制瓷砖中一道很关键的工序。经过成型、上釉后的半成品，只有在高温的作用下，发生一系列物理化学反应，最后显气孔率接近于零，才能达到完全致密程度的瓷化现象。

陶瓷砖生产工艺图见图（图 4-9）。

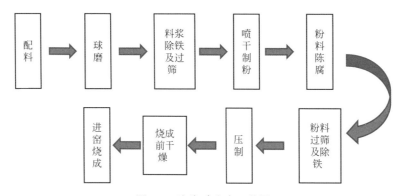

图 4-9　陶瓷砖生产工艺图

三、能力训练

任务情景

你是某陶瓷砖生产企业的生产车间工段长，受客户委托需生产一批陶瓷砖。请你编制该批次陶瓷砖的生产工艺。

（一）任务准备

1. 收集信息

收集所需生产与存放陶瓷砖所需的球磨机、压滤机、传送机、通风系统、中控软件、铲车、储藏仓库等设施设备、机械场地等相关信息。收集信息时要做到认真、仔细、完整。

2. 原材料分析

对生产陶瓷砖所需的原材料（如：钾长石、钠长石、黏土、高温砂、高铝石、石英等）按质量进行搭配均化。

3. 计算工艺配方（料）

根据原材料的质量情况计算工艺配方。

（二）任务实施

1. 拟定生产工艺

按照陶瓷砖的配料、球磨、料浆除铁及过筛、喷干制粉、粉料陈腐、粉料过筛及除铁、压制、烧成前干燥、进窑烧成、储存外运的生产步骤，遵循的先后顺序，选择最佳的生产工艺。

2. 编制生产工艺

陶瓷砖的生产工艺有：配料→球磨（球磨机水与物料比例为 1：2）→料浆除铁及过筛→喷干制粉→粉料陈腐（陈腐 24h）→粉料过筛及除铁→压制→烧成前干燥→进窑烧成（1050℃）等主要工序。

关键工序质量控制点：

压制、进窑烧成工序为整个成型工艺中的关键工序质量控制的要点。

3. 编制生产工艺流程图

建筑陶瓷砖的生产工艺流程图详见图 4-9。

（三）任务评价（表 4-17）

任务评价表　　　　　　　　　　　　　　　　　表 4-17

序号	评价内容	评价标准	分值	得分
1	知识与技能	能准确描述出陶和瓷	10	
		能说出陶瓷的基本性能和特点	15	
		正确认识陶瓷原料的工艺特性	15	
		能编制陶瓷砖的生产工艺	20	
		能简述陶瓷砖生产工艺中的关键质量控制点	10	
2	职业素养	能严格遵守实训室日常安全管理条例	7.5	
		树立起团结协作、合作包容的思想意识	7.5	
		能积极配合同组成员共同完成试验任务	7.5	
		实训后能做到工完、料清、场地净	7.5	
3	合计		100	

四、拓展学习

中国瓷器

虽然现代陶瓷工艺大大丰富了陶瓷的功能，使陶瓷的应用变得更加广泛，但陶瓷的传统功能并没有因此而衰落。在日常生活中，陶瓷依旧是最常用的且必不可少的存贮器皿和供人观赏的艺术品（图 4-10），甚至由于现代陶瓷工艺在造型、色彩和图案等艺术方面的极大发展，越来越多的中国瓷器受到人们的青睐。

在艺术上，虽然西方美术元素的融入让陶瓷在表现风格上有了极大的转变，与传统陶瓷艺术的表现形式有明显不同，在视觉感官上带给人们极大的美的感受，但这也导致许多从事陶瓷工艺的人员开始盲目地追求流行样式，甚至是全盘西化，对传统审美一刀切，极力排斥传统陶瓷工艺中对美的理解和表达理念，而这恰恰是传统陶瓷工艺的精髓所在，是陶瓷文化形成的基础和重要组成部分。不了解传统陶瓷工艺文化的精髓，就是不了解陶瓷文化、就无法更好地诠释陶瓷文化的内涵。

图 4-10　瓷器

尽管陶瓷工艺的发展需要创新精神，就像五彩瓷器吸收珐琅彩制作工艺的精华从而形成著名的粉彩瓷器，就像在传统陶瓷工艺的基础上引进西方审美元素和现代科技，形成风格独特的现代陶瓷工艺。但创新的基础是了解陶瓷的发展历程，了解陶瓷文化丰富的表现形式和审美理念以及陶瓷文化的内涵和精髓，这就离不开传统陶瓷工艺，整个传统陶瓷工艺的发展史，就是陶瓷文化的基础，没有传统陶瓷工艺，就不会有陶瓷文化，更不会有现代陶瓷工艺。

图 4-11　陶瓷艺术品

陶瓷的出现极大地满足了人们对日常生产和生活的需求，使人们的生产生活变得更加便利。甚至因为融入了艺术创作，使陶瓷成为精美的艺术品（图 4-11），满足了人们的精神需求和审美需求。而在陶瓷的发展史上，传统陶瓷工艺的出现和发展奠定了陶瓷工艺的基础，完善了陶瓷的加工技术，为现代的陶瓷工艺发展打下了坚实的基础。现代陶瓷工艺的大胆创新将陶瓷工艺和文化进一步发扬光大，使陶瓷的功能更加丰富。可以说传统陶瓷工艺和以创新为主要特色的现代陶瓷工艺是相辅相成的，陶瓷工艺的发展始终离不开创新，传统陶瓷工艺之所以得到顺利发展，正是因为不断地创新，而现代陶瓷工艺的出现和发展也是创新的结果。在未来，陶瓷工艺的进一步发展依旧离不开创新二字，只有不断地创新，才能使陶瓷工艺更加精益求精，创造出更加精美、功能更丰富的陶瓷，使陶瓷文化更加辉煌。

五、课后练习

（一）填空题

1. 可塑性原料的矿物成分主要是_____，它们均属层状构造的硅酸盐，其颗粒一般属于显微粒度以下（小于 $10\mu m$），并具有一定可塑性的矿物。

2. 陶瓷工业中使用的原料品种很多，从它们的来源来分，一种是天然矿物原料，另一种是通过化学方法加工处理的化工原料。一般按原料的工艺特性划分为_____、_____、_____和_____四大类。

（二）选择题

1. 根据干燥塔设计参数，干燥塔进塔热风温度约为（　　　），项目物科干燥后含水率约为8％，干燥过程中收料效率约为99％。喷雾干燥塔采用链条炉为热源。

A. 300℃　　　　　B. 350℃　　　　　C. 400℃　　　　　D. 450℃

2. 将物料颗粒送至球磨机内球磨成均匀细粉，采用湿法球磨，球磨过程中球磨机水与物料（干重）比例为（　　　），球磨石在旋转抛落过程中被消磨掉，球磨机内球磨石需要定期补加。

A. 1：2　　　　　B. 1：3　　　　　C. 2：1　　　　　D. 3：1

（三）思考题

请编制出陶瓷砖的生产工艺。

任务三　建筑陶瓷砖的尺寸和表面质量检测

一、学习目标

1. 能说出陶瓷砖表面缺陷的种类与影响；
2. 能正确描述陶瓷砖尺寸偏差和表面质量；
3. 能按照要求完成陶瓷砖的尺寸和表面质量的检测；
4. 养成严格遵照国家标准要求习惯，树立标准意识。

二、知识导航

由于生产厂家的生产设备条件与经营规模良莠不齐，市场竞争的激烈，生产成本的提高等因素，导致生产后的陶瓷砖出现有几何尺寸的偏差，表面有黑点、针孔、阴阳色、缺花、崩角等缺陷。这些偏差、缺陷的产生不仅影响到了陶瓷砖外在的美观，也影响到了陶瓷砖自身的产品质量，甚至会影响到陶瓷砖的正常使用。

（一）陶瓷砖的尺寸

陶瓷砖的尺寸包括边长（长度、宽度）、边直度、直角度和表面平整度。尺寸偏差是指这些实测几何尺寸对于公称尺寸的允许偏差。

1. 边长

陶瓷砖的边长是指陶瓷砖的长度和宽度方向上的几何尺寸。

2. 边直度

陶瓷砖的边直度反映的是在陶瓷砖的平面内，边的中央偏离直线的偏差。

边直度如图 4-12 所示，测量结果用百分数表示：

$$边直度 = \frac{C}{L} \times 100\% \tag{4-1}$$

式中：C——测量边的中央偏离直线的偏差，单位为毫米（mm）；

L——测量边长度，单位为毫米（mm）。

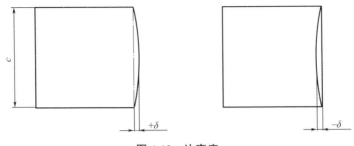

图 4-12　边直度

3. 直角度

陶瓷砖的直角度是指陶瓷砖四个角的垂直程度（将砖的一个角紧靠着放在用标准板校正过的直角上，测量它与标准直角的偏差）。

直角度如图 4-13 所示，用百分数表示：

$$直角度 = \frac{\delta}{L} \times 100\% \tag{4-2}$$

式中：δ——在距角点 5mm 处测得的砖的测量边与标准板相应边的偏差值，单位为毫米（mm）；

L——砖对应边的长度，单位为毫米（mm）。

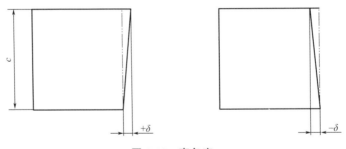

图 4-13　直角度

4. 边弯曲度

陶瓷砖的边弯曲度是指陶瓷砖的一条边的中心偏离该边两角为直线的距离。

5. 表面平整度

陶瓷砖的表面平整度是指陶瓷砖的中心弯曲度、翘曲度不应超过规定的技术要求。

（1）中心弯曲度

陶瓷砖的中心弯曲度是指陶瓷砖的中心偏离由砖 4 个角中 3 个角所决定的平面的距离。

（2）翘曲度

陶瓷砖的翘曲度是指陶瓷砖的三个角决定一个平面，其第 4 个角偏离该平面的距离。

（二）陶瓷砖的表面质量

陶瓷砖的表面质量：

陶瓷砖至少有 95％的砖在距 0.8m 远处垂直观察其表面无缺陷为优等品；陶瓷砖至少有 95％的砖在距 1m 远处垂直观察其表面无缺陷为合格品。

为装饰目的而出现的斑点、色斑不认为是缺陷（缺陷一般指：如抛光砖黑点、针孔、阴阳色、缺花、崩角、崩边等；釉面砖还有落脏、针孔、熔坑等）。

三、能力训练

任务情景

你是某第三方检验机构检测员，要对某建筑陶瓷企业送检的某批陶瓷砖进行尺寸和表面质量的检测，并填写检测记录表。

（一）长度、宽度、厚度检测

1. 任务准备

（1）仪器准备

① 游标卡尺：测量陶瓷砖的长度，精确到 0.1mm。

② 螺旋测微器：测头直径为 5～10mm。

（2）资料准备

《建筑陶瓷砖模数》JG/T 267—2010。

《环境标志产品技术要求 陶瓷砖（板）》HJ 297—2021。

《陶瓷砖》GB/T 4100—2015。

《建筑卫生陶瓷分类及术语》GB/T 9195—2011。

《陶瓷砖试验方法 第 2 部分：尺寸和表面质量的检验》GB/T 3810.2—2016。

安全提示

（1）使用螺旋测微器读数时，要注意固定刻度尺上表示半毫米的刻线是否已经露出。

（2）对实验数据及时记录并做好现场的检核校对，完成计算。

（3）对所使用的量具或设备上的旋钮开关要及时规整复位，并对场地内产生的垃圾或废料进行分类处理。

（4）试验过程中，做好防护，注意安全，试验完成后，及时断开设备电源，盖好防尘盖。

2. 任务实施

（1）试样制作

每种类型取 10 块整砖进行测量。

（2）长度和宽度测量

在离砖角点 5mm 处测量砖的每条边，测量值精确到 0.1mm。

（3）厚度测量

① 对表面平整的砖，在砖面上画两条对角线；

② 测量四条线段每段上最厚的点，每块试样测盘 4 点，测量值精确到 0.1mm；

③ 对表面不平整的砖，垂直于一边在砖面上画 4 条直线；

④ 四条直线距砖边的距离分别为边长的 0.125、0.375、0.625 和 0.875 倍，在每条直

线上的最厚处测量厚度。

（4）检测结果记录

① 长度和宽度：正方形砖的平均尺寸是四条边测量值的平均值，精确至 0.1mm。试样的平均尺寸是 40 次测量值的平均值，精确至 0.1mm。长方形砖尺寸以对边两次测量值的平均值作为相应的平均尺寸，精确至 0.1mm。试样长度和宽度的平均尺寸分别为 20 次测量值的平均值，精确至 0.1mm。

② 厚度：对每块砖以 4 次测量值的平均值作为单块砖的平均厚度，精确至 0.1mm。试样的平均厚度是 40 次测量值的平均值，精确至 0.1mm。

（5）检测记录填写（表 4-18）

建筑陶瓷砖的长度、宽度和厚度检测记录样例表　　　　　　表 4-18

样品名称			釉面砖				样品编号			×××××	
规格型号			76mm×76mm×5mm				收样日期			××××-××-××	
生产单位			上海市××××陶瓷砖生产厂				检验项目			陶瓷砖尺寸	
检测日期			××××-××-××								
检测依据			GB/T 3810.2—2016								

检测参数			检测数据									
试样编号			1	2	3	4	5	6	7	8	9	10	试验结果
边长的检测	长边 (mm)	测点 1	76.0	76.1	76.0	76.2	75.9	75.8	76.0	76.2	76.0	75.8	76.0
		测点 2	76.1	75.9	76.1	75.8	76.0	75.9	76.0	75.8	76.0	76.0	76.0
		平均值	76.1	76.0	76.1	76.0	76.0	75.9	76.0	76.0	76.0	75.9	76.0
	短边 (mm)	测点 1	76.1	75.9	76.1	75.8	76.0	75.9	76.0	75.8	76.0	76.0	76.0
		测点 2	76.1	76.0	76.1	76.0	76.0	75.9	76.0	76.0	76.0	75.9	76.0
		平均值	76.1	76.0	76.1	75.9	76.0	75.9	76.0	75.9	76.0	76.0	76.0
厚度的检测	厚度 (mm)	测点 1	5.1	4.9	5.1	4.8	5.0	4.9	5.0	4.8	5.0	5.0	5.0
		测点 2	5.1	5.0	5.1	5.0	5.0	4.8	5.0	5.0	5.0	4.9	5.0
		测点 3	5.1	4.9	5.1	4.8	5.0	4.9	5.0	4.8	5.0	5.0	5.0
		测点 4	5.1	5.0	5.1	4.9	5.0	4.9	5.0	4.9	5.0	5.0	5.0
		平均值	5.1	4.9	5.1	4.9	5.0	4.9	5.0	4.9	5.0	5.0	5.0
备注												

复核：×××　　　　　　　　　　　　　　　　　　试验：×××

（二）边直度和直角度的测量

1. 任务准备

（1）仪器准备

① 图 4-14 所示仪器：分度表（D_F）用于测量边直度。

② 标准板：有精确的尺寸和平直的边。

（2）资料准备

《建筑陶瓷砖模数》JGT 267—2010。

《环境标志产品技术要求 陶瓷砖（板）》HJ 297—2021。

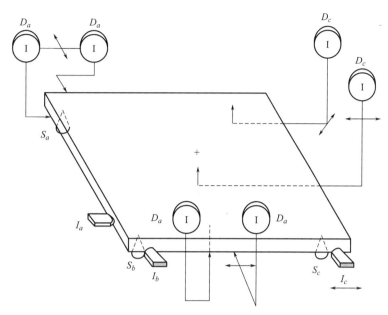

图 4-14　测量边直度、直角度和平整度的仪器

《陶瓷砖》GB/T 4100—2015。

《陶瓷砖试验方法 第 2 部分：尺寸和表面质量的检验》GB/T 3810.2—2016。

安全提示

（1）操作前需要检查仪器是否完好，并且做好工位安全防护。

（2）对实验数据及时记录并做好现场的检核校对，完成计算。

（3）对所使用的量具或设备上的旋钮开关要及时规整复位，并对场地内产生的垃圾或废料进行分类处理。

2. 任务实施

（1）试样制作

每种类型取 10 块整砖进行测量。

（2）边直度测量

① 把砖放在仪器的支承销（S_a，S_b，S_c）上时，使定位销（I_a，I_b，I_c）离被测边每一角点的距离为 5mm。

② 将标准板准确地置于仪器的测量位置上，调整分度表的读数至合适的初始值。

③ 取出标准板，将砖的正面恰当地放在仪器的定位销上，记录边中央处的分度表读数。

（3）直角度测量

① 把砖放在仪器的支承销（S_a，S_b，S_c）上时，使定位销（I_a，I_b，I_c）离被测边每一角点的距离为 5mm。分度表（D_a）的测杆也应在离被测边的一个角点 5mm 处。

② 将标准板准确地置于仪器的测量位置上，调整分度表的读数至合适的初始值。

③ 取出标准板，将砖的正面恰当地放在仪器的定位销上，记录离角点 5mm 处分度表

读数。

(4) 检测结果记录

如果是正方形砖，转动砖的位置得到 4 次测量值，每块砖都重复上述步骤。

如果是长方形砖，分别使用合适尺寸的仪器来测量其长边和宽边的边直度和直角度。测量值精确到 0.1mm。

(5) 检测记录表（表 4-19、表 4-20）

建筑陶瓷砖边直度检测记录样例表　　表 4-19

<table>
<tr><td colspan="2">样品名称</td><td colspan="5">釉面砖</td><td colspan="2">样品编号</td><td colspan="3">×××××</td></tr>
<tr><td colspan="2">规格型号</td><td colspan="5">80mm×80mm</td><td colspan="2">收样日期</td><td colspan="3">××××-××-××</td></tr>
<tr><td colspan="2">生产单位</td><td colspan="5">上海市××××陶瓷砖生产厂</td><td colspan="2">检验项目</td><td colspan="3">陶瓷砖边直度检测</td></tr>
<tr><td colspan="2">检测日期</td><td colspan="10">××××-××-××</td></tr>
<tr><td colspan="2">检测依据</td><td colspan="10">GB/T 3810.2—2016</td></tr>
<tr><td colspan="2">主要仪器</td><td colspan="5">边直度、直角度和平整度测量仪器</td><td colspan="2">标准板尺寸</td><td colspan="3">80×80(mm)</td></tr>
<tr><td rowspan="4">仪器校准</td><td colspan="11">准确放置好标准板后，各测量点百分表初始读数 A_0(mm)</td></tr>
<tr><td colspan="2">边直度测量点</td><td colspan="4">直角度测量点</td><td colspan="2">中心弯曲度测量点</td><td colspan="2">边弯曲度测量点</td><td>翘曲度测量点</td></tr>
<tr><td colspan="2">表 1</td><td colspan="2">测量点 1/表 2</td><td colspan="2">测量点 2/表 3</td><td colspan="2">表 4</td><td colspan="2">表 5</td><td>表 6</td></tr>
<tr><td colspan="2">0.3</td><td colspan="2">0.1</td><td colspan="2">0.2</td><td colspan="2">0.3</td><td colspan="2">0.3</td><td>0.2</td></tr>
<tr><td rowspan="13">试样边直度测量</td><td colspan="11">取下标准板，放置好待测试样后</td></tr>
<tr><td rowspan="2">试样编号</td><td rowspan="2">试样边长 L(mm)</td><td colspan="4">边直度测量点/表 1 读数 A_1(mm)</td><td colspan="4">边直度(%) [$100C/L=100(A_1-A_0)/L$]</td><td></td></tr>
<tr><td>边 1</td><td>边 2</td><td>边 3</td><td>边 4</td><td>边 1</td><td>边 2</td><td>边 3</td><td>边 4</td><td>最大值</td></tr>
<tr><td>1</td><td>80</td><td>0.3</td><td>0.4</td><td>0.3</td><td>0.3</td><td>0</td><td>0.125</td><td>0</td><td>0</td><td rowspan="10">0.75</td></tr>
<tr><td>2</td><td>80</td><td>0.3</td><td>0.3</td><td>0.3</td><td>0.3</td><td>0</td><td>0</td><td>0</td><td>0</td></tr>
<tr><td>3</td><td>80</td><td>0.3</td><td>0.3</td><td>0.4</td><td>0.3</td><td>0</td><td>0</td><td>0.125</td><td>0</td></tr>
<tr><td>4</td><td>80</td><td>0.3</td><td>0.3</td><td>0.3</td><td>0.3</td><td>0</td><td>0</td><td>0</td><td>0</td></tr>
<tr><td>5</td><td>80</td><td>0.3</td><td>0.4</td><td>0.3</td><td>0.3</td><td>0</td><td>0.125</td><td>0</td><td>0</td></tr>
<tr><td>6</td><td>80</td><td>0.3</td><td>0.3</td><td>0.9</td><td>0.3</td><td>0</td><td>0</td><td>0.75</td><td>0</td></tr>
<tr><td>7</td><td>80</td><td>0.3</td><td>0.3</td><td>0.3</td><td>0.3</td><td>0</td><td>0</td><td>0</td><td>0</td></tr>
<tr><td>8</td><td>80</td><td>0.3</td><td>0.3</td><td>0.3</td><td>0.3</td><td>0</td><td>0</td><td>0</td><td>0</td></tr>
<tr><td>9</td><td>80</td><td>0.3</td><td>0.5</td><td>0.3</td><td>0.3</td><td>0</td><td>0.25</td><td>0</td><td>0</td></tr>
<tr><td>10</td><td>80</td><td>0.3</td><td>0.3</td><td>0.3</td><td>0.3</td><td>0</td><td>0</td><td>0</td><td>0</td></tr>
<tr><td colspan="2">备注</td><td colspan="10"></td></tr>
</table>

复核：×××　　试验：×××

建筑陶瓷砖直角度检测记录表　　　　　　　表 4-20

样品名称	釉面砖							样品编号	×××××							
规格型号	80mm×80mm							收样日期	××××-××-××							
生产单位	上海市××××陶瓷砖生产厂							检验项目	陶瓷砖直角度检测							
检测日期	××××-××-××															
检测依据	GB/T 3810.2—2016															
主要仪器	边直度、直角度和平整度测量仪器							标准板尺寸	80×80(mm)							

试样编号	直角度测量点百分表读数 A_1 (mm)								直角度(%)[$100\delta/L=100(A_1-A_0)/L$]								最大值
	角1		角2		角3		角4		角1		角2		角3		角4		
	测量点1/表2	测量点2/表3	测量点1/表2	测量点2/表3	测量点1/表2	测量点2/表3	测量点1/表2	测量点2/表3	测量点1/表2	测量点2/表3	测量点1/表2	测量点2/表3	测量点1/表2	测量点2/表3	测量点1/表2	测量点2/表3	
1	0.1	0.2	0.1	0.2	0.1	0.2	0.1	0.2	0	0	0	0	0	0	0	0	
2	0.1	0.2	0.1	0.2	0.1	0.2	0.1	0.2	0	0	0	0	0	0	0	0	
3	0.1	0.4	0.1	0.2	0.1	0.2	0.1	0.2	0	0.25	0	0	0	0	0	0	
4	0.1	0.2	0.1	0.2	0.1	0.2	0.1	0.2	0	0	0.125	0	0	0	0	0	
5	0.1	0.2	0.1	0.3	0.8	0.2	0.1	0.2	0	0	0	0.125	0.875	0	0	0	0.875
6	0.1	0.4	0.1	0.2	0.1	0.2	0.1	0.2	0	0.25	0	0	0	0	0	0	
7	0.2	0.2	0.1	0.2	0.1	0.2	0.1	0.2	0.125	0	0	0	0	0	0	0	
8	0.1	0.2	0.1	0.2	0.1	0.4	0.6	0.8	0	0	0	0	0	0.25	0.625	0.75	
9	0.1	0.3	0.3	0.2	0.1	0.2	0.1	0.2	0	0.125	0.25	0	0	0	0	0	
10	0.1	0.2	0.1	0.2	0.1	0.2	0.1	0.2	0	0	0	0	0	0	0	0	

注:(1)该项检测在进行试样边直度检测的同时进行;(2)L 为试样的边长

复核:×××　　　　　　　　　　　　　　　　试验:×××

（三）平整度的测量

1. 任务准备

（1）仪器准备

① 图 4-14 所示仪器:分度表（D_a）用于测量直角度。测量表面平滑的砖,采用直径为 5mm 的支承销（S_b,S_b,S_c）。对其他表面的砖,为得到有意义的结果,应采用其他合适的支承销。

② 平整的金属或玻璃标准板:其厚度至少为 10mm。

（2）资料准备

《建筑陶瓷砖模数》JG/T 267—2010。

《环境标志产品技术要求 陶瓷砖（板）》HJ 297—2021。

《陶瓷砖》GB/T 4100—2015。

《陶瓷砖试验方法 第 2 部分:尺寸和表面质量的检验》GB/T 3810.2—2016。

安全提示

（1）操作前需要检查仪器是否完好,并且做好工位安全防护。

（2）对实验数据及时记录并做好现场的检核校对,完成计算。

（3）对所使用的量具或设备上的旋钮开关要及时规整复位,并对场地内产生的垃圾或废料进行分类处理。

（4）试验过程中，做好防护，注意安全，试验完成后，及时断开设备电源，盖好防尘盖。

2. 任务实施

（1）试样制作

每种类型取 10 块整砖进行测量。

（2）平整度测量

① 将相应的标准板准确地放在 3 个定位销（S_a，S_b，S_c）上，每个支撑销的中心到砖边的距离为 10mm，外部的两个分度表（D_e，D_c）到砖边的距离也为 10mm。

② 调节 3 个分度表（D_d，D_e，D_c）的读数至合适的初始值。

③ 取出标准板，将砖的釉面或合适的正面朝下置于仪器上，记录 3 个分度表读数。

④ 如果是正方形砖，转动试样，每块试样得到 4 次测量值，每块砖都重复上述步骤。

⑤ 如果是长方形砖，分别使用合适尺寸的仪器来测量。记录每块砖最大的中心弯曲度（D_d）、边弯曲度（D_e）和翘曲度（D_c）。测量值精确到 0.1mm。

（3）检测结果表示

中心弯曲度以与对角线长的百分数表示；边弯曲度以百分数表示；长方形砖以与长度和宽度的百分数表示；正方形砖以与边长的百分数表示；翘曲度以与对角线长的百分数表示。有间隔凸缘的砖检验时用毫米表示。

（4）检测记录表（表 4-21、表 4-22）

建筑陶瓷砖中心弯曲度、边弯曲度检测记录样例表　　　　　表 4-21

样品名称	釉面砖								样品编号				×××××			
规格型号	80mm×80mm								收样日期				××××-××-××			
生产单位	上海市××××陶瓷砖生产厂								检验项目				陶瓷砖边直度检测			
检测日期	××××-××-××															
检测依据	GB/T 3810.2—2016															
主要仪器	边直度、直角度和平整度测量仪器								标准板尺寸				80×80（mm）			
试样编号	中心弯曲度检测								边弯曲度检测							
	测量点百分表4读数 A_1(mm)				中心弯曲度(%) $[100(A_1-A_0)/D]$				测量点百分表5读数 A_1(mm)				边弯曲度(%) $[100(A_1-A_0)/L]$			
	测量1	测量2	测量3	测量4	测量1	测量2	测量3	测量4	测量1	测量2	测量3	测量4	测量1	测量2	测量3	测量4
1	0.3	0.3	0.3	0.3	0.00	0.00	0.00	0.00	0.4	0.3	0.3	0.3	0.125	0	0	0
2	0.3	0.3	0.3	0.3	0.00	0.00	0.00	0.00	0.3	0.3	0.9	0.3	0	0	0.75	0
3	0.3	0.5	0.3	0.3	0.00	0.18	0.00	0.00	0.3	0.3	0.3	0.3	0	0	0	0
4	0.3	0.3	0.3	0.3	0.00	0.00	0.00	0.00	0.3	0.3	0.3	0.3	0	0	0	0
5	0.3	0.4	0.3	0.3	0.00	0.09	0.00	0.00	0.5	0.3	0.3	0.3	0.25	0	0	0
6	0.3	0.3	0.3	0.3	0.00	0.00	0.00	0.00	0.3	0.3	0.3	0.3	0	0	0	0
7	0.3	0.3	0.3	0.3	0.00	0.00	0.00	0.00	0.4	0.3	0.3	0.3	0.125	0	0	0
8	0.3	0.3	0.3	0.3	0.00	0.00	0.00	0.00	0.3	0.3	0.3	0.3	0	0	0	0
9	0.3	0.4	0.3	0.3	0.00	0.09	0.00	0.00	0.3	0.3	0.3	0.4	0	0	0.125	0
10	0.3	0.3	0.9	0.3	0.00	0.00	0.53	0.00	0.3	0.3	0.3	0.3	0	0	0	0
注：(1)该项检测在进行试样边直度检测的同时进行；(2)L 为试样的边长；(3)D 为试样的对角线长																

复核：×××　　　　　　　　　　　　　　　　　　　　　　试验：×××

建筑陶瓷砖翘曲度检测记录样例表　　　　　　　　　表 4-22

样品名称	釉面砖			样品编号	202208101		
规格型号	80mm×80mm			收样日期	××××-××-××		
生产单位	上海市××××陶瓷砖生产厂			检验项目	陶瓷砖边直度检测		
检测日期	××××-××-××						
检测依据	GB/T 3810.2—2016						
主要仪器	边直度、直角度和平整度测量仪器			标准板尺寸	80×80(mm)		
试样编号	测量点百分表6读数 A_1(mm)				翘曲度(%)[$100(A_1-A_0)/D$]		
	角点1	角点2	角点3	角点4	角点1	角点2	角点3	角点4
1	0.2	0.2	0.2	0.2	0.00	0.00	0.00	0.00
2	0.2	0.2	0.2	0.2	0.00	0.00	0.00	0.00
3	0.4	0.2	0.2	0.2	0.18	0.00	0.00	0.00
4	0.2	0.2	0.2	0.2	0.00	0.00	0.00	0.00
5	0.2	0.3	0.2	0.2	0.00	0.09	0.00	0.00
6	0.4	0.2	0.2	0.2	0.18	0.00	0.00	0.00
7	0.2	0.2	0.2	0.2	0.00	0.00	0.00	0.00
8	0.2	0.2	0.4	0.8	0.00	0.00	0.18	0.53
9	0.3	0.2	0.2	0.2	0.09	0.00	0.00	0.00
10	0.2	0.2	0.2	0.2	0.00	0.00	0.00	0.00

注:(1)该项检测在进行试样边直度检测的同时进行;(2)L 为试样的边长;(3)D 为试样的对角线长

复核:×××　　　　　　　　　　　　　　　　　　　　试验:×××

（四）表面质量检测

1. 任务准备

（1）仪器准备

① 荧光灯（图 4-15）：色温为 6000～6500K。

② 直尺：长度至少 1m。

③ 照度计（图 4-16）：测量照度的仪器仪表。

图 4-15　荧光灯　　　　　　　图 4-16　照度计

（2）资料准备

《建筑陶瓷砖模数》JG/T 267—2010。

《环境标志产品技术要求 陶瓷砖（板）》HJ 297—2021。

《陶瓷砖》GB/T 4100—2015。

《陶瓷砖试验方法 第2部分：尺寸和表面质量的检验》GB/T 3810.2—2016。

安全提示

（1）操作前需要检查仪器是否完好，测量时照度计要平放。

（2）对实验数据及时记录并做好现场的检核校对，完成计算。

（3）对所使用的量具或设备上的旋钮开关要及时规整复位，并对场地内产生的垃圾或废料进行分类处理。

（4）试验过程中，做好防护，注意安全，试验完成后，及时断开设备电源，盖好防尘盖。

2. 任务实施

（1）试样制作

对于边长小于600mm的砖，每种类型至少取30块整砖进行检验，且面积不小于1m²；

对于边长不小于600mm的砖，每种类型至少取10块整砖进行检验，且面积不小于1m²。

（2）表面质量检测

① 将砖的正面表面用照度为300lx的灯光均匀照射，检查被检表面的中心部分和每个角上的照度。

② 在垂直距离为1m处用肉眼观察被检砖组表面的可见缺陷。

③ 检测的准备和检测不应是同一个人。

④ 砖表面的人为装饰效果不能算作缺陷。

（3）试验结果表示

表面质量以表面无可见缺陷砖的百分数表示。

（4）检测记录表填写（表4-23）

建筑陶瓷砖表面缺陷检测记录样例表　　　　　　　　　　　　　　　　表4-23

样品名称	釉面砖					样品编号		202208101		
规格型号	80mm×80mm					收样日期		××××-××-××		
生产单位	上海市××××陶瓷砖生产厂					检验项目		陶瓷砖表面缺陷检测		
检测日期	××××-××-××									
检测依据	GB/T 3810—2006									
试样编号	1	2	3	4	5	6	7	8	9	10
表面缺陷	无	无	无	无	无	无	无	无	无	无
试样编号	11	12	13	14	15	16	17	18	19	20
表面缺陷	无	无	无	无	无	无	无	无	无	无
试样编号	21	22	23	24	25	26	27	28	29	30
表面缺陷	无	无	无	无	无	无	无	无	无	无
表面缺陷						100%的砖无缺陷				

复核：×××　　　　　　　　　　　　　　　　　　　　试验：×××

（五）任务评价（表 4-24）

任务评价表 表 4-24

序号	评价内容	评价标准	分值	得分
1	知识与技能	能正确描述陶瓷砖尺寸偏差和表面质量	10	
		能按照要求完成陶瓷砖的长度、宽度和厚度的检测	15	
		能按照要求完成陶瓷砖的边直度和直角度的检测	15	
		能按照要求完成陶瓷砖的平整度检测	20	
		能按照要求完成陶瓷砖的表面缺陷检测	10	
2	职业素养	能严格遵守实训室日常安全管理条例	7.5	
		养成严格遵照国家标准要求习惯，树立标准意识	7.5	
		能积极配合同组成员共同完成检测任务	7.5	
		实训后能做到工完、料清、场地净	7.5	
3	合计		100	

四、拓展学习

建筑陶瓷装饰技术的现状及发展趋势

随着陶瓷生产技术的发展，当今陶瓷行业已逐渐趋于成熟，而如今只有不断提高陶瓷制作的综合装饰水平，加强产品的实用性，提升产品的艺术性，大幅度提高产品附加值，才能在市场上立于不败之地。

（一）目前我国建筑陶瓷装饰技术发展状况

现如今随着人们生活质量和审美能力的不断提升，对于建筑陶瓷装饰材质方面比较倾向于仿天然石材以及金属图案等。产生此类结果，主要受 21 世纪初意大利国际陶瓷展会的创新产品结构形态影响，包括豹皮凹凸生动的纹理形象，三维立体装饰手段、仿皮革触感等，一时之间在居民客厅之中有机呈现，尤其是当中的金属釉装饰的产品，往往赋予居住个体前所未有的奢华感受，能够同时适用在墙体和地面装饰领域之中。实际上，金属釉装饰人员经过沿用生动凹凸印花形式的界面过后，使得以往对立空间下欣赏人员的单调金属感官效应一并消除，而当中仿石图案的规划，更加完全超越自然石材效果，将石英脉线、柔抛瓷质砖处理得更加自然、逼真。归结来讲，当中的三维立体形式的凹凸面设计成就最为优越，可以说完全覆盖以往单纯平面样式的设计主流趋势，并且换取富含雕刻视觉效果的独特工艺交流风尚。如今我国建筑陶瓷装饰人员开始将上述强调的造型、色彩搭配经验全面汲取，随后衍生出大红色闪光抛釉、多样化印花金属釉、镂空立体感官效应釉面、淡雅基础内墙砖组合，以及釉面砖表层彩色熔块交织化装饰工艺成就。

（二）建筑陶瓷装饰技术发展前景

1. 抗菌性

长期以来，人们在装修过程中，往往关注的重点都是美观性，而忽略了装修材料的其他方面，须知，部分劣质的装修材料将严重危害居住者的健康。抗菌陶瓷便是在这一背景下出现的，而其也是今后建筑陶瓷一项重要的发展方向。抗菌瓷砖主要是针对抑菌、杀菌而研发的。其主要可分为含金属离子（银、铜等）的无机化合物与含光催化半导体化合物（如 TiO_2、ZnO 等）两类，其中杀菌效果最明显的就是载银抗菌陶瓷。种类不同的载银抗菌陶瓷有着不同的抗菌能力，主要在银离子和其载体的结合方式上体现。现阶段，使用频率最高的方式便是通过离子交换来引入银离子，银离子借助电价平衡的形式结合材料，流失非常大，也缺乏良好的抗菌持久性。苏达根、曹德光等人所研发的化学键合材料即利用化学键和材料结合银离子，能够显著提高抗菌持久性，给抗菌陶瓷的发展开拓了新的方向。

2. 无放射性

近年来，人们纷纷开始关注由装修材料所引发的疾病。一些建筑陶瓷因为原材料为天然石材，所以便具有放射性特征。一旦建筑装置材料放射性超标，就会对消费者，尤其是老人、儿童以及孕妇的身体健康造成严重影响，危害人体免疫系统，诱发其他诸多疾病，如白血病等。而作为与人们生活最接近的材料，建筑陶瓷无放射势必是发展的大势所趋。建筑陶瓷的放射性主要从其原料而来，所以今后在选取原材料和生产工艺的发展上，需将这一问题的解决纳入重点内容中。

3. 抗噪性

不断扩大的城市面积，不断提高的城市人口密度，让人们均开始重视居住环境的噪声问题。吸声除噪材料的代表是陶粒，其属于人造轻骨料的一种，原料包括工业废渣、废料或废弃的矿物废料、劣质页岩等，并将少量的附加剂、添加剂以及胶粘剂等掺入其中，并经传统工艺过程（混合、成球、高温烧结等）而制成的。特点众多，包括高强度、高耐火度、低导热性、轻容重，以及抗腐蚀、抗冲击、抗震、耐磨，同时保温防冻，无放射性等。现阶段，陶粒已在地铁等高噪声场所得到了大范围应用，且应用前景也十分广阔。

五、课后练习

（一）填空题

1. 准备平整度测量时需要平整的金属或玻璃标准板：其厚度至少为_____。
2. 对于边长小于_____的砖，每种类型至少取 30 块整砖进行检验，且面积不小于_____。

（二）选择题

1. 平整度测量时，如果是长方形砖，分别使用合适尺寸的仪器来测量。记录每块砖最大的中心弯曲度（D_D）、边弯曲度（D_E）和翘曲度（D_C）。测量值精确到（　　）。

A. 0.1mm　　　　B. 0.1cm　　　　　C. 0.01mm　　　　D. 0.01cm

2. 表面质量检测时，对于边长小于 600mm 的砖，每种类型至少取（　　）块整砖进行检验，且面积不小于 $1m^2$；对于边长不小于 600mm 的砖，每种类型至少取（　　）块整砖进行检验，且面积不小于 $1m^2$。

A. 10；10　　　　B. 30；20　　　　　C. 20；20　　　　D. 30；10

（三）思考题

陶瓷砖的尺寸是通过什么方法测定？

■（三）幕墙装饰材料■

幕墙装饰材料你知多少？

新型建筑材料是相对于传统建筑材料而言，其应用范围非常广泛。在当今高速发展的社会形势下，新型材料应用在建筑行业内的各项专业之中。幕墙装饰材料就是一个典范，幕墙按材料不同，可分为玻璃幕墙、金属薄板幕墙、石板幕墙等类型。幕墙有着装饰效果好、质量小、安装速度快等特点，是外墙美观化、轻型化、装配化较为理想的形式。因此，在现代大型和高层建筑上得到广泛采用。

幕墙装饰材料的开发、生产和使用，对于促进社会进步、发展国民经济具有重要意义。

任务一　幕墙装饰材料识别与选用

一、学习目标

1. 能根据幕墙面板材料的分类说出各幕墙的特点；
2. 能说出幕墙装饰材料按适用场合的分类；
3. 能说出石板幕墙与建筑主体相连接的方法；
4. 树立起绿色环保、减少污染的思想意识。

二、知识导航

（一）幕墙装饰按板面材料的分类

1. 玻璃幕墙

玻璃幕墙（图 4-17）是运用最多、影响最大的幕墙形式，是现代建筑的重要组成部分。它的优点是具有新颖而丰富的装饰艺术效果。质量小，施工简便、工期短和维修方便；它的缺点是造价高，材料和施工技术要求高，幕墙的反射光线会造成周围环境的光污染。

2. 金属薄板幕墙

金属薄板幕墙（图 4-18、图 4-19）类似于玻璃幕墙。是由工厂定制的折边金属薄板作为外围护墙面，与窗一起组合成幕墙，形成闪闪发光的金属墙面，有独特的现代艺术感。

金属薄板幕墙按使用材料不同，可分为铝板幕墙和不锈钢板幕墙等。单层饰面铝板的厚度一般不会很厚，应将板四周折边，或冲成槽形。为加强铝板的刚度，可采用电焊将铝螺栓焊接在铝板背面，再将加固角铝紧固在螺栓上；或者直接用结构胶将饰面铝板固定在铝方管上。复合铝板一般厚度较大，可根据单块幕墙面积大小将复合铝板加工成平板式、槽板式或加劲肋式等几种形式。

图 4-17　玻璃幕墙

图 4-18　金属薄板（铝板）幕墙

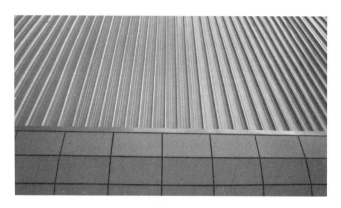

图 4-19　金属薄板（不锈钢）幕墙

3. 石板幕墙

石板幕墙（图 4-20、图 4-21）具有耐久性好、自重大、造价高的特点，主要用于重要的、有纪念意义或装修要求特别高的建筑物。

石板幕墙需选用装饰性强、耐久性好、强度高的石材。应根据石板与建筑主体结构的连接方式，对石板进行开孔槽加工。石板与建筑主体结构的装配连接方式有两种，一种是干挂法，另一种是采用与隐框玻璃幕墙类似的结构装配组件法。

图 4-20　石板（雕花）幕墙

图 4-21　石板（平板）幕墙

（二）幕墙装饰按适用场合和用途分类

1.建筑外墙

从建筑学的角度来讲，围护建筑物，使之形成室内、室外的分界构件称为外墙。它的功能有：承担一定荷载、遮挡风雨、保温隔热、防止噪声、防火安全等。

2.玻璃采光顶

玻璃采光顶是用玻璃材料制成的具有采光功能的建筑顶部。

3.雨棚

雨棚是设在建筑物出入口或顶部阳台上方用来挡雨、防高空落物砸伤的一种建筑装置。

三、能力训练

任务情景

某建筑工程施工需使用几种常用类型的幕墙装饰材料，作为施工现场的施工技术人员的你，根据设计交底（材料）的要求，在核对材料的品种、规格、特点后，完成幕墙装饰材料的信息汇总。

（一）任务准备

1.设计交底（材料）（表4-25）

设计交底（材料）　　　　　　　　　　　　　　　表4-25

序号	材料品种	材料厚度	单位	数量	特点
1	热反射镀膜玻璃	6mm	块	30	有效限制太阳趋势辐射的入射量，遮阳效果明显。丰富多彩的抽射色调和极佳的装饰效果，对室内物体和建筑构件具有良好视线遮蔽功能。较理想的可见光透过比和反射比，减弱紫外光的透过
2	铝单板	3mm	块	30	重量轻，刚性好、强度高；耐久性和耐腐蚀性好；工艺性好，不易玷污，便于清洁保养；安装方便，可回收再利用，有利环保
3	陶板	30mm	块	30	陶土板幕墙技术性能稳定，抗冲击能力强，满足幕墙的风荷载设计要求；耐高温、抗霜冻能力强，阻燃性好，安全防火，绿色环保，可循环再生的一种新型建筑材料；自重轻，永不褪色，历久弥新
4	钢板	4mm	块	30	强度高、耐蚀性好、加工成型方便等优点

2.资料准备

《玻璃幕墙工程技术规范》JGJ 102—2003。

《建筑门窗及幕墙用玻璃术语》JG/T 354—2012。

《建筑玻璃采光顶技术要求》JG/T 231—2018。

《建筑幕墙》GB/T 21086—2007。

《建筑幕墙术语》GB/T 34327—2017。

3.量具准备

钢直尺：300～500mm；卷尺：3～5m；游标卡尺：0～200mm。

安全提示

1.操作前需要检查互联网网络链接是否良好，保证查阅相关资料的准确性。

2. 进入图书馆等公共场所要遵守公共场所规定，保持安静，禁止喧哗。

3. 对查阅的资料及时记录，在工具使用后应清理现场，将工具归回原位。

（二）任务实施

1. 各类幕墙装饰材料及工器具的准备

根据设计交底（材料）的要求，找出对应的幕墙装饰材料——热反射镀膜玻璃、铝单板、陶板、钢板，并分类堆放。

将钢直尺、卷尺等量具摆放在相应实训工位上。

2. 通过外观质量识别各幕墙材料

根据不同幕墙装饰材料的特征（如：颜色、形状、大小、尺寸等），正确识别各类幕墙装饰材料。

3. 查阅技术规范文件、记录汇总

根据观察、识别的结果，查阅相应技术规范文件，按照技术文件中对不同保温材料的描述对各类幕墙装饰材料的特点、用途等作归纳、记录、汇总。

4. 填写幕墙装饰材料信息汇总表（表 4-26）

幕墙装饰材料信息汇总表　　　　表 4-26

序号	材料品种	材料厚度	特点	数量	单位
1	热反射镀膜玻璃	6mm	有效限制太阳趋势辐射的入射量，遮阳效果明显。丰富多彩的抽射色调和极佳的装饰效果，对室内物体和建筑构件具有良好视线遮蔽功能。较理想的可见光透过比和反射比，减弱紫外光的透过	30	块
2	铝单板	3mm	重量轻，刚性好、强度高；耐久性和耐腐蚀性好；工艺性好，不易黏污，便于清洁保养；安装方便，可回收再利用，有利环保	30	块
3	陶板	30mm	陶土板幕墙技术性能稳定，抗冲击能力强，满足幕墙的风荷载设计求；耐高温、抗霜冻能力强，阻燃性好，安全防火；绿色环保，可循环再生的一种新型建筑材料；自重轻，永不褪色，历久弥新	30	块
4	钢板	4mm	强度高、耐蚀性好、加工成型方便等优点	30	块
备注					

复核：×××　　　　　　　　　　　　　汇总：×××

日期：××××年××月××日

（三）任务评价（表 4-27）

任务评价表　　　　表 4-27

序号	评价内容	评价标准	分值	得分
1	知识与技能	能根据幕墙板面材料对其进行分类	10	
		能完整叙述玻璃幕墙、金属薄板幕墙和石板幕墙的特点与应用	20	
		能根据不同的工程场合正确选用不同的幕墙装饰材料	20	
		能说出石板幕墙与建筑主体点的连接方式	10	
		能说出玻璃幕墙对周边环境造成的危害	10	

续表

序号	评价内容	评价标准	分值	得分
2	职业素养	能科学地使用互联网	7.5	
		能积极配合同组成员共同完成试验	7.5	
		能树立起绿色环保、减少污染的思想意识	7.5	
		实训后做到工完、料清、场地净	7.5	
3	合计		100	

四、拓展学习

建筑幕墙的发展态势

随着我国经济建设的不断发展，人民生活水平的不断提高，建筑业也在迅猛地发展变化着，其中建筑幕墙的建设，已成为我国的建筑外围护结构的支柱产品，由于建筑幕墙（图4-22）的加工精度高，其质量达标，且具备了建筑材料多元化的性质，在建造过程中呈现了造型多样化等特点，对我国的建筑物具有非常好的装饰效果。

1. 建筑幕墙在未来仍将是很好的态势发展，新的幕墙产品、结构型式、幕墙材料将不断出现。

（1）质量轻，减轻主体结构承重，有利于建筑物向高层发展。

（2）工厂内加工制作，精度高、质量好。

（3）表面处理多样化，质感丰富，装饰效果好。

（4）采用机械连接方法，安全可靠。

2. 幕墙设计的发展方向要求幕墙设计必须要有相对独立的工作环境。

（1）在当前情况下，幕墙设计的单独招标，在建筑设计施工图开始前招标是必要的。

（2）其次幕墙设计中标单位不参加施工投标，对维护招标投标的公平公正也是必需的。

（3）承认幕墙设计的专业性重要性，分阶段分步骤地将幕墙设计与施工有条不紊地分开，设计与施工各司其职，使我国的建筑幕墙事业健康发展。

在其他国家，建筑幕墙（图4-23）的发展已经具有了一百五十多年的历史，可是在我们国家，却只用了短暂的二十多年的发展时间，不仅仅在建筑幕墙的发展史上实现了零的突破，而且还快速的发展并且还跃入了当今国际上的幕墙第一生产与使用大国的行列。

图4-22 建筑幕墙（玻璃幕墙）

图4-23 建筑幕墙（板壳幕墙）

五、课后练习

（一）填空题

1. 从建筑学的角度来讲，围护建筑物，使之形成室内、室外的分界构件称为外墙。它的功能有：_____ 、_____ 、_____ 、_____ 、_____ 等。

2. 复合铝板一般厚度较大，可根据单块幕墙面积大小将复合铝板加工成_____ 、_____ 或_____ 等几种形式。

（二）选择题

幕墙按材料不同，可分为（   ）等类型。

A. 玻璃幕墙   B. 金属薄板幕墙   C. 石板幕墙   D. 水泥幕墙

（三）思考题

试说明玻璃幕墙的工程技术规范。

任务二　编制玻璃的生产工艺

一、学习目标

1. 能从对玻璃的描述中归纳出玻璃的特性；
2. 能根据玻璃的主要生产工艺绘制出生产工艺图；
3. 能根据玻璃不同的退火阶段概括出各阶段的特点；
4. 能说出玻璃生产工艺中关键工序或质量控制点；
5. 具有工厂安全生产意识，在生产过程中应具有责任感。

二、知识导航

14.
玻璃生产
工艺流程

　　玻璃生产的主要原料有玻璃形成体、玻璃调整物和玻璃中间体，其余为辅助原料。主要原料指引入玻璃形成网络的氧化物、中间体氧化物和网络外氧化物；辅助原料包括澄清剂、助熔剂、乳浊剂、着色剂、脱色剂、氧化剂和还原剂等。

（一）玻璃的特性

1. 各向同性

玻璃的分子排列是无规则的，其分子在空间中具有统计上的均匀性。在理想状态下，均质玻璃的物理、化学性质（如折射率、硬度、弹性模量、热膨胀系数、导热率、电导率等）在各方向都是相同的。

2. 无固定熔点

因为玻璃是混合物，非晶体，所以无固定熔沸点。玻璃由固体转变为液体是一定温度区域（即软化温度范围）内进行的，它与结晶物质不同，没有固定的熔点。软化温度范围 $Tg \sim T_1$，Tg 为转变温度，T_1 为液相线温度，对应的黏度分别为 1013.4 Pa·s，104-6 Pa·s。

3. 亚稳性

玻璃态物质一般是由熔融体快速冷却而得到，从熔融态向玻璃态转变时，冷却过程中黏度急剧增大，质点来不及做有规则排列而形成晶体，没有释出结晶潜热，因此，玻璃态物质比结晶态物质含有较高的内能，其能量介于熔融态和结晶态之间，属于亚稳状态。从力学观点看，玻璃是一种不稳定的高能状态，比如存在低能量状态转化的趋势，即有析晶倾向，所以，玻璃是一种亚稳态固体材料。

4. 渐变性可逆性

玻璃态物质从熔融态到固体状态的过程是渐变的，其物理、化学性质的变化也是连续的和渐变的。这与熔体的结晶过程明显不同，结晶过程必然出现新相，在结晶温度点附近，许多性质会发生突变。而玻璃态物质从熔融状态到固体状态是在较宽温度范围内完成的，随着温度逐渐降低，玻璃熔体黏度逐渐增大，最后形成固态玻璃，但是过程中没有新相形成。相反玻璃加热变为熔体的过程也是渐变的。

（二）玻璃的主要生产工艺

1. 原料预加工

将块状原料（石英砂、纯碱、石灰石、长石等）粉碎，使潮湿原料干燥，将含铁原料进行除铁处理，以保证玻璃质量。

2. 配合料制备

计算工艺配方，将各原材按照比例掺和后搅拌均匀制备成配合料。

3. 熔制

玻璃配合料在池窑或坩埚窑内进行高温（1550～1600℃）加热，使之形成均匀、无气泡，并符合成型要求的液态玻璃。

4. 成型

将液态玻璃加工成所要求形状的制品，如平板、各种器皿等。

5. 热处理

通过退火、淬火等工艺，消除或产生玻璃内部的永久应力、分相或晶化，以及改变玻璃的结构状态。

按照上述玻璃的主要生产工艺，可将玻璃的生产工艺图归纳如图 4-24 所示。

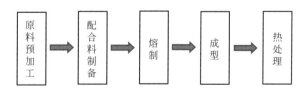

图 4-24　玻璃生产工艺图

（三）玻璃的退火工艺阶段

玻璃的退火制度与制品的种类、形状、大小、容许的应力值、退火炉内温度分布等情况有关。目前采用的退火制度有多种形式，根据退火原理，退火工艺可分为四个阶段：加热阶段、均热阶段、慢冷阶段和快冷阶段。按上述四个阶段可作出温度-时间曲线，此曲线称退火曲线（图4-25）。

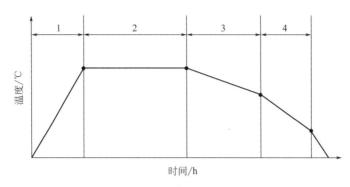

图4-25　玻璃的退火曲线

1—加热阶段；2—保温阶段；3—慢冷阶段；4—快冷阶段

1. 加热阶段

不同品种的玻璃有不同的退火工艺。有的玻璃在成型后直接进入退火炉进行退火，称为一次退火；有的制品在成型冷却后再经加热退火，称为二次退火，所以加热阶段对有些制品并不是必要的。在加热过程中，玻璃表面产生压应力，所以加热速率可相应高些，例如20℃的平板玻璃可直接进入700℃的退火炉，其加热速率可高达300℃/min。考虑到制品大小、形状、炉内温度分布的不均性等因素，在生产中一般采用的加热速率为20~30/a^2（℃/min），对光学玻璃制品的要求更高。

2. 保温阶段

把制品加热到退火温度进行保温、均热以清理应力。在本阶段中首先要确定退火温度，其次是保温时间。一般把比退火上限温度低20~30℃作为退火温度。退火温度除直接测定外，也可根据玻璃成分计算黏度为1012Pa·s时的温度。当退火温度确定后，保温时间可按70~120a^2进行计算，或者按应力容许值进行计算。

3. 慢冷阶段

为了使玻璃制品在冷却后不产生应力，或减小到制品所要求的应力范围内，在均热后进行慢冷是必要的，以防止过大的温差。

4. 快冷阶段

玻璃在应变点以下冷却时，如前述只产生暂时应力，只要它不超过玻璃的极限强度，就可以加快冷却速度以缩短整个退火过程、降低燃料消耗、提高生产率。

退火原理：玻璃中内应力的消除是以松弛理论为基础的，所谓内应力松弛是指材料在分子热运动的作用下使内应力消散的过程，内应力松弛的速度决定于玻璃所处的温度。

三、能力训练

任务情景

你是某玻璃生产企业的生产技术员。受客户委托，现需生产一批平板玻璃。请你编制生产工艺并绘制其流程图。

（一）任务准备

1. 信息收集

收集生产与存放玻璃制品所需的熔窑、箱式电阻炉、传送机、通风系统、中控软件、铲车、储藏仓库等设施设备、机械场地等相关信息。收集信息时要做到认真、仔细、完整。

2. 原材料分析

对生产玻璃制品所需的原材料（如：石英砂、石灰石、长石、纯碱、硼酸等），由化验室采样分析检验，同时按质量进行搭配均化。

3. 计算配方（料）

根据原材料的质量情况计算工艺配方。

（二）任务实施

1. 拟定生产工艺

按照玻璃制品的配料、溶制、成形、退火的生产步骤，规定各项工艺工作应遵循的先后顺序，选择最佳的生产工艺。

2. 编制生产工艺

玻璃制品的生产工艺有：原料预加工→配料→熔制→成型→热处理等主要工序。

关键工序质量控制点：

熔制、成型、热处理三道工序为整个生产工艺的关键工序质量控制点。

3. 绘制成型工艺流程图

玻璃制品的生产工艺流程图详见图 4-25。

（三）任务评价（表 4-28）

任务评价表 　　　　　　　　　　　　　　　　　　　　　表 4-28

序号	评价内容	评价标准	分值	得分
1	知识与技能	能从对玻璃的描述中概括出玻璃的特性	20	
		能说出玻璃不同退火阶段的特点	20	
		能叙述玻璃的生产工艺并绘制出其生产工艺图	20	
		能说出生产过程中的关键步骤或质量控制点	10	
2	职业素养	能遵守实训安全条例	7.5	
		能积极配合同组成员共同完成实训任务	7.5	
		具有工厂安全生产意识,在生产过程中应具有责任感	7.5	
		实训后能做到工完、料清、场地净	7.5	
3	合计		100	

四、拓展学习

玻璃行业的发展趋势

我国大型高层公共建筑，在近几年如雨后春笋般出现在各大城市。玻璃这一建筑大家庭中不可缺少的成员，在建筑师、设计师的手下也变得越来越光芒四射，绽放着它迷人的魅力。

它已成为建筑师设计师表现不同建筑风格及建筑理念的主要手法，开展速度之快让人吃惊。在全国空间构造会议上，来自各方的专家认为，当前玻璃应用发展有三个方面的趋势。

其一，玻璃发挥的功能越来越全面化和多样化。玻璃的各种深加工技术，经与幕墙的装配技术相结合后，玻璃的各种优异性能得以充分发挥，例如：将钢化夹胶、镀膜中空处理后，玻璃再装配成有空气通道的双层幕墙（图4-26、图4-27），则玻璃将集空间分隔作用、透明采光作用、保温隔热作用、阳光控制作用、节能环保作用、挡风防雨作用、抗风受力作用等众多功能于一身，发挥着别的建材无法发挥的作用。

图 4-26　玻璃幕墙 1

图 4-27　玻璃幕墙 2

其二，玻璃幕墙和采光顶的大量采用和玻璃直接参与构造抗风受力的发展趋势。玻璃材料的这种结构化趋势，主要是建筑物的大型化、现代化要求促成的，同时也是玻璃优异功能得以实现的必然要求。近年来，玻璃幕墙和玻璃采光顶在工程中的应用越来越广泛，越来越向大型化方向发展。像新白云机场、国际会议展览中心、植物园等点支式玻璃幕墙的高度都在30m上下，长度经常以百米计，单片玻璃幕墙面积在 $5000 \sim 10000 m^2$ 的已不在少数；幕墙中单块玻璃的尺寸也在呈大型化趋势，1.5m×3m，2.0m×3m，这种大尺寸玻璃的应用十分普遍。这种大型化趋势，使玻璃幕墙和单玻璃的抗风承重问题，支撑构造的计算和强度控制问题显得越来越重要。

另外，更为值得指出的是，玻璃的高透特性，导致室内构造的大暴露。过去少为人们关注的构造造型美受到了极大的重视，进而引发了人们对玻璃支撑构造外形的美、杆件的纤细通透、节点构造加工的精致、美观耐看等方面都相应提出了新的更高的要求。建筑构造学科正面临着新时代玻璃材料大量使用带来的挑战，构造专业人员必须从过去那种只保证安全就算完成任务的传统思维中走出来，结构工程师应该和建筑师一起，为满足人们对构造美的不断追求而努力。

玻璃应用的第三个发展趋势，是直接将玻璃作为构造受力件或建筑零配件使用。如玻璃楼梯（图4-28）、踏步板、栏杆、玻璃隔断、楼板、玻璃天桥等，这些玻璃小构件的使用起到了良好的室内装饰作用，使建筑空间既有分隔又有联系，还能节省构造件占用的室内面积，使建筑设计空间更有情趣。另外将玻璃用于受力比较集中的梁、柱构件、承压拱板等国内外也都在探索之中，为了解决玻璃材料广泛使用中产生的越来越多的结构问题，如常规钢结构作为玻璃支承结构体系时

图4-28　玻璃楼梯

暴露出来的杆件粗笨、结构不通透、不协调方面的矛盾，必须深入研究玻璃的力学特性，彻底弄清玻璃的强度机理，从而充分挖掘玻璃的强度潜力和玻璃参与构造共同工作的潜力。

玻璃应用技术的进一步开展、玻璃各种功能的进一步发挥，离不开结构学科的支持，而结构学科的进一步开展也需要玻璃材料这个平台。玻璃材料的大量应用，正在孕育着玻璃力学、玻璃结构新学科的诞生。

五、课后练习

（一）填空题

1. 玻璃的熔制在熔窑内进行，将配好的原料经过高温加热，形成均匀的无气泡的玻璃液。这是一个很复杂的_____反应过程。

2. 玻璃的退火制度与制品的种类、形状、大小、容许的应力值、退火炉内温度分布等情况有关。目前采用的退火制度有多种形式，根据退火原理，退火工艺可分为四个阶段：_____、_____、_____和_____。

（二）选择题

1. 玻璃的熔制在熔窑内进行，将配好的原料经过高温加热（　　），形成均匀的无气泡的玻璃液。

A. 1350～1450℃　　B. 1450～1500℃　　C. 1550～1600℃　　D. 1600～1650℃

2. 为避免冷却过快而造成玻璃炸裂，玻璃毛坯定型后立即转入退火用的箱式电阻炉中，在（　　）下保温（　　）左右，然后按照冷却温度制度降温到一定温度后切断电源停止加热，让其随炉自然缓慢冷却至100℃以下，出炉，在空气中冷却至室温。

A. 500℃；20min　　B. 600℃；20min　　C. 500℃；30min　　D. 600℃；30min

（三）思考题

退火过程有哪几个阶段？

任务三　中空玻璃的露点检测

一、学习目标

1. 能说出中空玻璃露点的主要影响因素；
2. 能总结出中空玻璃露点测定的影响因素；
3. 能按照要求完成中空玻璃的露点检测；
4. 能如实记录检测数据，客观填写检验表，不弄虚作假，养成良好的诚实品质。

二、知识导航

（一）中空玻璃露点

中空玻璃在使用过程中，当环境温度降低到使玻璃表面温度降低至干燥空气层内的露点时，干燥空气层的表面会产生结露或结霜。由于玻璃内表面的结露或结霜而影响中空玻璃性能。如果保证空气层在零下40℃以上不结露，中空玻璃在使用过程中是不出现空气层结露现象的。

中空玻璃的露点是指密封于空气层中的空气湿度达到饱和状态时的温度。低于该温度，空气层中的水蒸气就会凝结成液态水。可推出：水的含量越高，空气的露点温度也就越高，当玻璃内表面温度低于空气层内空气的露点时，空气中的水分就会在玻璃内表面结露或结霜。

中空玻璃的露点上升是由外界的水分进入空气层而不被干燥剂吸收而造成的，有三种原因可能会导致露点上升：

1. 密封胶内存有气泡，导致空气水分进入。
2. 水气通过聚合物扩散进入空气层中。
3. 干燥剂的有效吸附能力低。

（二）中空玻璃露点的控制措施

1. 严格控制生产环境温度

生产环境主要影响附能力及剩余吸附能力。

2. 减少水分通过聚合物的扩散

主要靠选择低渗透系数的密封胶，确定合理的密封厚度，减少中空玻璃的内外温度差（即控制在一定温度范围内生产而不能使温度范围过大）。

3. 缩减生产工艺时间

尽量减少干燥剂与大气接触的时间，减少吸附能力的损失而使干燥剂有较高的吸附能力。

4. 选择合适的铝型材

其细孔的导气缝要小，减少操作过程中分子筛的吸水率。

5. 选择合适的干燥剂

要选择吸附率较高且持久的干燥剂。

相信通过选料、加工、环境等各个环节的控制，中空玻璃的质量会得到明显的提升。

（三）露点测试原理

放置露点仪后玻璃表面局部冷却，当达到一定温度后，内部水汽在冷却点部位结露，该温度为露点。

三、能力训练

任务情景

你是某第三方检测机构检测员，要对某建筑公司送检的中空玻璃进行露点检测，并提供检测记录。

（一）任务准备

1. 试验条件

试验在温度（23±2）℃，相对湿度30％～75％的环境中进行。试验前将全部试样在该环境条件下放置至少24h后进行测试。

2. 仪器准备

露点仪：测量面为铜质材料，（50±1）mm、厚度0.5mm；温度测量最低可以达到－60℃，精度≤1℃（图4-29）。

3. 资料准备

《中空玻璃生产技术规程》JC/T 2071—2011。

《安全玻璃生产规程 第1部分：建筑用安全玻璃生产规程》JC/T 2070—2011。

《露点测定器》JY 0334—1993。

《中空玻璃》GB/T 11944—2012。

安全提示

1. 操作前试验操作人员需要戴防护手套进行操作。

2. 实验室温度、湿度要符合标准要求，并做好记录，以免检测数据不准。

3. 对所使用的量具或设备上的旋钮开关要及时规整复位，并对场地内产生的垃圾或废料进行分类处理。

4. 试验过程中，做好防护，注意安全，试验完成后，及时断开设备电源，盖好防尘盖。

（二）任务实施

1. 试样制作

试样为制品或与制品相同材料、在同一工艺条件下制作的尺寸为510mm×360mm的

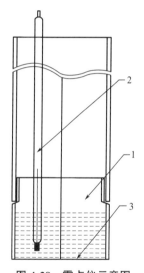

图 4-29　露点仪示意图

1—铜槽；2—温度计；3—测量面

试样，数量为 15 块。

2. 露点检测

（1）向露点仪内注入深约 25mm 的乙醇或丙酮，再加入干冰，使其温度降低到等于或低于 −60℃ 开始露点测试，并在试验中保持该温度。

（2）将试样水平放置，在上表面涂一层乙醇或丙酮，使露点仪与该表面紧密接触，停留时间按表 4-29 的规定。

露点测试时间   表 4-29

原片玻璃厚度/mm	接触时间/min
≤4	3
5	4
6	5
8	7
≥10	10

（3）移开露点仪，立刻观察玻璃试样的内表面有无结露或结霜。

（4）如无结霜或结露，露点温度记为 −60℃。

（5）如结露或结霜，将试样放置到完全无结霜或结露后，提高露点仪温度继续测量，每次提高 5℃，直至测量到 −40℃，记录试样最高的结露温度，该温度为试样的露点温度。

（6）对于两腔中空玻璃露点测试应分别测试中空玻璃的两个表面。

3. 数据处理

（1）试验结果判定

取 15 块试样进行露点检测，全部合格该项性能合格。

（2）填写试验记录（表 4-30）

中空玻璃露点检测记录样例表   表 4-30

样品编号	2022081011			制样时间	××××年××月××日		
送样时间	××××年××月××日			试样时间	××××年××月××日		
样品数量	15 块			试样数量	15 块		
试验依据	GB/T 11944—2002			试验设备	露点仪		
环境温度	23℃			环境湿度	50%		
样品名称	中空玻璃			使用部位	玻璃幕墙		
规格型号	6Low-E＋12A＋6(mm)			原片厚度	6mm		
编号	下列温度是否结霜或结露						评判标准	单个评价
	−60℃	−55℃	−50℃	−45℃	−40℃	露点		
1	是	是	是	是	否	≤−40℃	≤−40℃	≤−40℃
2	是	是	是	是	否	≤−40℃	≤−40℃	≤−40℃
3	是	是	是	是	否	≤−40℃	≤−40℃	≤−40℃
4	是	是	是	是	否	≤−40℃	≤−40℃	≤−40℃

续表

5	是	是	是	是	否	≤−40℃	≤−40℃	≤−40℃
6	是	是	是	是	否	≤−40℃	≤−40℃	≤−40℃
7	是	是	是	是	否	≤−40℃	≤−40℃	≤−40℃
8	是	是	是	是	否	≤−40℃	≤−40℃	≤−40℃
9	是	是	是	是	否	≤−40℃	≤−40℃	≤−40℃
10	是	是	是	是	否	≤−40℃	≤−40℃	≤−40℃
11	是	是	是	是	否	≤−40℃	≤−40℃	≤−40℃
12	是	是	是	是	否	≤−40℃	≤−40℃	≤−40℃
13	是	是	是	是	否	≤−40℃	≤−40℃	≤−40℃
14	是	是	是	是	否	≤−40℃	≤−40℃	≤−40℃
15	是	是	是	是	否	≤−40℃	≤−40℃	≤−40℃
单项评价	15 块试样露点均≤−40℃							
备注								

复核：×××　　　　　　　　　　　　试验：×××

（三）任务评价（表 4-31）

任务评价表　　　　　　　　　　表 4-31

序号	评价内容	评价标准	分值	得分
1	知识与技能	能说出中空玻璃露点的概念	10	
		完整叙述中空玻璃的露点检测操作步骤	10	
		正确说出影响检测中空玻璃露点的因素	10	
		能按照要求完成试验条件下的试样制作	10	
		能按照要求完成中空玻璃的露点检测	20	
		准确计算判定出检测的数据	10	
2	职业素养	能严格遵守实训室日常安全管理条例	7.5	
		能积极配合同组成员共同完成实训任务	7.5	
		能如实记录检测数据,客观填写检验表,不弄虚作假,具有良好的诚实品质	7.5	
		实训后能做到工完、料清、场地净	7.5	
3	合计		100	

四、拓展学习

中空玻璃的发展

随着中空玻璃技术的发展，以及现在越来越多的场所环境都在使用中空玻璃，所以中空玻璃已经有了很多很多的种类细分，材质的不同或者使用环境的都不同，都会用到不同的中空玻璃。

举个简单的例子，例如在南方，考虑到气温高，光照时间比较长而且阳光也比较强烈，就要考虑热传递系数小的中空玻璃（图 4-30），这时候就会考虑使用更多的是镀膜玻璃；而在北方，可能就是保暖和隔热的需求大一些，可能会更多地采用透明玻璃制作的中空玻璃。

而随着市场的发展，中空玻璃也更多地运用到了建筑幕墙；舞台地面，装饰性中空玻璃；或者汽车，火车上都在使用中空玻璃。

虽然用途大有不同，所采用的原材料也种类繁多，但是基础的构造大多一样的，最为基础的需求核心是没有变化的，所有基础的结构构成，是比较统一的，就像是玻璃需求基本都是又普通平面玻璃在经过二次或者多次加工而来；密封剂保证中空玻璃的密封性，中间层的干燥性；维持中空玻璃的使用寿命。例如多种热熔丁基胶作为第一道密封处理，双组分硅酮胶多作为二道密封胶处理。

干燥剂（图 4-31）是为了保证中空玻璃中间层内部的水蒸气吸附干净，保证中间层的干燥性，减少结雾等现象的出现，像是 3A 分子筛就是最常用的干燥剂之一。

图 4-30　玻璃窗

图 4-31　干燥剂

铝隔条控制中空玻璃的内、外两片玻璃的间距，并控制外部的水蒸气在这一部分被完全隔绝，保证中空玻璃具有合理的空间层厚度和使用寿命。

不管是哪一种类型的中空玻璃，基础的构造也一定是由玻璃，密封胶，干燥剂，铝隔条这几种基础的东西去发展的，所有这几种材料的好坏，将决定着一个中空玻璃是否能够用得住。

五、课后练习

（一）填空题

1. 露点测试时，向露点仪内注入深约 25mm 的乙醇或丙酮，再加入干冰，使其温度降低到等于或低于_____开始露点测试，并在试验中保持该温度。

2. 中空玻璃露点试验温度为_____，相对湿度_____，试验前将全部试样在该环境条件下放置_____以上。

（二）选择题

1. 测量中空玻璃露点时，当样品为（6mm＋12a＋6mm）中空玻璃时，露点计与样品的接触时间为（　　）。

　　A. 3min　　　　　　B. 4min　　　　　　C. 5min　　　　　　D. 7min

2. 露点检测时，如结露或结霜，将试样放置到完全无结霜或结露后，提高露点仪温度继续测量，每次提高（　　），直至测量到 -40℃，记录试样最高的结露温度，该温度为试样的露点温度。

　　A. 3℃　　　　　　B. 5℃　　　　　　C. 10℃　　　　　　D. 15℃

（三）思考题

控制中空玻璃露点的主要影响因素有哪些？

任务四　应用大数据检测玻璃幕墙的老化程度

一、学习目标

1. 能根据影响玻璃幕墙老化程度的因素说出玻璃幕墙老化程度检测的意义。
2. 能简述大数据检测玻璃幕墙老化程度的应用原理。
3. 能说出玻璃幕墙老化程度检测的内容与规定。
4. 具有建筑工程安全意识，在完成任务过程中具有责任感。

二、知识导航

（一）玻璃幕墙及其老化程度检测的必要性

玻璃幕墙（图4-32）是指由支承结构体系可相对主体结构有一定位移能力、不分担主体结构所受作用的建筑外围护结构或装饰结构。墙体有单层和双层玻璃两种。玻璃幕墙是

图 4-32　玻璃幕墙

一种美观新颖的建筑墙体装饰方法，是现代主义高层建筑时代的显著特征。

由于构成玻璃幕墙的主要部件有支撑体系、金属连接杆、玻璃等，受设计、材料、施工等因素的影响，玻璃幕墙在竣工投入使用后均会出现不同程度的老化，从而给玻璃幕墙的安全带来隐患。因此，需要定期对构成玻璃幕墙的老化程度进行检测。

（二）玻璃幕墙老化程度检测的内容与规定

根据《玻璃幕墙工程技术规范》JGJ 102—2003 的相关规定，幕墙在工程竣工验收后一年时，应对幕墙工程进行一次全面的检测（查），此后每五年应检测（查）一次（图 4-33）；施加预拉力的拉杆或拉索结构的幕墙工程在工程竣工验收后六个月时，必须对该工程进行一次全面的预拉力检查和调整，此后每三年应检查一次；幕墙工程使用十年后应对该工程不同部位的结构硅酮密封胶进行粘结性能的抽样检查，此后每三年宜检查一次。检测（查）的项目有：

1. 幕墙整体有无变形、错位、松动，如有，则应对部位相对应的隐蔽结构进行进一步检测（查）。幕墙的主要承力构件、连接构件和连接螺栓等是否损坏、连接是否可靠、有无锈蚀等；

2. 玻璃面板有无松动和损坏；

3. 密封胶有无脱落、开裂、起泡；

4. 密封胶条有无脱落、老化等损坏现象；

5. 开启部分是否启闭灵活，五金附件是否有无功能障碍或损坏，安装螺栓或螺钉是否松动和失效；

6. 幕墙排水系统是否通畅。

通过检测（查），应对检测（查）项目中不符合要求的进行及时维修或更换。

图 4-33　玻璃幕墙检测

（三）大数据在玻璃幕墙老化程度检测中的应用原理

现今，随着信息化时代的来临，利用大数据对玻璃幕墙的健康状况进行有效的监测，以及应用大数据对玻璃幕墙的老化程度进行检测，是推进城市精细化管理，提升城市治理现代化水平的实际应用。

通过对玻璃幕墙的实地检测、数据采集、信息上传、人工智能、智能监控等等的手段形成一条玻璃幕墙老化程度的大数据链，从而编织出一张智能监管网（一网统管）。对地区、辖区内的玻璃幕墙建筑建立档案，收集检测数据，并结合近些年来灾害性事件的各种因素，建立模型，对高空风险进行预警。通过"一网统管"大数据的汇聚、预警预判，让预测更加精准，及时排除安全隐患。

（四）大数据在玻璃幕墙老化程度检测中应用的意义

玻璃幕墙只能靠专业技术检测，常人很难用肉眼发现隐患。过去，幕墙信息主要掌握在各栋大楼所有者手中，难以建立统一的安全屏障。现如今，有了"一网统管"，可以和既有的区、街镇网格化管理平台打通融合，把过去分散式的信息进行了整合。利用智能手段，在网格内汇集各类管理的基础数据信息，融合各类管理业务运用，集成各类管理、执法、作业的处置力量，支撑起市、区、街镇的智能应用。

三、能力训练

任务情景

你是某城市数字运行中心的技术人员，现需对辖区一玻璃幕墙建筑建档，并将该建筑的玻璃幕墙检测数据输入至"一网统管"中。为该玻璃幕墙设置预警值，以便通过大数据分析为后续的监测与检测、维修，及时排除安全隐患提供数据保障。

（一）任务准备

1. 玻璃幕墙数据采集（表 4-32）

玻璃幕墙数据采集表　　　　　　　　　　　表 4-32

委托单位	上海××建筑工程有限公司	委托日期	××××-××-××
工程名称	上海××建筑玻璃幕墙工程	检测日期	××××-××-××
检测项目	技术要求		检测结果
幕墙整体	无变形、错位、松动		无变形、错位、松动
主要承力构件、连接构件、连接螺栓	无损坏、连接可靠、无锈蚀、无松动		无损坏、连接可靠、无锈蚀、无松动
玻璃面板	无松动、损坏		无松动、损坏
密封胶、密封胶条	无脱落、开裂、起泡、老化、损坏		无脱落、开裂、起泡、老化、损坏
开启部分及五金附件	启闭灵活、无功能障碍或损坏		启闭灵活、无功能障碍或损坏
幕墙排水系统	通畅		通畅

2. 资料准备

《玻璃幕墙工程技术规范》JGJ 102—2003。

《建筑幕墙》GB/T 21086—2007。

安全提示

1. 进入实训室禁止大声喧哗、打闹嬉戏。

2. 科学、安全地使用电脑，确保电脑上已安装杀毒软件并已更新至最新版本。

3. 正确、规范地使用虚拟仿真软件。

（二）任务实施

1. 登录虚拟仿真软件

用各自的账号和密码登录"城市数字运行中心"虚拟仿真软件，用鼠标点击路径大数据-玻璃幕墙进入到具体操作界面。

2. 录入检测数据

将玻璃幕墙的检测数据或检测结果录入到仿真软件中。录入时，注意检测项目的先后次序，一一对应录入。

3. 设置预警值

按照各检测项目出现何种情况时需要进行及时的检测与维修为原则，对各检测项目设置预警值。如：玻璃面板的预警值可设置为有轻微松动。

4. 建档

对各录入和设置预警值后的项目与结果进行检查、核对。确认数据填写无误后完成对该玻璃幕墙的建档工作。玻璃幕墙档案卡（表4-33）。

玻璃幕墙档案样例卡   表4-33

楼宇名称	上海××大厦	建档号	××××××
幕墙类型	玻璃幕墙	建档日期	××××-××-××

项目	技术要求	预警值
幕墙整体	无变形、错位、松动	有轻微松动
主要承力构件、连接构件、连接螺栓	无损坏、连接可靠、无锈蚀、无松动	有轻微松动、锈蚀
玻璃面板	无松动、损坏	有轻微松动
密封胶、密封胶条	无脱落、开裂、起泡、老化、损坏	有开裂、起泡
开启部分及五金附件	启闭灵活、无功能障碍或损坏	有启闭功能障碍
幕墙排水系统	通畅	不畅

（三）任务评价（表4-34）

任务评价表   表4-34

序号	评价内容	评价标准	分值	得分
1	知识与技能	能说出玻璃幕墙老化程度检测的意义	10	
		能简述大数据检测玻璃幕墙老化程度的应用原理	15	
		能说出玻璃幕墙老化程度检测的内容与规定	15	
		能按照标准正确检测老化程度	15	
		会设置玻璃幕墙老化程度预警值	20	
2	职业素养	能遵守实训安全守则	5	
		能爱护实训设施、设备	10	
		能具有建筑工程安全意识，在完成任务过程中具有责任感	5	
		能做到工完、料清、场地净	5	
3	合计		100	

四、拓展学习

玻璃幕墙的维护

我们日常所看到的玻璃幕墙，绝大部分采用钢化玻璃进行墙壁覆盖。钢化玻璃是具有良好的机械性能和耐热抗震抗冲击性能的玻璃；它的重量，是同等厚度普通玻璃的3～5倍。钢化玻璃破碎后呈无锐角的小碎片，实现了对人体的伤害极大地降低。

然而，玻璃幕墙使用到一定的时间后肯定会出现损耗，也很可能出现局部损坏等问题，定期开展幕墙检查和幕墙维护（图4-34）非常有必要。某幕墙工程有限公司在开展幕墙维修、幕墙维护项目中，多次涉及更换破碎的玻璃幕墙。更换玻璃幕墙是一项专业性很强的工作，施工人员必须专业，施工手法也必须专业。

图4-34 玻璃幕墙的维护

破碎幕墙玻璃及损坏幕墙玻璃的拆除是玻璃更换施工中技术难度较大的一项工作。在拆除的过程中，施工队一方面要保证建筑幕墙的其他部分不受损，另一方面要保证自身的生命安全。

拆除前，必须结合幕墙设计图纸及现场实际情况，充分掌握幕墙的结构、做好安全防护措施、现场天气情况等，才开展玻璃拆除工作。

拆除时，首先清理碎片，用胶带将玻璃破碎表面粘贴好，确保玻璃碎片不会从高空坠落，然后使用吸盘把碎玻璃整块取下放到安全桶里。接下来拆卸剩余的玻璃和框体，用壁纸刀将玻璃四周密封胶清除，取出胶缝里的泡沫棒、卸掉胶缝里的铝合金玻璃固定件。玻璃的内外分别安排施工人员，4人在外用吸盘吸住玻璃，3人在内用吸盘吸住玻璃。两边同时协作向上托，玻璃上部向外、底部向内，倾斜着向房间内慢慢下滑，直到安全落地。最后拆除该受损玻璃的铝合金框架。

重新安装新时，施工队会从楼顶把玻璃和相关配件逐一输送到施工位置。幕墙玻璃维护更新作业时，同样也是里外两组人共同协作，里外都给玻璃上好吸盘，里外合力将玻璃、铝合金框挂钩、铝合金固定件逐一安装。随后在玻璃四周胶缝填充泡沫棒，用玻璃胶枪把玻璃密封胶打到胶缝里，确保四周胶缝光滑通顺。接着，清理玻璃表面。更换完毕，外墙的施工人员要注意安全，顺着绳子滑到一层，里墙的施工队员清理好现场。最后，检测组会连同施工队长，对现场进行二次复核检测，确保无误，再联系客户进行交付。

五、课后练习

(一) 填空题

1. 玻璃幕墙是指由_____体系可相对主体结构有一定位移能力、不分担主体结构所受作用的建筑_____或_____。

2. 通过对玻璃幕墙的实地检测、_____、信息上传、_____、智能监控等的手段形成一条玻璃幕墙老化程度的_____链，从而编织出一张智能监管网（一网统管）。

(二) 选择题

1. 根据《玻璃幕墙工程技术规范》JGJ 102—2003 的相关规定，幕墙在工程竣工验收后一年时，应对幕墙工程进行一次全面的检测（查），此后每（　　）应检测（查）一次。

A. 一年　　　　　B. 二年　　　　　C. 三年　　　　　D. 五年

2. 构成玻璃幕墙的主要部件有（　　）、金属连接杆、玻璃等。

A. 支撑体系　　　B. 连接体系　　　C. 安装体系　　　D. 防护体系

(三) 思考题

在幕墙工程竣工验收后一年时，应对幕墙工程进行一次全面的检查，此后每五年应检查一次。检查项目应包括哪些？

▪（四）室内装饰材料 ▪

室内装饰材料你知多少？

在现代的社会中，室内装饰的美并不是意味着追求奢华和昂贵，更重要的是追求一种关于和谐的美。那些并不起眼材料，比如原木、粗麻、红砖等材料，现代均已被广泛的运用于室内设计中。而另一些材料，如玻璃、现代铁艺、不锈钢等材料的大量使用，在设计中也表现出它们所带来的独特风格，并表现出了装饰材料的质感美。我们要认识到有怎样的室内装饰材料在怎样的空间环境中运用能达到怎样的装饰效果。各种装饰材料，无论是木质还是金属，均有各自使用的场合。同一种材料在不同的空间环境中使用，也会释放出不同的效果。

目前，室内装饰材料的发展主要趋向于：绿色环保化、复合型材料以及制成品与半成品三个方面。

让我们一起来了解室内装饰材料吧。

任务一 室内装饰材料识别与选用

一、学习目标

1. 能根据对室内装饰材料的描述说出其基本特征。
2. 能说出室内装饰材料装饰功能的分类及应用。
3. 能根据室内装饰材料的选用归纳出室内装饰材料的种类及用途。
4. 通过对某建筑工程的室内装饰材料的分类和整理培养学生善于思考、乐于动脑的好习惯。

二、知识导航

室内装饰（图 4-35）的目的就是造就一个自然、和谐、舒适而整洁的环境，各种装饰材料的色彩、质感、触感、光泽等的正确选用，将极大地影响到室内环境。一般来说，室内装饰材料的选用应考虑建筑类别与装饰部位、地域和气候、场地与空间、标准与功能、民族性、经济性。

图 4-35 室内装饰

（一）室内装饰材料的基本特征

1. 颜色

材料的颜色决定于三个方面：

（1）材料的光谱反射。

（2）观看时射于材料上的光线的光谱组成。

（3）观看者眼睛的光谱敏感性。

以上三个方面涉及物理学、生理学和心理学。但三者中，光线尤为重要，因为在没有光线的地方就看不出什么颜色。人的眼睛对颜色的辨认，由于某些生理上的原因，不可能两个人对同一个颜色感受到完全相同的印象。因此，要科学地测定颜色，应依靠物理方法，在各种分光光度计上进行。

2. 光泽

光泽是材料表面的一种特性，在评定材料的外观时，其重要性仅次于颜色。光线射到物体上，一部分被反射，一部分被吸收，如果物体是透明的，则一部分被物体透射。被反射的光线可集中在与光线的入射角相对称的角度中，这种反射称为镜面反射。被反射的光线也可分散在所有的各个方向中，称为漫反射。漫反射与上面讲过的颜色以及亮度有关，而镜面反射则是产生光泽的主要因素。光泽是有方向性的光线反射性质，它对形成于表面上的物体形象的清晰程度，亦即反射光线的强弱，起着决定性的作用。材料表面的光泽可用光电光泽计来测定。

3. 透明性

材料的透明性也是与光线有关的一种性质。既能透光又能透视的物体称为透明体。例如普通门窗玻璃大多是透明的，而磨砂玻璃和压花玻璃等则为中透明的。

4. 表面组织

由于材料所有的原料、组成、配合比、生产工艺及加工方法的不同，使表面组织具有多种多样的特征：有细致的或粗糙的，有平整或凹凸的，也有坚硬或疏松的等等。我们常要求装饰材料具有特定的表面组织，以达到一定的装饰效果。

5. 形状和尺寸

对于砖块、板材和卷材等装饰材料的形状和尺寸都有特定的要求和规格。除卷材的尺寸和形状可在使用时按需要剪裁和切割外，大多数装饰板材和砖块都有一定的形状和规格，如长方、正方、多角等几何形状，以便拼装成各种图案和花纹。

6. 平面花饰

装饰材料表面的天然花纹（如天然石材），纹理（如木材）及人造的花纹图案（如壁纸、彩釉砖、地毯等）都有特定的要求以达到一定的装饰目的。

7. 立体造型

装饰材料的立体造型包括压花（如塑料发泡壁纸）、浮雕（如浮雕装饰板）、植绒、雕塑等多种形式，这些形式的装饰大大丰富了装饰的质感，提高了装饰效果。

8. 基本使用性

装饰材料还应具有一些基本性质，如一定强度、耐水性、抗火性、耐侵蚀等，以保证材料在一定条件下和一定时期内使用而不损坏。

（二）室内装饰材料的装饰功能

1. 内墙装饰功能

内墙装饰的功能或目的是保护墙体、保证室内使用条件和使室内环境美观、整洁和舒适。墙体的保护一般有抹灰、油漆、贴面等。传统的抹灰能延长墙体使用年限，当室内相对湿度较高，墙面易被溅湿或需用水刷洗时，内墙需做隔气隔水层予以保护。如浴室、手术室，墙面用瓷砖贴面，厨房、厕所做水泥墙裙或油漆或瓷砖贴面等。

内墙饰面一般不满足墙体热工功能，但当需要时，也可使用保温性能好的材料如珍珠岩等进行饰面以提高保温性。内墙饰面对墙体的声学性能往往起辅助性功能，如反射声波、吸声、隔声等。例如，采用泡沫塑料壁纸，平均吸声系数可达到 0.05，采用平均 2cm 厚的双面抹灰砂浆，随墙体本身容重的大小可提高隔墙隔声量约 1.5～5.5dB。

内墙的装饰效果由下节谈到的质感、线型与色彩三要素构成。由于内墙与人处于近距离之内，较之外墙或其他外部空间来说，质感要求细腻逼真，线条可以是细致也可以是粗犷有力的不同风格。色彩根据主人的爱好及房间内在性质决定，明亮度则可以随具体环境采用反光性、柔光性或无反光性装饰材料。

2. 顶棚装饰功能

顶棚可以说是内墙的一部分，但由于其所处位置不同，对材料的要求也不同，不仅要满足保护顶棚及装饰目的，还需具有一定的防潮、耐脏、容重小等功能。顶棚装饰材料的色彩应选用浅淡、柔和的色调，给人以华贵大方之感，不宜采用浓艳的色调。常见的顶棚多为白色，以增强光线反射能力，增加室内亮度。

顶棚装饰还应与灯具相协调，除平板式顶棚制品外，还可采用轻质浮雕顶棚装饰材料。

3. 地面装饰功能

地面装饰的目的可分为三方面：保护楼板及地坪，保证使用条件及起装饰作用。楼面、地面必须保证必要的强度、耐腐蚀、耐磕碰、表面平整光滑等基本使用条件。此外，一楼地面还要有防潮的性能，浴室，厨房等要有防水性能，其他住室地面要能防止擦洗地面等生活用水的渗漏。标准较高的地面还应考虑隔气声、隔撞击声、吸声、隔热保温以及富有弹性，使人感到舒适，不易疲劳等功能。

地面装饰除了给室内造成艺术效果之外，由于人在上面行走活动，材料及其做法或颜色的不同将给人造成不同的感觉。利用这一特点可以改善地面的使用效果。因此，地面装饰是室内装饰的一个重要组成部分。

(三) 室内装饰的基本要求

室内装饰的艺术效果主要靠材料及做法的质感、线型及颜色三方面因素构成，也即常说的建筑物饰面的三要素，这也可以说是对装饰材料的基本要求。

1. 质感

任何饰面材料及其做法都将以不同的质地感觉表现出来。例如，结实或松软、细致或粗糙等。坚硬而表面光滑的材料如花岗石、大理石表现出严肃、有力量、整洁之感。富有弹性而松软的材料如地毯及纺织品则给人以柔顺、温暖、舒适之感。同种材料不同做法也可以取得不同的质感效果，如粗犷的集料外露混凝土和光面混凝土墙面呈现出迥然不同的质感。

饰面的质感效果还与具体建筑物的体型、体量、立面风格等方面密切相关。粗犷质感的饰面材料及做法用于体量小、立面造型比较纤细的建筑物就不一定合适，而用于体量比较大的建筑物效果就好些。另外，外墙装饰主要看远效果，材料的质感相对粗些无妨。室内装饰多数是在近距离内观察，甚至可能与人的身体直接接触，通常采用较为细腻质感的材料。较大的空间如公共设施的大厅、影剧院、会堂、会议厅等的内墙适当采用较大线条及质感粗细变化的材料有好的装饰效果。室内地面因使用上的需要通常不考虑凹凸质感及线型变化，但陶瓷锦砖、水磨石、拼花木地板和其他软地面虽然表面光滑平整，却也可利用颜色及花纹的变化表现出独特的质感。

2. 线型

一定的分格缝，凹凸线条也是构成立面装饰效果的因素。抹灰、刷石、天然石材、混凝土条板等设置分块、分格，除了为防止开裂以及满足施工接槎的需要外，也是装饰立面在比例、尺度感上的需要。例如，目前多见的本色水泥砂浆抹面的建筑物，一般均采取划横向凹缝或用其他质地和颜色的材料嵌缝，这种做法不仅克服了光面抹面质感贫乏的缺陷，同时还可使大面积抹面颜色欠均匀的感觉减轻。

3. 颜色

装饰材料的颜色丰富多彩，特别是涂料一类饰面材料。改变建筑物的颜色通常要比改变其质感和线型容易得多。因此，颜色是构成各种材料装饰效果的一个重要因素。

不同的颜色会给人以不同的感受，利用这个特点，可以使建筑物分别表现出质朴或华丽、温暖或凉爽，向后退缩或向前逼近等不同的效果，同时这种感受还受着使用环境的影响。例如，青灰色调在炎热气候的环境中显得凉爽安静，但如在寒冷地区则会显得阴冷压抑。

(四) 室内装饰材料的选用

1. 建筑类别与装饰部位

建筑物有各式各样种类和不同功用，如大会堂、医院、办公楼、餐厅、厨房、浴室、厕所等，装饰材料的选择则各有不同要求。例如，大会堂庄严肃穆，装饰材料常选用质感坚硬而表面光滑的材料如大理石、花岗石、色彩用较深色调，不采用五颜六色的装饰。医院气氛沉重而宁静，宜用淡色调和花饰较小或素色的装饰材料。

装饰部位的不同，材料的选择也不同。卧室墙面宜淡雅明亮，但应避免强烈反光，采用塑料壁纸、墙布等装饰。厨房、厕所应有清洁、卫生气氛，宜采用白色瓷砖或水磨石装饰。舞厅是一个兴奋场所，装饰可以色彩缤纷、五光十色，以给人刺激色调和质感的装饰材料为宜。

2. 地域和气候

装饰材料的选用常常与地域或气候有关，水泥地坪的水磨石、花阶砖的散热快，在寒冷地区采暖的房间里会引起长期生活在这种地面上的感觉太冷，从而有不舒适感，故应采用木地板、塑料地板、高分子合成纤维地毯，其热传导低，使人感觉暖和舒适。在炎热的南方，则应采用有冷感的材料。

在夏天的冷饮店，采用绿、蓝、紫等冷色材料使人感到有清凉的感觉。而地下室、冷藏库则要用红、橙、黄等暖色调，为人们带来温暖的感觉。

3. 场地与空间

不同的场地与空间，要采用与人协调的装饰材料。空间宽大的会堂、影剧院等，装饰材料的表面组织可粗犷而坚硬，并有突出的立体感，可采用大线条的图案。室内宽敞的房间，也可采用深色调和较大图案，不使人有空旷感。对于较小的房间如目前我国的大部分城市居家，其装饰要选择质感细腻、线型较细和有扩空效应颜色的材料。

4. 标准与功能

装饰材料的选择还应考虑建筑物的标准与功能要求。例如，宾馆和饭店的建设有三星、四星、五星等等级别，要不同程度地显示其内部的特点、富丽堂皇甚至于珠光宝气的奢侈气氛，采用的装饰材料也应分别对待。如地面装饰，高级的选用全毛地毯，中级的选用化纤地毯或高级木地板等。

空调是现代建筑发展的一个重要方面，要求装饰材料有保温绝热功能，故壁饰可采用泡沫型壁纸，玻璃采用绝热或调温玻璃等。在影院、会议室、广播室等室内装饰中，则需要采用吸声装饰材料如穿孔石膏板、软质纤维板、珍珠岩装饰吸声板等。总之，随建筑物对声热、防水、防潮、防火等不同要求，选择装饰材料都应考虑具备相应的功能需要。

5. 民族性

选择装饰材料时，要注意运用先进的材料与装饰技术，表现民族传统和地方特点。如装饰金箔和琉璃制品是我国特有的装饰材料，这些材料一般用于古建筑或纪念性建筑装饰，表现我国民族和文化的特色。

6. 经济性

从经济角度考虑装饰材料的选择，应有一个总体观念。即不但要考虑到一次投资，也应考虑到维修费用，且在关键问题上宁可加大投资，以延长使用年限，保证总体上的经济性。如在浴室装饰中，防水措施极重要，对此就应适当加大投资，选择高耐水性装饰材料。

（五）室内装饰材料的分类

室内装修材料可分为墙柜体材料、地面材料、装饰线、顶部材料和紧固件、连接件及胶粘剂等五大类别。

室内装饰材料按照装饰部位可分为四类，分别是顶面装饰材料，地面装饰材料，内墙装饰材料，外墙装饰材料。

室内装饰材料按照材质分类可分为九类，分别是石材、木材、无极矿物、涂料、纺织品、塑料、金属、玻璃、陶瓷。

室内装饰材料按照功能分类可分为八类，分别是吸声、隔热、防水、防霉、防潮、防火、耐酸碱、耐污染。

下面分别从装饰石材，装饰陶瓷，装饰骨架材料与装饰线条，装饰板材，装饰地板，装饰门窗，装饰纤维制品，装饰玻璃与管线材料，装饰材料与胶凝材料，装饰五金配件，装饰灯具，卫生洁具，电器设备等方面进行分类详见表4-35。

装饰材料类别与种类 表 4-35

类别	种类
装饰石材	花岗石、大理石、人造石
装饰陶瓷	通体砖、抛光砖、釉面砖、玻化砖、陶瓷马赛克
装饰骨架材料	木龙骨、轻钢龙骨、铝合金骨架、塑钢骨架
装饰线条	木线条、石膏线条、金属线条
装饰板材	木芯板、胶合板、贴面板、纤维板、刨花板、人造装饰板、防火板、铝塑板、吊顶扣板、石膏板、矿棉板、阳光板、彩钢板、不锈钢装饰板、实木拼花地板、实木复合地板、人造板地板、复合强化地板、薄木敷贴地板、立木拼花地板、集成地板、竹质条状地板、竹质拼花地板
装饰塑料	塑料地板、铺地卷材、塑料地毯、塑料装饰板、墙纸、塑料门窗型材、塑料管材、模制品
装饰纤维制品	地毯、墙布、窗帘、家具覆饰、床上用品、巾类织物、餐厨类纺织品、纤维工艺美术品
装饰玻璃	平板玻璃、磨砂玻璃、压花玻璃、夹层玻璃、钢化玻璃、中空玻璃、雕花玻璃、玻璃砖、泡沫玻璃、镭射玻璃
装饰涂料	清油清漆、厚漆、调和漆、硝基漆、防锈漆、乳胶漆、石质漆
装饰五金配件	门锁拉手、合页铰链、滑轨道、开关插座面板
管线材料	电线、铝塑复合管、PPR 给水管、PVC 排水管
胶凝材料	水泥、白乳胶、801 胶、816 胶、粉末壁纸胶、玻璃胶
装饰灯具	吊灯、吸顶灯、筒灯、射灯、壁灯、软管灯带
卫生洁具	洗面盆、抽水马桶、浴缸、淋浴房、水龙头、水槽
电气设备	热水器、浴霸、抽油烟机、整体橱柜

1. 室内装饰材料—装饰石材

（1）花岗岩

花岗岩（图 4-36）又称为岩浆岩（火成岩），主要矿物质成分有石英、长石和云母，是一种全晶质天然岩石。按照晶体颗粒大小，可分为精晶、中晶、粗晶及斑状等多种，颜色与光泽因长石、云母及暗色矿物质而定，通常呈现灰色、黄色、深红色等。优质的花岗岩质地均匀、构造紧密，石英含量多，而云母含量少，不含有害杂质，长石光泽明亮，无风化现象。

花岗岩在室内装修中应用广泛，具有良好的硬度，抗压强度好，孔隙率小，吸水率低，导热慢，耐磨性好，耐久性高，抗冻、耐酸、耐腐蚀，不易风化，表面平整光滑，棱角整齐，色泽持续力强且色泽稳重大方，一般使用年限约十年至数百年，是一种较高档的装饰材料。

花岗岩是一种优良的建筑石材，它常用于基础、桥墩、台阶、路面，也可用于砌筑房屋、围墙。室内一般应用于墙、柱、楼梯踏步、地面、厨房台柜面、窗台面的铺贴。花岗岩的大小可随意加工，用于铺设室内地面的厚度为 20～30mm，铺设家具台柜的厚度为 18～20mm 等。

（2）大理石

大理石（图 4-37）是一种变质或沉积的碳酸类岩石，属于中硬石材，主要矿物质成分有方解石、蛇纹石和白云石等，化学成分以碳酸钙为主，占 5％以上。大理石结晶颗粒直接结合成整体块状构造，抗压强度较高，质地紧密但硬度不大，相对于花岗岩易于雕琢磨光。纯大理石为白色，我国又称为汉白玉，但分布较少。普通大理石含有氧化铁、二氧化硅、云母、石墨、蛇纹石等杂石，使大理石呈现为红、黄、黑、绿、棕等各种斑纹，色泽肌理效果装饰性极佳。我国大理石矿产资源丰富，以云南大理而知名。

图 4-36　花岗岩

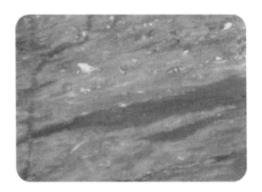

图 4-37　大理石

天然大理石石质细腻、光泽柔润，常见的有爵士白、金花米黄、木纹、旧米黄、香槟红、新米黄、雪花白、白水晶、细花白、灰红根、大白花、挪威红、苹果绿、大花绿、玫瑰红、橙皮红、万寿红、珊瑚红、黑金花、啡网纹等，我国国内有很多地方也盛产大理石，花色品种较多。

我国大理石主要产地除了云南大理县外，还有山东、广东、福建、辽宁、湖北等地。大理石的花纹（图 4-38）色泽繁多，可选择性强。饰面板材表面需经过粗磨、细磨、半细磨、精磨和抛光五道工序，大小可随意加工，可打磨边角。

| 大白花 | 白水晶 | 苹果绿 | 香槟红 | 玫瑰奶油 |

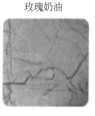

图 4-38　大理石花纹

大理石不易用作室外装饰，空气中的二氧化硫会与大理石中的碳酸钙发生反应，生成易溶于水的石膏，使表面失去光泽、粗糙多孔，从而降低了装饰效果。

（3）人造石材

人造石材是以不饱和聚酯树脂为胶粘剂配以天然大理石或方解石、白云石、硅砂、玻璃粉等无机物粉料，以及适量的阻燃剂、颜色等，经配料混合、瓷铸、振动压缩、挤压等方法成型固化制成的。

人造石材一般指人造大理石和人造花岗岩，其中以人造大理石应用较为广泛。它具有轻质、高强、耐污染、多品种、生产工艺简单、易施工等特点，其经济性、选择性等均优于天然石材的饰面材料，因而得到了广泛的应用。

人造大理石在国外已有 40 多年的历史，我国 20 世纪 70 年代末期才开始由国外引进人造大理石技术与设备，但发展极其迅速，质量、产量与花色品种上升很快。

2. 室内装饰材料—装饰骨架材料与装饰线条

室内装饰涉及的骨架与线条包括木龙骨、轻钢龙骨、铝合金龙骨、木线、石膏线、金属线条六种。

（1）木龙骨

木龙骨架又称为木方，主要由白松、椴木、红松、杉木等树木加工成截面为长方形或方形的木条，也有用木板现做的。

（2）轻钢龙骨

轻钢龙骨是用镀锌钢带或薄钢板轧制经冷弯或冲压而成的。它具有强度高、耐火性好、安装简易、实用性强等优点。

（3）铝合金龙骨

常用的铝合金龙骨（图 4-39）一般为 T 形，根据面板的安装方式不同，分为龙骨底面外露和不外露两种，并有专用配件供安装时使用。另外，还有槽形铝合金龙骨。铝合金型材具有质地牢固、坚硬、色泽美观，不生锈等优点。

近年来市场上出现了烤漆饰面铝合金骨架，以彩色线条加以装饰，效果非常不错，称之为烤漆龙骨。随着铝合金材料的开发，其他材质也相继推出了烤漆龙骨系列，所以目前市场上所销售

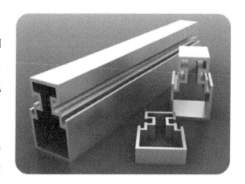

图 4-39　铝合金龙骨

的烤漆龙骨有铝合金、钢板等多种材质，在选购时要按照需求选择。不要一味地追求高价格的材料。

（4）木线

木质线条造型丰富，式样雅致，做工精细。从形态上，一般分为平板线条、圆角线条、槽板线条等。主要用于木质工程中的封边和收口，可以与顶面、墙面和地面完美地配合，也可用于门窗套、家具边角、独立造型等构造的封装修饰。

木质线条从材料上，又分为实木线条和复合线条。实木线条是选用硬质、组织细腻、材质较好的木材，经干燥处理后，用机械加工或手工加工而成。实木线条纹理自然浑厚，尤其是名贵木材，成本较高。

其特点主要表现为表面光滑，棱角、棱边、弧面弧线挺直、圆润、轮廓分明，耐磨、耐腐蚀、不易劈裂、上色性好、易于固定等。制作实木线的主要树种多为柚木、山毛榉、白木、水曲柳、椴木等。

（5）石膏线

石膏线条（图 4-40）以石膏为主，加入骨胶、麻丝、纸筋等纤维，增强石膏的强度，用于室内墙体构造角线柱体的装饰。优质石膏线条的浮雕花纹凸凹应在 10mm 以上，花纹制作精细，具有防火、阻燃、防潮、质轻、轻度高、不变形、施工方便、加工性能和装饰效果好等特点。

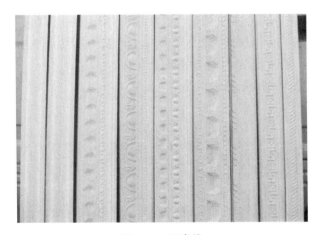

图 4-40　石膏线

（6）金属线

金属线条种类繁多，价格偏高，一般使用铁、铜、不锈钢、铝合金等装饰性强的金属材料制成。金属线条具有防火、轻质、高强度、耐磨等特点，其表面一般经氧化着色处理，可呈现各种不同颜色。

金属线条在室内装修中用于局部的装饰，如铁艺门窗、不锈钢楼梯扶手、家具边角、装饰画框等。

3. 室内装饰材料—装饰板材

装饰板材分为 11 类，分别为细木工板、胶合板、薄木贴面板、纤维板、刨花板、防火板、铝塑板、塑料扣板、金属扣板、石膏板、阳光板。

（1）细木工板

细木工板又称为大芯板、木芯板，它是利用天然旋切单板与实木拼版经涂胶、热压而成的板材。从结构上看，它是在板芯两面贴合单板构成的，板芯则是由木条拼接而成的实木板材。其竖向（以芯材走向区分）抗弯压强度差，但是横向抗弯压强度较高。细木工板具有规格统一、加工性强、不易变形、可粘贴其他材料等特点，是室内装饰装修中常用的木材制品。

（2）胶合板

胶合板是由木段暄切成单板或木方刨成薄木，再用胶粘剂胶合而成的三层或三层以上的板状材料。为了尽量改善天然木材各向异性的特性，使胶合板特性均匀，形状稳定，制作胶合板时，其单板厚度、树种、含水率、木纹方向及制作方法都应该相同。层数必须为奇数，如三、五、七、九合板等，以使各种内应力平衡。

（3）薄木贴面板

薄木贴面板（市场上称为装饰饰面板）是胶合板的一种，是新型的高级装饰材料，利用珍贵木料，如紫檀木、花樟、楠木、柚木、水曲柳、榉木、胡桃木、影木等通过精密刨切制成厚度为 0.2～0.5mm 的微薄木片，再以胶合板为基层，采用先进的胶粘剂和粘结工艺制成。

适于制造薄木的树种很多，一般要求结构均匀，纹理通直、细致，能在径切或弦切面形成美丽的木纹。有的为了要特殊花纹而选用树木根段的树瘤多的树种，以易于进行切削、胶合和涂饰的加工。

（4）纤维板

纤维板（又称密度板）是以木材或植物纤维为主要原料，加入添加剂和胶粘剂，在加热加压条件下，压制而成的一种板材。纤维板因做过防水处理，其吸湿性比木材小，形状稳定性、抗菌性都较好。

（5）刨花板

刨花板是利用木材或木材加工剩余物作为原料，加工成碎料后，施加胶粘剂和添加剂，经机械或气流铺装设备铺成刨花板坯，后经高温高压制成的一种人造板材。刨花板具有密度均匀，表面平整光滑，尺寸稳定，无节疤或空洞，握钉力佳，易贴面和机械加工，成本较低等特点。

（6）防火板

防火板又称耐火板，是由表层纸、色纸、多层牛皮纸构成的，基层是刨花板。表层纸与色纸经过三聚氰胺树脂成分浸染，经干燥后叠合在一起，在热压机中通过高温高压制成，使防火板具有耐磨、耐划等物理性能。多层牛皮纸使耐火板具有良好的抗冲击性、柔韧性。

所谓的防火板并不是厚厚的一张木板，而只是一张贴面，薄薄的一层而已。防火板多以中密度板、刨花板、细木工板等材料作为基材，表面采用平面加压、加温、粘贴工艺贴覆防火材料。其防污、防刮伤、防烫、防酸碱性能都较高，与天然石相比，防火板更具弹性，不会因重击而产生裂缝，其维护和保养十分简单。但拼接的部位不好处理，易受潮，如使用不当会产生脱胶、膨胀变形，在设计上有局限性。

（7）铝塑板

铝塑复合板（又称铝塑板）是由多层材料复合而成，上下层为高纯度铝合金板，中间为低密度聚乙烯芯板，并与粘合剂复合为一体的轻型墙面装饰材料。其分解结构自上而下是：保护膜层、氟碳树脂（PVDF）光漆层、氟碳树脂（PVDF）面漆层、氟碳树脂（PVDF）底漆层、防锈高强度合金铝板层、阻燃无毒塑料芯材层、防锈高强度合金铝板层、防腐保护膜处理层、防腐底漆层。

（8）塑料扣板

塑料扣板又称为 PVC 扣板，是以聚氯乙烯树脂为主要原料，加入适量的抗老化剂、改性剂等，经混炼、压延、真空吸塑等工艺而成的。具有轻质、隔热、保温、防潮、阻燃、施工简便等特点。

（9）金属扣板

金属扣板又称为铝扣板。其表面通过吸塑、喷涂、抛光等工艺，光泽艳丽，色彩丰富，并逐渐取代塑料扣板。铝扣板耐久性强，不易变形、不易开裂，质感和装饰感方面均优于塑料扣板，具有防火、防潮、防腐、抗静电、吸声、隔声、美观、耐用等性能。

（10）石膏板

石膏板是以石膏为主要原料，加入纤维、胶粘剂、稳定剂，经混炼压制、干燥而成，具有防火、隔声、隔热、轻质、高强、收缩率小等特点，且稳定性好、不老化、防虫蛀、施工简便。

（11）阳光板

阳光板是采用聚碳酸酯合成着色剂开发出来的一种新型室内顶棚材料，中心呈条状气孔，具有透明度高、轻质、抗冲击、隔声、隔热、难燃、抗老化等特点，是一种高科技、综合性能极其卓越、节能环保型塑料板材。主要有白色、绿色、蓝色、棕色等样式，呈透明或半透明状，可取代玻璃、钢板、石棉瓦等传统材料，安全方便。

4. 室内装饰材料—装饰地板

装饰地板分为实木地板、实木复合地板、强化复合地板、竹木地板四种。

图 4-41　实木地板

（1）实木地板

实木地板（图 4-41）又称原木地板是采用天然木材，经加工处理后制成条板或块状的地面铺设材料。基本保持了原料自然的花纹，脚感舒适、使用安全是其主要特点，且具有良好的保温、隔热、隔声、吸声、绝缘性能。缺点是干燥要求较高，不宜在湿度变化比较大的地方使用，否则易发生胀缩变形。

（2）实木复合地板

实木复合地板分为三层实木复合地板和多层实木复合地板，而家庭装修中常用的是三层实木复合地板。

三层实木复合地板是由三层实木单板交错层压而成，其表层为优质阔叶材规格板条镶拼版，树种多用柞木、榉木、桦木、水曲柳等；芯层是由普通软质规格木板条组成，树种多用松木、杨木等；底层为旋切单板，树种多用杨木、桦木、松木等。

多层实木复合地板是以多层胶合板为基材，以规格硬木薄板镶拼板或单板为面板，层压而成。

实木复合地板具有天然木质感、容易安装维护、防腐防潮、抗菌且适用于电热等优点。其表层为优质珍贵木材，不但保留了实木地板木纹优美、自然的特性，而且大大节约了优质珍贵木材的资源。表面大多涂以五层以上的优质 UV 涂料，不仅有较理想的硬度、耐磨性、抗刮性，而且阻燃、光滑，便于清洁。芯层大多采用廉价的材料，成本要低于实木地板很多，其弹性、保温性等也完全不亚于实木地板。

（3）强化复合地板

强化复合地板的标准名称为浸渍纸层压木质地板，其结构一般由四层材料复合组成，即耐磨层、装饰层、高密度基材层、平衡层。耐磨层内含三氧化二铝，具有耐磨、阻燃、防水等功能，是衡量强化复合地板质量的重点之一；装饰层是由三聚氰胺树脂而成，纹理色彩丰富，设计感强。装饰层是确定强化复合地板的花色品种的重要构成之一；高密度基材层是由高密度纤维板制成，具有强度高、不易变形、防潮等功能；平衡层由浸渍酚醛树脂而成，用于平衡地板、防潮、防止地板曲翘变形等。

（4）竹木地板

竹木地板是采用适龄的竹木精制而成，地板无毒，牢固稳定，不开胶，不变形，经过脱去糖分、淀粉、脂肪、蛋白质等特殊无害处理后的竹材，具有超强的防虫蛀功能。地板的六面用优质进口耐磨漆密封，阻燃、耐磨、防霉变，其表面光洁柔和，几何尺寸好，品质稳定。

三、能力训练

任务情景

你是某建筑室内装饰装修公司的施工技术人员，现需对某建筑工程的室内装饰材料进行分类整理，并绘制室内装饰材料分类表格。

（一）任务准备

1. 资料准备

《建筑装饰装修工程质量验收标准》GB 50210—2018。

《建筑装饰工程石材应用技术规程》DB11/ 512—2017。

《室内装饰装修选材指南》JC/T 2350—2016。

《室内装饰装修金属饰面工程技术规范》T/CBDA 34—2019。

《卫生陶瓷》GB/T 6952—2015。

《建筑装饰装修工程质量验收规范》GB 50210—2018。

《室内装饰用塑料涂覆织物》GB/T 24132—2009。

《室内装饰装修用天然树脂木器涂料》GB/T 27811—2011。

《室内装饰装修用溶剂型金属板涂料》GB/T 23996—2009。

2. 工具准备

电脑、纸、笔等。

安全提示

（1）进入实训场所需遵守实训守则，禁止大声喧哗、打闹嬉戏。

新型建筑材料与应用

（2）实训时应穿戴好必要的劳防用品，谨防受伤。

（3）实训完成后，应将现场清理干净后，将工具放回原位。

（二）任务实施

1. 查阅国标，搜集资料

登录国标网等相关国标查询网站，下载室内装饰材料相关国标，并通过网站搜集室内装饰材料的特点及应用相关资料，并对资料进行分类整理。

2. 资料分类及整理

针对不同渠道搜集的相关资料，进行分类整理，提取出相关要点，进一步细化梳理。

（三）填写室内装饰材料分类汇总（表4-36）

室内装饰材料分类汇总表　　　　　　　　表4-36

序号	材料装饰部位	选用材料名称
1	内墙装饰材料	墙面涂料、墙纸、墙面砖等
2	地面装饰材料	地面涂料、木地板、面砖、塑料地板、地毯等
3	吊顶装饰材料	塑料吊顶板、木质装饰板、金属吊顶板

审核：×××　　　　　　　　　填表：×××

日期：20××-××-××

（四）任务评价（表4-37）

任务评价表　　　　　　　　表4-37

序号	评价内容	评价标准	分值	得分
1	知识与技能	完整说出室内装饰材料的基本特征	10	
		能叙述室内装饰材料的基本要求	15	
		能说出常见的室内装饰材料分类	15	
		能按照标准正确选用室内装饰材料	15	
		能根据室内装饰材料的特点及应用梳理装饰材料分类	15	
2	职业素养	能遵守实训安全管理条例	7.5	
		能科学地使用互联网	7.5	
		通过对某建筑工程的室内装饰材料的分类和整理培养学生善于思考、乐于动脑的好习惯	7.5	
		实训后能做到工完、料清、场地净	7.5	
3	合计		100	

四、拓展学习

室内装饰材料的未来发展

人们绝大部分的工作和生活时间是在室内进行的，因此室内环境的优劣影响着人们的情绪和健康。现代的装饰材料五花八门，我们在选择室内装饰材料的同时要更加注意绿

248

色、健康、环保等问题。因为一些有毒物质会威胁人们的身体健康，我们要从源头上杜绝这一问题，创造出一个温馨、安全、绿色、健康环保的居住环境。提高人们的满意度和舒适度。

（一）室内装饰材料的发展现状

近几年装饰业的发展带动了装饰材料行业的快速发展，新材料的研发和使用也促进了装饰行业的进步。由于房地产、建筑装饰业（图 4-42）的飞速发展我国的建筑装饰材料也得到了快速发展。目前我国已经成为世界上装饰材料生产、消费和出口大国。

图 4-42 建筑装饰业

材料主导产品不管在数量上还是人均消费指数上在世界都可以说是名列前茅。但是在这高消费高销量的同时也引发了许多问题，建筑和装饰材料释放的挥发性有机化合物是导致室内空气污染的首要原因。建筑和装饰材料形成的室内环境污染，对人体健康的影响已成为人们必须要面对并且重视的问题。因此，研究新型室内装饰材料已成为我国乃至世界各国研究的重要课题。

（二）未来室内装饰材料发展方向

1. 绿色、节能、环保发展方向

当今社会，人们的生活好了，投入巨款买房装修成了很多家庭的共同经历。然而，有谁会想到，装修的同时却可能在身边埋下了一颗"定时炸弹"。如今绿色、节能、环保成为当今装饰业的主流，随着绿色、节能、环保的提出人们越来越热衷于无毒无害节能环保的装饰材料，特别是装修时必不可少的漆类装饰材料，例如不含甲醛、芳香烃的油漆涂料等。甲醛是一种含有剧毒的气体，其释放期长达 3～15 年，长期吸入这种气体对人体有很大危害，甚至可以致癌。经研究很多的漆类家具都含有甲醛。在满足物质条件的情况下人们会更多地注意到自然环境的发展以及自身的健康，环保装饰（图 4-43）材料将会拥有广阔的发展空间。此外节材、节能、简易装饰材料也越来越受消费者们的青睐，正和绿色环保材料一同进入世界潮流。

2. 多功能、复合型材料发展方向

当前，对建筑装饰材料的功能要求越来越高，不仅要求具有精美的装饰性，良好的使用性，而且要求具有环保、安全、施工方便、易维护等功能。市场上许多产品功能单一，远不能满足消费者的综合要求。因此，采用复合技术发展多功能复合建筑装饰材料已成定势。高分子复合材料最大优点是博各种材料之长，如高强度、质轻、耐温、耐腐蚀、绝热、绝缘等性质，根据应用目的，选取高分子材料和其他具有特殊性质的材料，制成满足需要的复合材料。由于它具有多功能的作用，因此，复合材料是室内装饰材料发展的方向。

3. 智能化发展方向

"智能家居"（图4-44）从昨天的概念到今天的"智能家居"的产品问世，科技的飞速进步让一切都变得可能。"智能家居"可涉及照明控制系统、家居安防系统、电器控制系统、互联网远程监控、电话远程控制、网络视频监控、室内无线遥控等多个方面，有了这些技术的帮忙，人们可以轻松地实现全自动化的家居生活。

图 4-43　环保装饰　　　　　　　　　　　　图 4-44　智能家居

室内装饰的效果及功能是通过装饰材料的质感色彩图案等因素来体现的。在这基础之上，提炼出装饰材料在室内设计中的创新应用形式，并对未来材料在室内设计中的功用趋势及将要面临的问题进行探讨与思考。新型的室内装饰材料的研制不但有益于更好地进行室内设计，更加精致的装扮室内环境也有利于节约国家能源，保护生态环境，有益身心健康同时也方便了人们的生活，轻松解决了一些生活上的问题，所以它将成为世界的主流。

五、课后练习

（一）填空题

1. 室内装饰涉及的骨架与线条包括_____、_____、_____、_____、_____、_____六种。

2. 室内装饰材料按照装饰部位可分为四类，分别是_____、_____、_____、_____。

（二）选择题

1. 以下属于装饰陶瓷的是（　　　）。

A. 釉面砖　　　　　B. 通体砖　　　　　C. 仿古砖　　　　　D. 抛光砖

2. 实木门的特点不包括（　　　）。

A. 耐腐蚀　　　　　B. 无裂纹及隔热　　　C. 保温　　　　　　D. 硬度高

（三）思考题

选择装饰材料时应作哪些方面的考虑？

任务二 室内有害气体检测

一、学习目标

1. 能根据室内有害气体检测的目的说出其检测的意义；
2. 能按照要求正确进行室内空气中总挥发性有机物（TVOC）的测定；
3. 能按照要求正确进行室内空气中苯的测定；
4. 能客观记录检测数据，养成不弄虚作假，讲诚信的高贵品质。

二、知识导航

苯系物是指苯的衍生物的总称，广义上的苯系物包括全部芳香族化合物，狭义上的特指包括 BTEX 在内的在人类生产生活环境中有一定分布并对人体造成危害的含苯环化合物。

15.
室内有害
气体检测

由于生产及生活污染，苯系物可在人类居住和生存环境中广泛检出。并对人体的血液、神经、生殖系统具有较强危害。发达国家一般已把大气中苯系物的浓度作为大气环境常规监测的内容之一，并规定了严格的室内外空气质量标准。

TVOC（Total Volatile Organic Compounds）是指室温下饱和蒸气压超过了133.32Pa的有机物，其沸点在 50～250℃，在常温下可以蒸发的形式存在于空气中，它的毒性、刺激性、致癌性和特殊的气味性，会影响皮肤和黏膜，对人体产生急性损害。

（一）室内空气中苯的检测方法

室内空气中的苯用采样管采集，将采样管置入热解吸仪中，经气相色谱柱分离，使用氢火焰离子化检测器进行分析，外标法定量。

将采样体积按下式换算成标准状态下的采样体积

$$V_\tau = V \frac{T_\tau}{T} \cdot \frac{P}{P_\tau} \tag{4-3}$$

式中：V_τ——参比状态下的采样体积，单位为升（L）；

V——实际采样体积，单位为升（L）；

T_τ——参比状态下的绝对温度，单位为开尔文（K）（$T_\tau = 298.15K$）；

T——采样时采样点的绝对温度，单位为开尔文（K）；

P_τ——参比状态下的大气压力，单位为千帕（kPa）（$P_\tau = 101.325kPa$）；

P——采样时采样点的大气压力，单位为千帕（kPa）。

室内空气中苯浓度按下式计算：

$$\rho = \frac{W - W_0}{V_\tau \times 1000} \tag{4-4}$$

式中：ρ——室内空气中苯、甲苯、对二甲苯、间二甲苯、邻二甲苯等待测组分质量浓度，
单位为毫克每立方米（mg/m³）；

W——热解吸进样，由校准曲线计算的待测组分的质量，单位为纳克（ng）；

W_0——由校准曲线计算的现场空白管中待测组分的质量，单位为纳克（ng）；

V_τ——参比状态下的采样体积，单位为升（L）。

（二）室内空气中总挥发性有机物（TVOC）检测方法

室内空气中的总挥发性有机物（TVOC）用采样管采集，将采样管置入热解吸仪中解析，经气相色谱柱分离，使用质谱检测器进行分析，外标法定量。

将采样体积按式（4-3）换算成标准状态下的采样体积。

室内空气中总挥发性有机物（TVOC）空气样品中待测组分的浓度按下式计算：

$$\rho = \frac{W - W_0}{V_\tau} \tag{4-5}$$

式中：ρ——样品中待测组分的质量浓度，单位为微克每立方米（μg/m³）；

W——由校准曲线计算的样品管中待测组分的质量，单位为纳克（ng）；

W_0——由校准曲线计算的空白管中待测组分的质量，单位为纳克（ng）；

V_τ——参比状态下的采样体积，单位为升（L）。

三、能力训练

任务情景

你是某第三方检测机构检测员，受客户委托，需对某刚装修完的住宅内室内空气中苯浓度和室内空气中总挥发性有机物（TVOC）进行测试，并提供检测结果。

（一）室内空气中苯的测定

1. 任务准备

（1）试剂和材料

① 甲醇（CH₃OH）：色谱纯。

② 载气：氮气（N₂），纯度99.999%，用净化管净化。

③ 燃烧气：氢气（H₂），纯度99.99%。

④ 助燃气：空气，用净化管净化。

⑤ 标准储备液（2000μg/mL）：直接使用市售有证的苯、甲苯、邻二甲苯和对二甲苯标准溶液；也可用市售标准品配制，用甲醇稀释至所需质量浓度。

⑥ 采样管：不锈钢或硬质玻璃材质，外径6.3mm，内径5mm，长90mm（或180mm），填装至少200mg粒径为0.18～0.25mm（60～80目）的聚2,6-二苯基对苯醚（Tenax TA）吸附剂。在填装有200mg的Tenax TA采样管中的苯、甲苯、二甲苯的安全采样体积分别为6.2L、38L、300L。

（2）仪器准备

① 气体采样器：在0.02～0.5L/min范围内，流量误差应小于5%。

② 老化装置：最高温度应能达到 350℃ 以上，大气流量至少能达到 100mL/min。

③ 热解吸仪：能对采样管进行二次热解吸，并将解吸气用惰性气体载带进入气相色谱仪，解吸温度、时间和载气流速可调，冷阱可将解吸样品进行浓缩。

④ 气相色谱仪：配备氢火焰离子化检测器。

⑤ 色谱柱：固定相为聚乙二醇的毛细管柱，0.25mm×30mm，膜厚 0.25μm 或等效毛细管柱。

⑥ 微量注射器：1～10μL，精度 0.1μL。

（3）资料标准

《室内空气质量标准》GB/T 18883—2022。

《居住区大气中苯、甲苯和二甲苯卫生检验标准方法》GB 11737—1989。

安全提示

（1）试验过程中，做好防护，注意安全，保持通风橱为开启状态，试验完成后，及时断开设备电源。

（2）试验结束后，并对场地内产生的垃圾或废料进行分类处理，废液倒入至废液桶内，避免引起事故。

2. 任务实施

（1）采样和样品保存

新填装的采样管应用老化装置或具有老化功能的热解吸仪通惰性气体老化，老化流量为 100mL/min，温度为 270℃，时间为 120min；使用过的采样管应在 270℃ 下通性气体老化 30min 以上。老化后的采样管立即用聚四氟乙烯帽密封，放在密封袋或保护管中保存。密封袋或保护管存放于装有活性炭的盒子或干燥器中，4℃ 保存。老化后的采样管应在两周内使用。

在采样现场，将一支采样管与气体采样器相连，调节流量。此采样管仅作为调节流量用，不用作采样分析。将老化好的采样管与气体采样器连接。推荐的采样方法参数为连续采样时间至少 45min，采样流量 0.1L/min。每次采集样品，都应采集至少一个现场空白样品。现场空白样品的采集方式为将老化后的采样管运输到采样现场，取下密封帽后重新密封，不参与样品采集，同已采集样品的采样管一同存放。采样后立即用密封帽将采样管的两端密封，4℃ 避光保存，于 30d 内分析。

（2）分析

① 热解吸条件：解吸温度：250℃；解吸时间：15min；冷却制冷温度：−30℃；冷却加热温度：250℃；冷却保持时间：3min；载气：氮气，流速 0.8mL/min；采样管解吸流速：30mL/min；传输线温度：200℃。

② 气相色谱条件：升温程序：初始温度 65℃，保持 5min，以 5℃/min 升温到 90℃，保持 2min；检测器温度：250℃；柱流量：1mL/min；尾吹气流量：30mL/min；氢气流量：40mL/min；空气流量：400mL/min；分流比：8∶1；分流流量：8mL/min。

③ 标准系列的制备：分别准确移取不同体积的标准储备溶液混合，用甲醇定容，配制质量浓度分别为 20μg/mL、60μg/mL、200μg/mL、500μg/mL、1000μg/mL 和 1600μg/mL 的标准系列。分别准确吸取 1μL 标准系列溶液注入液体外标法制备标准系列的注射装置中，连接上老化好的采样管，以 50mL/min 流量通气 8min 后下取下，密封采样管两端，制备成待测组分含量分别为 20ng、60ng、200ng、500ng、1000ng 和 1600ng

的标准系列管。

④ 校准曲线的绘制：按照仪器推荐分析条件对标准系列管进行分析，以待测组分质量为横坐标，对应的响应值为纵坐标，绘制校准曲线。苯、甲苯、二甲苯参考色谱图见图 4-45。

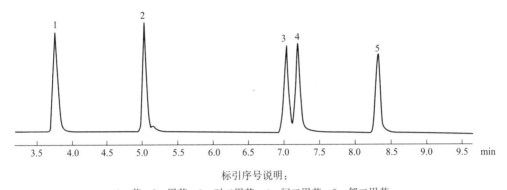

标引序号说明：

1—苯；2—甲苯；3—对二甲苯；4—间二甲苯；5—邻二甲苯。

图 4-45　苯、甲苯、二甲苯参考色谱图（固体吸附-热解吸-气相谱法）

⑤ 样品测定

按照与绘制校准曲线相同的仪器推荐分析条件进行测定。现场空白采样管与已采样的样品管同批测定。根据保留时间定性。根据校准曲线，计算待测组分含量。

（3）数据处理

① 结果表示：当测定结果小于 $0.1mg/m^3$ 时，保留到小数点后三位；大于或等于 $0.1mg/m^3$ 时保留三位有效数字。

② 检出限：以采样体积 5L 计，苯和甲苯的检出限为 $0.001mg/m^3$，定量限为 $0.004mg/m^3$；对二甲苯，间二甲苯和邻二甲苯的检出限为 $0.003mg/m^3$，定量限为 $0.012mg/m^3$。

③ 测量范围：以采样体积 5L 计，苯和甲苯的测量范围为 $0.004\sim0.32mg/m^3$；对二甲苯、间二甲苯和邻二甲苯的测量范围为 $0.012\sim0.32mg/m^3$。

（4）填写试验记录（表 4-38、表 4-39）

室内空气中苯标准曲线记录样例表　　　　　　　　　　　　　　表 4-38

标准曲线名称	苯标准曲线	标准溶液来源		配制		曲线编号	0
适用项目	室内空气中苯的测量	方法依据		GB/T 18883—2022		仪器名称	—
仪器型号	—	进样体积		—		绘制日期	××××-××-××
管号		1	2	3	4	5	6
标准溶液的浓度/($\mu g/mL$)		20	60	200	500	1000	1600
苯含量/μg		0.02	0.06	0.2	0.5	1	1.6
峰面积		20.1	60.24	4234.9	13180.6	28090.1	45981.5

续表

标准曲线	以苯含量为横坐标,峰面积为纵坐标,绘制标准曲线 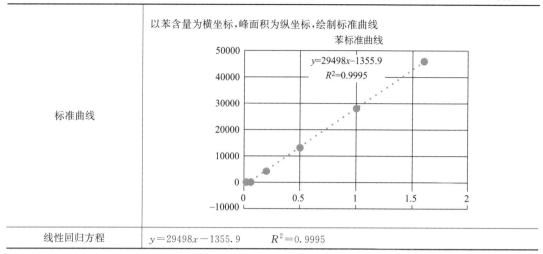
线性回归方程	$y=29498x-1355.9$ $R^2=0.9995$

复核:×××　　　　　　　　　　　　　　　　　试验:×××

室内空气中苯数据记录样例表　　　　　　　表 4-39

样品名称	室内空气	色谱柱类型	—	仪器名称	—
方法依据	《室内空气质量标准》GB/T 18883—2022			仪器型号	—
进样体积	$1\mu L$	采样日期	××××-××-××	分析日期	××××-××-××
样品测定次数		1	2	3	平均值
峰面积		8082.2	7998.5	8120.4	8067.033
样品的浓度/(mg/m^3)		0.005168541	0.005162534	0.005156521	0.005162532

复核:×××　　　　　　　　　　　　　　　　　试验:×××

（二）室内空气中总挥发性有机物（TVOC）的测定

1. 任务准备

（1）试剂和材料

① 甲醇（CH_3OH）：色谱纯。

② 氦气（He）：99.999%。

③ 氮气（N_2）：99.999%。

④ 标准储备溶液（$1000\mu g/mL$）：直接使用市售有证标准溶液；也可用市售标准品配制,用甲醇稀释至所需质量浓度。

⑤ 采样管：不锈钢或硬质玻璃材质,外径 6.3mm,内径 5mm,长 90mm（或 180mm）,填装至少 200mg 粒径为 0.18~0.25mm（60~80 目）的 Tenax TA 吸附剂。采样管的安全采样体积为 5L。

（2）仪器准备

① 气体采样器：在 0.02~0.5L/min 范围内,流量误差应小于 5%。

② 老化装置：最高温度应能达到 350℃以上,大气流量至少能达到 100mL/min。

③ 热解吸仪：能对采样管进行二次热解吸,并将解吸气用惰性气体载带进入气相色谱仪,解吸温度、时间和载气流速可调,冷阱可将解吸样品进行浓缩。

④ 气相色谱-质谱仪：配备电子轰击离子源（EI）。

⑤ 色谱柱：固定相为5％二苯基/95％二甲基聚硅氧烷的毛管，0.25mm×30m，膜厚0.25μm，或等效非极性毛细管柱。

⑥ 流量计：在0.01~0.5L/min范围内精确测定流量，流量精度2％。

⑦ 微量注射器：10μL。

（3）资料准备

《室内空气质量标准》GB/T 18883—2022。

《室内、环境和工作场所空气——用吸附管/热解吸/毛细管气相色谱法对挥发性有机化合物的取样和分析 第1部分：泵送取样》（ISO 16017-1）。

安全提示

① 试验过程中，做好防护，注意安全，保持通风橱为开启状态，试验完成后，及时断开设备电源。

② 试验结束后，并对场地内产生的垃圾或废料进行分类处理，废液倒入至废液桶内，避免引起事故。

2. 任务实施

（1）采样和样品保存

将老化好的采样管与气体采样器连接。推荐的采样方法参数为连续采样时间至少45min，采样流量0.1L/min。按照筛选法采样要求，至少连续采样6h，每小时更换一根采样管。每次采集样品，都应采集至少一个现场空白样品。现场空白样品的采集方式为将老化后的采样管运输到采样现场，取下密封帽后重新密封，不参与样品采集，同已采集样品的采样管一同存放。采样后立即用密封帽将采样管的两端密封，−20℃冷冻保存，于7d内分析。

（2）分析

① 热解吸条件：解吸温度：220℃；解吸时间：15min；冷阱制冷温度：−15℃；冷阱加热温度：300℃；冷保持时间：3min；载气：氦气，流速0.8mL/min；采样管解吸流速：30mL/min；传输线温度：200℃。

② 色谱分析条件：升温程序：初始温度40℃，保持15min，以10℃/min升温到320℃，保持2min；进样口温度：200℃；柱流量：0.8mL/min；载气：氦气；分流比：5：1。

③ 质谱条件：电子轰击离子源（EI）；电子能量为70eV；离子源温度为200℃；传输线温度为200℃；全扫描模式，质谱扫描范围为40~300amu。特征目标化合物测定参考参数见表4-40。

特征目标化合物测定参考参数   表 4-40

序号	化合物	保留时间(min)	定性离子(m/z)	定量离子(m/z)
1	正己烷	2.913	41,86	57
2	乙酸乙酯	3.005	61,45	43
3	三氯甲烷	3.119	47	83
4	苯	3.579	77	78
5	四氯化碳	3.598	78	117
6	环己烷	3.612	56	84

续表

序号	化合物	保留时间(min)	定性离子(m/z)	定量离子(m/z)
7	正庚烷	4.212	71	43
8	三氯乙烯	4.228	95	60
9	甲基环己烷	4.792	55	83
10	甲苯	6.091	91	76
11	正辛烷	7.575	43	57,85
12	四氯乙烯	7.758	129	166
13	乙酸丁酯	8.332	43	56
14	氯苯	10.293	112	77
15	乙苯	11.527	106	91
16	间二甲苯	12.358	106	91
17	对二甲苯	12.501	106	91
18	苯乙烯	14.54	91	104
19	邻二甲苯	14.602	106	91
20	正壬烷	15.933	57	43
21	1,4-二氯苯	20.96	111	146
22	正十六烷	30.332	71	57

④ 标准曲线的绘制

分别准确移取不同体积的标准储备液混合，用甲醇定容，配制质量浓度分别为 2.5mg/L、5mg/L、10mg/L、20mg/L、50mg/L、100mg/L 的标准系列。分别准确吸取 10μL 标准系列溶液注入液体外标法制备标准系列的注射装置中，连接上老化好的采样管，以 100mL/min 的流量通惰性气体 10min 后取下，密封采样管两端，制备成特征目标化合物含量分别为 25ng、50ng、100ng、200ng、500ng 和 1000ng 的标准系列管。

按照仪器推荐分析条件对标准系列管进行分析，以特征目标化合物质量为横坐标，对应的响应值为纵坐标，绘制校准曲线。特征目标化合物参考色谱图见图 4-46。

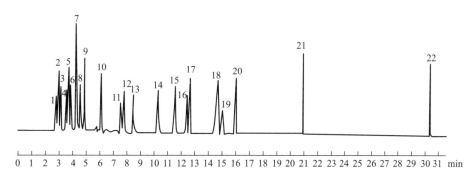

标引序号说明：

1—正己烷；2—乙酸乙酯；3—三氯甲烷；4—苯；5—四氯化碳；6—环己烷；7—正庚烷；8—三氯乙烯；9—甲基环己烷；10—甲苯；11—正辛烷；12—四氯乙烯；13—乙酸丁酯；14—氯苯；15—乙苯；16—间二甲苯；17—对二甲苯；18—苯乙烯；19—邻二甲苯；20—正壬烷；21—1,4-二氯苯；22—正十六烷。

图 4-46 特征目标化合物参考色谱图

⑤ 样品分析

按照与绘制校准曲线相同的仪器推荐分析条件进行测定。现场空白采样管与已采样的样品管同批测定。对于表 4-40 中列出的特征目标化合物，根据保留时间和特征离子进行定性；其他满足 TVOC 定义要求的化合物，通过比对标准质谱图，进行定性。对于表 4-40 中列出的特征目标化合通过对应的校准曲线计算待测组分含量；其他满足 TVOC 定义要求的化合物以甲苯的校准曲线计算总含量。

（3）数据处理

① 结果表示：TVOC 浓度应合并特征目标化合物和度大于 $2\mu g/m^3$ 的未校正化合物，按甲苯的响应系数计算。累积法采样时最终浓度应以时间加权平均值表示。

② 检出限

表 4-41 中特征目标化合物的检出限和定量限见表 4-41。

③ 测量范围

特征目标化合物的检出限和定量限见表 4-41。

特征目标化合物的测量范围、检出限和定量限　　　　　　表 4-41

序号	组分名称	测量范围（$\mu g/m^3$）	检出限（$\mu g/m^3$）	定量限（$\mu g/m^3$）
1	正己烷	5～200	0.3	1.2
2	乙酸乙酯	5～200	0.5	2.0
3	三氯甲烷	5～200	0.4	1.6
4	苯	5～200	0.3	1.2
5	四氯化碳	5～200	0.5	2.0
6	环己烷	5～200	0.5	2.0
7	正庚烷	5～200	0.4	1.6
8	三氯乙烯	5～200	0.4	1.6
9	甲基环己烷	5～200	0.6	2.5
10	甲苯	5～200	0.7	2.8
11	正辛烷	5～200	0.6	2.5
12	四氯乙烯	5～200	0.6	2.5
13	乙酸丁酯	5～200	0.8	3.2
14	氯苯	5～200	0.7	2.8
15	乙苯	5～200	0.7	2.8
16	间二甲苯	5～200	0.9	3.6
17	对二甲苯	5～200	0.6	2.5
18	苯乙烯	5～200	0.9	3.6
19	邻二甲苯	5～200	0.6	2.4

序号	组分名称	测量范围($\mu g/m^3$)	检出限($\mu g/m^3$)	定量限($\mu g/m^3$)
20	正壬烷	5～200	0.7	2.8
21	1,4-二氯苯	5～200	0.8	3.2
22	正十六烷	5～200	1.0	4.0

（4）填写试验记录（表4-42）

室内空气中总挥发性有机物（TVOC）的测定（样例表）　　　表4-42

采样地点	采样时间/min	吸附管	流量/(L/min)	体积/L	温度/℃	大气压力/kPa		标态体积/L	
室内	20	Tenax-TA	0.1	2	20				
进样体积/μL	10	20	40	80	160	标准曲线回归方程		样品的峰面积	样品-空白的含量/μg
含量/μg	0.125	0.25	0.50	1.00	2.00				
分析项目	峰面积	峰面积	峰面积	峰面积	峰面积				
苯	10111	25292	51877	106714	182378	$Y=1.05\times10^{-5}X$ $B_s=0.9960$		51877	0.50
甲苯	9059	21340	44070	91845	165109	$Y=1.18\times10^{-5}X$ $B_s=0.9982$		91845	1.00
乙酸丁酯	4234	8896	18465	40339	76907	$Y=2.58\times10^{-5}X$		76907	2.00
乙苯	8525	18515	38767	82851	155698	$Y=1.27\times10^{-5}X$ $B_s=0.9993$		8525	0.125
对(间)二甲苯	16569	36602	76290	165191	308799	$Y=1.28\times10^{-5}X$ $B_s=0.9992$		16569	0.125
苯乙烯	8158	17403	36046	79251	149248	$Y=1.33\times10^{-5}X$ $B_s=0.9993$		17403	0.25
邻二甲苯	8158	17403	36046	79251	149248	$Y=1.33\times10^{-5}X$ $B_s=0.9993$		36046	0.50
十一烷	6427	13569	27688	60989	114253	$Y=1.73\times10^{-5}X$ $B_s=0.9992$		114253	2.00
未识别峰									
TVOC含量/μg									
标准状态下测定TVOC实际浓度/(mg/m^3)									

复核：×××　　　　　　　　　　　　　　试验：×××

（三）任务评价（表 4-43）

任务评价表 表 4-43

序号	评价内容	评价标准	分值	得分
1	知识与技能	能根据室内有害气体检测的目的说出其检测的意义	10	
		正确完成标准曲线的绘制	10	
		能按照要求完成室内空气中总挥发性有机物（TVOC）的测定	20	
		能按照要求完成室内空气中苯的测定	20	
		能准确计算出试验结果	10	
2	职业素养	能严格遵守实训室日常安全管理条例	7.5	
		能积极配合同组成员共同完成实训任务	7.5	
		能做到客观记录检测数据,养成不弄虚作假,讲诚信的高贵品质	7.5	
		实训后能做到工完、料清、场地净	7.5	
3	合计		100	

四、拓展学习

室内空气的污染、危害及改善

室内环境包括居室、写字楼、办公室、交通工具、文化娱乐体育场所、医院病房、学校幼儿园教室活动室、饭店旅馆宾馆等场所。所有室内环境质量的优劣与健康均有密切的关系。在这里先谈谈人人接触的家居环境。家居环境是家庭团聚、休息、学习和家务劳动的人为小环境。家居环境卫生条件的好坏,直接影响着居民的发病率和死亡率。环境保护愈来愈受到人们的重视,但有很多人还没有意识到室内环境质量对健康的影响。城市居民每天在室内工作、学习和生活的时间占全天时间的 90％ 左右,一些老人、儿童在室内停留的时间更长。因此,居室环境与人类健康和儿童生长发育的关系极为密切。

1. 室内环境空气污染的主要来源

（1）化学污染

人造板材、各种油漆、涂料、胶粘剂及家具等,其主要污染物是甲醛、苯、二甲苯等有机物和氨、一氧化碳、二氧化碳等无机物。

（2）物理污染

物理污染主要来源于建筑物本身、花岗岩石材、部分洁具及家用电器等,其主要污染物是放射性物质和电磁辐射、噪声等。

（3）生物污染

生物污染主要来源：①室内来源人们在室内的生活和活动；人体排出的微生物；现代家居中空调的使用；②室外来源由于大气环境的日益恶化,生活污水、乱扔的垃圾以及工厂排放的废弃物也能产生出大量的微生物,并伴随通风与空调送风进入室内；室外微生物还可以通过人员的流动而进入室内。

2. 室内环境空气污染物及危害

（1）苯及苯系物

来源：室内空气中的苯主要来自装饰装修中使用油漆、涂料、胶粘剂、防水材料及各种油漆涂料的添加剂和稀释剂等，但一般苯及苯系物挥发的较快，注意通风一、二个月左右，一般都可将苯的污染排除。

危害：苯主要抑制人体造血功能，使红细胞、白细胞、血小板减少，是白血病的一个诱因，另外还可出现中枢神经系统麻醉，有头晕、头痛、恶心、胸闷等感觉，严重者可致人昏迷以致呼吸、循环衰竭而死亡。我国苯浓度标准为 $0.11mg/m^3$。

（2）总挥发性有机物（TVOC）

来源：室内装修所用的人造板、泡沫隔热材料、塑料板材、油漆、涂料、胶粘剂、壁纸、地毯等都容易产生 TVOC。

危害：暴露在高浓度 TVOC 污染的环境中，可导致人体的中枢神经系统、肝、肾和血液中毒，通常症状是：眼睛、喉部不适，感到浑身赤热，眩晕疲倦、烦躁等。在《民用建筑工程室内环境污染控制规范》GB 50325—2020 中，TVOC 已经被划入房屋竣工后室内空气验收的必测项目。我国标准中规定的 TVOC 含量为 $0.60mg/m^3$。

3. 改善室内空气质量的新技术

（1）光触媒：光触媒（TiO_2）是一种催化剂，超强的氧化能力可以破坏细胞的细胞膜，使细菌质流失致死亡，凝固病毒蛋白质，抑制病毒活性，其氧化能力强于负离子，比活性炭更具吸附能力。可以有效地清除环境中的不良味道，欧美权威实验室层测定，每平方厘米的光触媒其脱臭能力是活性炭的 150 倍，是一种极具发展前途的净化材质。

（2）正负离子：正负离子群强力杀菌技术，就是通过离子发生器高压放电，将水分子分解成正负离子。由于水分子被包裹，形成正负离子群，然后以水分子为载体，在空气中到处浮游的正负离子群遇到细菌、霉菌、病毒等有害物质，就能立即将其包围和隔离。然后，正负离子群中性能最活跃的氢氧根离子与这些有害物质进行剧烈的化学反应，最后将它们彻底分解成水分子等无害物。

（3）添加活性化学物质：在比表面积比活性炭更大的活性炭纤维（约 $2000m^2/g$）上添加活性化学物质，可以制备出具有去污、抗菌作用更强的净化材料，这些材料在当前是最有应用前景的净化技术。将锰/铜或者银/锰添加在活性炭纤维上可有效地去除硫化氢等室内有害气体并有抗菌作用。

（4）催化剂：最近，研究发现用银、铜、铂、银和二氧化锆作催化剂，与含铝、镁、硅无机胶粘剂制成的涂料、具有良好的自洁性能，可长期有净化效力。含银、铜催化剂的涂料具有良好的抗细菌、真菌和藻类的效果，可以催化分解氨气和硫化氢等臭气物质。

（5）紫外辐射 UV-C 技术：并不是所有的灭菌手段都是积极有效的，紫外线及臭氧如超标会对人体产生负面影响，近期加拿大的 SANUVOX 在对以往紫外线的分析研究的基础上提出了新的灭菌技术：紫外辐射分为四个波长：UV-A、UV-B、UV-C 以及 UV-V。UV-C 是短波辐射，研究表明这个波段的紫外辐射能破坏细菌，微生物的 DNA 链，令有害物质达到真正的"死亡"。臭氧的化学式是 O_3，它对保护大气层，缓解温室效应起到非常关键的作用，但呼吸空气里的臭氧却能破坏对我们的肺泡组织，同时也对空调系统有腐蚀作用。

五、课后练习

（一）填空题

1. 室内空气中苯的测定采样时，新填装的采样管应用老化装置或具有老化功能的热解吸仪通惰性气体老化，老化流量为 _____，温度为 _____，时间为 _____；使用过的采样管应在 _____ 下通惰性气体老化 _____ 以上。

2. 室内空气中总挥发性有机物（TVOC）测定，色谱分析的升温程序设定：初始温度 _____，保持 _____，以 _____ 的升温速度升温到 _____，保持 _____。

（二）选择题

1. 室内空气中苯的测定采样后，采样后立即用密封帽将采样管的两端密封，4℃ 避光保存，于（   ）内分析

A. 1d   B. 3d   C. 15d   D. 30d

2. 室内空气中总挥发性有机物（TVOC）的测定，样品的解吸的温度为（   ）；时间为（   ）。

A. 150℃；15min   B. 200℃；5min

C. 220℃；15min   D. 250℃；5min

（三）思考题

样品的解吸条件有哪些？

参考文献

[1] 施荣．建筑材料［M］．重庆：重庆大学出版社，2016.

[2] 刘海堰，黄梅，胡升耀，等．建筑材料［M］．重庆：重庆大学出版社，2016.

[3] 侯琴，罗中，杨斌，等．建筑材料与检测［M］．重庆：重庆大学出版社，2016.

[4] 刘晓敏，岳文志，田海燕，等．建筑材料与检测［M］．重庆：重庆大学出版社，2015.

[5] 刘炯宇．建筑工程材料［M］．重庆：重庆大学出版社，2015.

[6] 余丽武．建筑材料［M］．南京：东南大学出版社，2013.

[7] 潘鑫波．建筑外墙保温技术及保温材料发展综述［J］．宁夏宁夏大学土木与水利工程学院，201502，1-2.

[8] 张庆．建筑外墙岩棉材料应用现状与趋势［J］．吉林建筑大学土木工程学院吉林省结构与抗震科技创新中心，201806，3-4.

[9] 吴蓁．建筑节能工程材料及检测［M］．上海：同济大学出版社，2020.

[10] 芮彩云．岩棉外墙外保温系统应用研究［J］．兰州理工大学，201909，12.

[11] 王冬梅，何平．装饰工程材料［M］．南京：东南大学出版社，2021.

[12] 彭小芹，吴芳，刘芳．土木工程材料［M］．重庆：重庆大学出版社，2021.

[13] 张士察．建筑陶瓷行业用能展望［J］．陶瓷，2022（04）：9-12＋19.DOI：10.19397/j. cnki. ceramics.2022.04.045.

[14] 袁义宏，曹艳玲．传统民间建筑陶瓷装饰在建筑设计中的运用［J］．建筑结构，2021，51（15）：158.

[15] 李泽兰．绿色节能背景下的玻璃幕墙施工技术［J］．智能建筑与智慧城市，2022（11）：117-119.DOI：10.13655/j. cnki. ibci. 2022.11.036.

[16] 陈李洪．TVOC和苯采样流量在室内空气检测中的应用［J］．四川水泥，2017（05）：132＋151.

[17] 贾宁，胡伟．室内装饰材料与构造［M］．南京：东南大学出版社，201808.240.

[18] 吴献．土木工程概论．北京：中国建筑工业出版社，2009.

[19] 江政俊，刘翔，陈波．建筑材料［M］．武汉：武汉大学出版社，2015.